Bioinformatik im Handlungsfeld der Forensik

D1735661

Dirk Labudde · Marleen Mohaupt

Bioinformatik im Handlungsfeld der Forensik

Dirk Labudde
Fakultät Angewandte Computer- und
Biowissenschaften, Hochschule Mittweida
Mittweida, Deutschland

Marleen Mohaupt
Fakultät Angewandte Computer- und
Biowissenschaften, Hochschule Mittweida
Mittweida, Deutschland

ISBN 978-3-662-57871-1   ISBN 978-3-662-57872-8   (eBook)
https://doi.org/10.1007/978-3-662-57872-8

Die Deutsche Nationalbibliothek verzeichnet diese Publikation in der Deutschen Nationalbibliografie; detaillierte bibliografische Daten sind im Internet über http://dnb.d-nb.de abrufbar.

Springer Spektrum

Verantwortlich im Verlag: Sarah Koch

Springer Spektrum ist ein Imprint der eingetragenen Gesellschaft Springer-Verlag GmbH, DE und ist ein Teil von Springer Nature
Die Anschrift der Gesellschaft ist: Heidelberger Platz 3, 14197 Berlin, Germany

Vorwort

Unsere Zeit ist geprägt von neuen Technologien, Geräten und digitalen Veränderungen. Oft spricht die Öffentlichkeit vom digitalen Wandel. Gerade in den Lebenswissenschaften, zu denen auch die Forensik zählt, ist der Einfluss neuer Methoden und Techniken von nachhaltiger Bedeutung.

Doch einmal abgesehen vom Zauber der Technik ist das Verständnis des Menschen eines der interessantesten Forschungs- und Lehrinhalte in allen Bereichen der Lebenswissenschaften.

In unseren Vorlesungen zu den Themen Bioinformatik und Allgemeine Forensik haben wir festgestellt, dass es viele Überlappungen zwischen und nützliche Ergänzungen zu den Gebieten der Bioinformatik und der Forensik gibt. Nebenbei bemerkt ist es für Studierende oft motivierender, über haptische Inhalte nachzudenken, als zu versuchen, künstliche Konstrukte bzw. Algorithmen zu verstehen. Sicher spielt auch die Faszination der Forensik eine entscheidende Rolle in Fragen der Motivation, doch Forensik ist weitaus mehr. Denken wir an die Rolle von Primern in der Forensik, welche die Grundlage für die Analyse von DNA-Profilen bilden. Auf dem Feld der Bioinformatik und Medizin stellt die Suche nach geeigneten Primern die Grundlage für Biomarker dar. Die Suche nach individuellen Sequenzabschnitten erfolgt in beiden Disziplinen somit analog. Die Biometrie, also die Lehre von den menschlichen Maßen, hat Einfluss auf beide Gebiete. Die Reihe der Entsprechungen könnte weiter fortgesetzt werden.

Ein anderer wichtiger Aspekt für die Ableitung von Wissen in beiden Disziplinen ist das Arbeiten mit heterogenen Daten bzw. Spuren und der Versuch, mit geeigneten Ansätzen Information aus diesen zu genieren, um Systemwissen aufzubauen und ein grundlegendes Wissen abzuleiten.

Wir haben uns sehr über das Angebot zur Durchführung dieses Projektes gefreut, denn die intensive Auseinandersetzung mit den Teildisziplinen hat einige angeregte Diskussionen in unserem wissenschaftlichen Umfeld angeregt.

Writing is thinking. To write well is to think clearly. That's why it's so hard
(David McCullough, Gewinner des Pulitzer-Preises).

Danksagung

Wir Danken unseren Kolleginnen und Kollegen für die unentbehrliche Diskussion und die wohlwollenden Korrekturvorschläge. Insbesondere wollen wir uns bei Frau Lena Döhr, Herrn Tommy Bergmann, Herrn Florian Heinke, Frau Anne-Marie Pflugbeil und Frau Silke Groß bedanken. Für die Unterstützung auf Verlagsseite gilt unser Dank Frau Janina Krieger und Frau Sarah Koch sowie Maren Klingelhöfer. Herzlichsten Dank geht natürlich an alle, die unser Umfeld bilden und uns bestärken, in dem WAS und WIE wir es tun.

Inhaltsverzeichnis

1 Tägliche Fallarbeit und der Mensch als Spurenträger 1
    1.1 Forensik und deren Begrifflichkeiten 1
    1.2 Spur in der Forensik 3
        1.2.1 Spurenkategorien 3
        1.2.2 Mensch als Spurenträger 4
        1.2.3 Biometrische Merkmale 5
    Literatur 8

2 Biologische Spuren – Grundlagen 9
    2.1 Biologische Zelle 9
    2.2 Grundlagen der Biomoleküle 12
        2.2.1 Desoxyribonukleinsäure 12
        2.2.2 Ribonukleinsäure 14
        2.2.3 Proteine 14
    2.3 Von Genen zu Proteinen – das zentrale Dogma der
        Molekularbiologie 18
        2.3.1 Chromosomen und Gene 18
        2.3.2 Proteinbiosynthese und das zentrale Dogma der
                Molekularbiologie 20
        2.3.3 Molekulare Organisation des menschlichen
                Genoms . . . . : . . . 24
    2.4 Populationsgenetik und Vererbung 26
        2.4.1 Mendel'sche Gesetze und Vererbung 28
        2.4.2 Mutationen und Mutationsraten 31
    Literatur 35

3 Blut und dessen Farbstoffe in der Forensik 37
    3.1 Physiologie und Anatomie des Blutes 38
        3.1.1 Funktion und Eigenschaften von Blut 39
        3.1.2 Anatomie des menschlichen Blutes 40

3.2   Farbstoff Hämoglobin und sein Informationsgehalt   42
3.3   Blutgerinnung   45
3.4   Blut *ex vivo* – Blutalterung.   47
3.5   Beurteilung des Blutalters   50
Literatur.   53

4   Haut und Anzeichen für Gewalteinwirkung.   55
4.1   Charakteristik der menschlichen Haut.   55
4.2   Aufbau der menschlichen Haut   57
       4.2.1   Subcutis   58
       4.2.2   Dermis   59
       4.2.3   Basalmembran   60
       4.2.4   Epidermis.   60
       4.2.5   Hautanhangsgebilde.   61
       4.2.6   Gefäß- und Nervensystem der Haut.   63
4.3   Gewaltbegriff und Arten der physischen Gewalt   63
4.4   Mechanisch und thermisch bedingte Veränderungen der Haut   65
       4.4.1   Hautwunden durch stumpfe Gewalt.   66
       4.4.2   Hautwunden durch Scharfe bzw. halbscharfe Gewalt   68
       4.4.3   Hautveränderungen durch thermische Gewalteinwirkung.   69
4.5   Prozess der Wundheilung.   70
       4.5.1   Exsudationsphase.   71
       4.5.2   Resorptionsphase.   72
       4.5.3   Proliferationsphase.   73
       4.5.4   Remodellierungsphase   75
       4.5.5   Reepithelialisierung   76
4.6   Untersuchung von Hautwunden und Wundaltersbestimmung.   77
       4.6.1   Blutunterlaufungen.   80
       4.6.2   Riss-Quetsch-Wunden   83
       4.6.3   Hautschürfung   84
       4.6.4   Stich- und Schnittwunden   84
       4.6.5   Thermisch bedingte Wunden   85
Literatur.   87

5   Bioinformatische Grundlagen   89
5.1   Vergleich von biologischen Sequenzen   90
5.2   Bewertung und Konzepte des Sequenzvergleichs   94
5.3   Ausgewählte Methoden zum Sequenzalignment.   97
       5.3.1   Methoden des paarweisen Sequenzalignments   97
       5.3.2   Multiples Sequenzalignment   104
       5.3.3   Sequenzähnlichkeitssuchen in Datenbanken   112
Literatur.   122

6 Datenbanken in den Life Sciences und der Forensik.................. 125
    6.1   Datenbanken in den Life Sciences............................... 127
         6.1.1   NAR – eine Sammlung relevanter Datenbanken aus
                den Life Sciences... 127
         6.1.2   Ausgewählte Datenbanken in den Life Sciences.............. 129
    6.2   Ausgewählte Datenbanken in der Forensik....................... 131
         6.2.1   STR-und SNP-Datenbanken für forensische
                Anwendungen.. 131
         6.2.2   Identifikations- und Verifikationsdatenbanken für
                die forensische Fallarbeit................................. 133
    Literatur.. 136

7 Fingerabdruck... 137
    7.1   Einführung.. 137
    7.2   Fingerbeere und die Entstehung der Papillarleisten................. 137
    7.3   Daktyloskopie... 140
         7.3.1   Historische Entwicklung der Daktyloskopie................. 141
         7.3.2   Analyse und Einteilung................................. 142
         7.3.3   Verlauf der Personenidentifikation mittels
                Fingerabdruck.. 146
    Literatur.. 148

**8 Genetischer Fingerabdruck – Charakteristik und
Methoden**.. 149
    8.1   Von der biologischen Spur zum genetischen Fingerabdruck........... 152
    8.2   Genetische Marker.. 157
         8.2.1   Short Tandem Repeats (STRs)............................ 158
         8.2.2   Single Nucleotide Polymorphisms (SNPs)................... 161
    8.3   Interpretation eines DNA-Profils............................... 166
    8.4   Populationsgenetische Aspekte................................ 172
    8.5   Next Generation Sequencing (NGS)............................. 175
         8.5.1   Generierung der DNA-Bibliothek......................... 176
         8.5.2   Sequencing-by-synthesis (SBS)........................... 176
         8.5.3   SOLID-Technologie.................................... 178
    Literatur.. 180

9 Fehlende Fingerabdrücke und genetische Defekte.................. 185
    9.1   Adermatoglyphia – ein ungewöhnlicher Phänotyp bei der
         Personenidentifikation....................................... 185
         9.1.1   Schweizer Verwandtschaft ohne Fingerabdrücke.............. 186
         9.1.2   Adermatoglyphia...................................... 188
         9.1.3   Assoziierte Krankheiten................................. 196

9.2   Bioinformatische Analyse der Adermatoglyphia.   199
        9.2.1   Suche in Datenbanken und Sammlungen des NCBI   199
        9.2.2   Paarweiser Sequenzvergleich.   206
        9.2.3   Globales multiples Sequenzalignment.   207
        9.2.4   Untersuchung der Proteindomänen von SMARCAD1   207
        9.2.5   Analyse der Proteinfunktion von SMARCAD1.   210
        9.2.6   Analyse der Proteinstruktur von SMARCAD1   215
        Literatur.   218

**Diebstahl der Amtskette der Hochschule Mittweida – ein
fiktiver Fall – Ende**   221

Sachverzeichnis   223

Abkürzungsverzeichnis

ADG	Adermatoglyphia (Adermatoglyphie)
aDNA	ancient DNA („alte" DNA)
AFIS	automatisches Fingerabdruck-Identifizierungssystem
AMEL	Amelogenin-Locus
ATP	Adenosintriphosphat
BKA	Bundeskriminalamt
BLAST	Basic Local Alignment Search Tool
BLOSUM	Blocks Substitution Matrix
bp	base pair (Basenpaar)
cdd	conserved domain database (Datenbank konservierter Protein-domänen)
cDNA	core DNA (Kern-DNA)
CODIS	Combined DNA Index System
DAD	DNA-Analysedatei
ddNTP	Didesoxynukleotid-Triphosphate (z. B. Didesoxyadenosin-Triphosphat)
DELTA-BLAST	domain enhanced lookup time accelerated-BLAST
DNA	deoxyribonucleic acid (Desoxyribonukleinsäure)
dNTPs (Bsp. dATP)	Desoxynukleotid-Triphosphate (z. B. Desoxyadenosin-Triphosphat)
dsDNA	double stranded DNA (doppelsträngige DNA)
ECM	extracellular matrix (extrazelluläre Matrix)
EMBL-EBI	European Molecular Biology Laboratory – European Bioinformatics Institute
ExPASy	SIB Bioinformatics Resource Portal
GQuery	Global Cross-database NCBI search
Hb	Hämoglobin
InDel	Insertions-/Deletions-Polymorphismus
kb	Kilobasen (1000 bp = 1 kb)

LINE	long interspersed nuclear element
LISNP	Lineage Informative SNP
Mb	Megabasen (1000 kb = 1 Mb)
MeSH	Medical Subject Headings
miRNA	micro RNA
MRCA	Most Recent Common Ancestor
mRNA	messenger RNA
MS	Massenspektrometrie
MSA	multiple sequence alignment (multiples Sequenzalignment)
mtDNA	mitochondriale DNA
NAR	Nucleic Acids Research
NCBI	National Center for Biotechnology Information
NGS	Next Generation Sequencing
NMR	Nuclear magnetic resonance spectroscopy (Magnetresonanzspektroskopie)
OMIM	Online Mendelian Inheritance in Man
ORF	Open reading Frame (offener Leserahmen/offenes Leseraster)
PAM	Point Accepted Mutation
PCR	polymerase chain reaction (Polymerase-Kettenreaktion)
PDB	Protein Data Bank
Pfam	Protein Families
PHI-BLAST	Pattern-Hit Initiated BLAST
PISNP	Phenotype Informative SNP
PMC	PubMed Central
PSI-BLAST	Position-Specific Iterated-BLAST
PSSM	Position-Specific Scoring Matrices (positionsspezifische Substitutionsmatrix)
qPCR (auch qrtPCR)	Quantitative Real Time PCR
RNA	ribonucleic acid (Ribonukleinsäure)
RNA-Pol	RNA-Polymerase
RPS-BLAST	Reversed Position Specific-BLAST
rRNA	ribosomal RNA
SBS	Sequencing-by-synthesis
SINE	short interspersed nuclear element
siRNA	small interfering RNA
SMARCAD1	SWI/SNF-related, matrix-associated actin-dependent regulator of chromatin, subfamily a, containing DEAD/H box 1
SNP	Single Nucleotide Polymorphism (Einzelnukleotid-Polymorphismus)
SOLID	Sequencing by Oligo Ligation and Detection
ssDNA	single stranded DNA (einzelsträngige DNA)
STR	short tandem repeats (kurze Tandemwiederholungen)

STRBase	Short Tandem Repeat DNA Internet Database
STRING	Search Tool for the Retrieval of Interacting Genes/Proteins
tRNA	transfer RNA
UniProt	Universal Protein Resource

Diebstahl der Amtskette der Hochschule Mittweida – ein fiktiver Fall

Laut prasselt der Regen in dieser Herbstnacht gegen die Fensterscheiben der Rektoratsvilla in der Leisniger Straße in Mittweida. Nur die Notleuchte wirft ein grünes Licht auf das historische Mobiliar, als der Nachtwächter der Hochschule Mittweida seine Runde durch den Amtssitz des Rektorats macht. Er braucht kein Licht – er kennt jeden Winkel des Gebäudes. Der Wächter erreicht das Büro des Rektors und geht zu dem großen Schreibtisch in der Mitte des Raumes. Ein eisiger Luftzug lässt ihn herumfahren. Er hatte doch zuvor alle Fenster überprüft … Widerwillig schaltet er seine Taschenlampe ein und schlägt den schweren Vorhang zur Seite. In Gedanken ist er längst bei seiner Tasse Kaffee, die er sich immer nach dem Rundgang durch dieses Gebäude aufbrüht. Die Scheibe ist eingeschlagen worden. Feine Glassplitter liegen auf dem Fenstersims. Auf dem Boden wurden die Scherben hastig zusammengekehrt. Der Wächter sieht sich verwundert um. Wer würde denn hier einbrechen? Er geht zum Glaskasten, in dem er das vermeintlich wertvollste Stück zu finden glaubt: die Amtskette, die den Rektoren der Hochschule bei ihrer Amtseinführung übergeben wird. Und tatsächlich – der Dieb hatte es auf dieses Stück abgesehen.

„Also Leute, was haben wir?" Kommissar Schnieder verschränkt die Arme vor der Brust und mustert erwartungsvoll die geschäftigen Kriminaltechniker. „Herr Kommissar", Hummer, einer der Assistenten für die Tatortaufnahme, eilt herbei: „Der Nachtwächter der Hochschule gibt an, um ein Uhr nachts das eingeschlagene Fenster und anschließend das Fehlen der Amtskette des Rektors bemerkt zu haben. Das ist zurzeit Herr Professor Hulmer. Daraufhin habe er sofort seinen Vorgesetzten und die Polizei informiert." „Eine Kette – hier?!" Nachdenklich streicht sich Schnieder über den Kopf: „Ist die wertvoll???" Der Assistent weist in Richtung der Vitrine: „Eine Amtskette wie diese bringt ca. 2500 EUR." Der Kommissar und der Assistent nähern sich der Vitrine, die gerade ein junger Assistent der Spurensicherung untersucht. Mit einem feinen Pinsel bearbeitet er deren Scheibe. „Sie sind dieser – Labortechniker?" „Ja, Herr Kommissar. Mein Name ist Wanschiers. Es freut mich mit …" „Jaja …, haben Sie etwas Brauchbares gefunden?" Der Techniker weicht vor dem immer näherkommenden Kommissar zurück und antwortet hörbar unsicher: „Ich wollte gerade mit der Sicherung der Fingerabdrücke am Glas beginnen. Die Scheibe ist nicht zerstört worden und der Schaukasten ist nicht verschließbar. Das bedeutet der Dieb muss den Kasten angefasst haben. Es sind einige leichte Abdrücke vorhanden."

„Der muss das zum ersten Mal gemacht haben. Normalerweise tragen diese Verbrecher doch Handschuhe. Der Fall ist so gut wie erledigt. Hummer – holen Sie mir einen Kaffee." „Aber natürlich. Benötigen Sie noch weitere Informationen, Kommissar Schnieder?" Hummer tritt von einem Bein aufs andere, unsicher, ob er eine Antwort erhält. „Mhm. Wie ist der Täter eingedrungen?" „Er muss wohl an der Fassade nach oben geklettert sein und hat dann die Scheibe eingeschlagen." Hummer eilt zu dem zerstörten Fenster und hält den Vorhang zur Seite. Dort macht sich gerade ein weiterer Labortechniker namens Pawlowzky zu schaffen und sichert die Scherben des Fensters, die dann im Labor auf Spuren untersucht werden sollen. Deutlich sind einige Blutspritzer auf den Scherben erkennbar. Schnieder zeigt auf den Boden und meint: „Tüten Sie alles ein! Ich will die Sache heute Abend als meinen dreihundertsten gelösten Fall abwickeln." „Kommissar Schnieder, ich fürchte, es gibt da ein Problem." Noch bevor Wanschiers ein weiteres Wort sagen kann, durchmisst Schnieder mit großen Schritten das Rektorenbüro. „Sehen Sie hier … " Der Kommissar nimmt kurzerhand die UV-Lampe des Labortechnikers. „Geben Sie die mal her." „Sehen Sie diese seltsamen Abdrücke? Die müssten viel deutlicher zu sehen sein. Außerdem kann ich keine typischen Muster in dem Fingerabdruck erkennen. Vermutlich hat der Verdächtige doch Handschuhe getragen." Der Kommissar, dessen Laune nun sekündlich schlechter zu werden scheint, gibt dem gerade mit dem Kaffee herbeieilenden Assistenten einen weiteren Auftrag. „Gehen Sie zu diesem Videotyp. Der muss doch schon etwas wegen der Überwachungskamera haben." Hummer verlässt nur allzu bereitwillig das Büro und läuft zum Büro des Nachtwächters. Dort angekommen sieht er der Technikerin Schurich, die immer wieder dieselbe Videosequenz betrachtet, neugierig über die Schulter: „Und haben wir etwas gefunden?" „Der Verdächtige war völlig maskiert. Er trägt keine auffällige Kleidung und hat auch sonst nichts Auffälliges an sich, was eine Personenidentifikation ermöglichen werden." Hummer, der sich bereits gedanklich auf das nächste Gespräch mit Kommissar Schnieder vorbereitet, weist Schurich an, ihm die entsprechende Sequenz vorzuführen. Deutlich ist der Verdächtige zu sehen, der durch das eingeschlagene Fenster das Büro betritt und mit einem Schuh die Scherben beiseite kehrt. Der Verdächtige geht anschließend schnurgerade auf die Vitrine mit der Amtskette zu und öffnet diese. Plötzlich schreit Hummer: „Stopp. Können Sie etwas zurückspulen?" „Ich hab die Sequenz schon zigmal angeschaut. Meinen Sie, Sie finden mehr als ich?" Genervt spult Schurich zurück: „Schön …" Hummer zeigt auf die Hände des Verdächtigen: „Der Mistkerl hat tatsächlich keine Handschuhe getragen." „Das gibt es doch nicht … Die müssten doch alle von CSI und Co wissen, dass wir die mit ihren Fingerabdrücken identifizieren können. Was für ein Amateur!", meint Schurich und fängt an, ihr Equipment zusammenzupacken. Hummer verkneift sich die weiteren Informationen und eilt zurück zum Ort des Geschehens. Dort angekommen berichtet er über die Ergebnisse der Videoanalyse. Als er endet, meint Schnieder nur: „Dann dauert es eben einen Tag länger bis der Fall gelöst wird."

Am nächsten Tag schaut Schnieder Wanschiers im Forensiklabor über die Schulter und beobachtet jeden Schritt, den dieser bei der Analyse der aufgenommenen Fingerabdrücke vornimmt. „Und … Ändern Sie Ihre Aussage nun noch einmal?", gibt Schnieder genervt von sich. „Ich bleibe dabei. Es gibt keinen auswertbaren Fingerabdruck. Es wurde zu wenig Schweiß auf die Glasscheibe übertragen. Außerdem ist es so, als hätte der Verdächtige keine Papillarleisten, denn es gibt nicht diese typischen Muster eines Fingerabdrucks, sehen Sie?" Kommissar Schnieder starrt angewidert auf den Bildausschnitt des Fingerabdruck und verlässt ohne ein weiteres Wort das Labor.

Drei Tage später …

Kommissar Schnieder bekommt einen Anruf von der Kriminaltechnik. Man informiert ihn über den aktuellen Stand der Spurenanalyse: Ein Haar mit Wurzel wurde in den Scherben gefunden. Erfreut ruft Schnieder Frau Schurich an. „Schnieder hier – konnten Sie aus dem Haar ein DNA-Profil extrahieren?" Nach kurzem Zögern antwortet die Technikerin: „Ja, aber …" Schnieder: „Was heißt das jetzt wieder?" „Wir haben ein sauberes Profil erstellen können, jedoch gibt es keinen Eintrag in den Datenbanken." Schnieder halblaut: „So ein Mist. Hört das den nie auf?!" Frau Schurich übergibt den Hörer an den Assistenten Hummer: „Etwas Positives gibt es doch zu berichten. Wir konnten aus den Blutproben das Alter der Blutspur bestimmen. Und das Blut ergab das gleiche DNA-Profil." Schnieder: „Und was kann ich mit diesen Informationen anfangen?" Hummer: „Ich wollte Sie lediglich davon in Kenntnis setzen." Die Stimme von Kommissar Schnieder dringt energisch durch das Telefon: „Sie beide wissen schon, was das für mich bedeutet?" Dann legt Schnieder auf. Er kramt eine vergilbte Liste hervor. Auf dieser sind einige Namen von Fällen notiert, darüber steht: „noch nicht gelöst." Schnieder ergänzt die Liste um den Eintrag: „Mittweida 22.07.18 – gestohlene Amtskette des Rektors der Hochschule – Verdächtiger ohne Fingerabdrücke." Er betrachtet seine eigenen Fingerspitzen, die einige deutliche Wirbel und Schleifen aufweisen: „Ohne Fingerabdrücke, das gibt es doch nicht … So viele Spuren und keinen Tatverdächtigen."

Fortsetzung folgt …

Tägliche Fallarbeit und der Mensch als Spurenträger

In dieser Sektion liegt der Schwerpunkt auf den Spuren, die im forensischen Kontext für die Personenidentifikation eine Rolle spielen. In einem Exkurs wird die Personenidentifikation klar von der Authentifizierung getrennt.

1.1 Forensik und deren Begrifflichkeiten

Das Zusammenleben von Menschen und Menschengruppen erfordert eine Festlegung von Verbindlichkeiten für das gemeinschaftliche Handeln in Form von Gesetzen, sozialen Normen und Werten. Dieses bedingt, dass es bei Verstößen gegen diese Festlegungen zu festgesetzten Strafen kommen muss. Eine Strafe kann jedoch nur ausgesprochen oder verhängt werden, sofern der Verstoß nachgewiesen wurde. Dieser Nachweis wird durch die Untersuchungen von Spuren und deren Analyse in der Forensik erbracht. Der Begriff Forensik leitet sich aus dem lateinischen Wort *forum* (Marktplatz) ab. Aus historischer Sicht war einst der Marktplatz der Schauplatz der Gerichtsbarkeit. Mit der Bezeichnung „forensisch" verbinden wir heute die Disziplinen, welche sich mit den Eigenschaften von Spuren als Beweismittel vor Gerichten beschäftigen. Forensik oder die forensische Wissenschaft ist die Anwendung wissenschaftlicher Methoden zur Untersuchung und Verfolgung von Straftaten. Die Teildisziplinen, die der Forensik zuordenbar sind und oft mit dem Adjektiv „forensisch" versehen werden, sind in Abb. 1.1 unter den Kategorien Kriminalbiologie und Kriminaltechnik zusammengefasst.

Wie jede Wissenschaft hat auch die Forensik ihre Pioniere. Die zwei größten Pioniere sind Hans Gross (1847–1915) und Dr. Edmond Locard (1877–1966). Beide haben Grundprinzipien und Eckpfeiler der Forensik geschaffen. Ihre Arbeiten bildeten die Basis für die Suche nach Spuren. Im Mittelpunkt der Arbeiten von Hans Gross standen objektive Befunde und Spuren, welche neben den Aussagen von Beschuldigten und Zeugen

© Springer-Verlag GmbH Deutschland, ein Teil von Springer Nature 2018
D. Labudde und M. Mohaupt, *Bioinformatik im Handlungsfeld der Forensik*,
https://doi.org/10.1007/978-3-662-57872-8_1

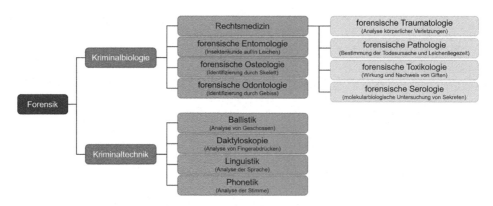

Abb. 1.1 Teilgebiete der Forensik – Das Schema verdeutlicht die Zusammenhänge der verschiedenen Teilgebiete der Forensik und deren Aufgabenfelder

die wichtigsten Beweismittel im Strafverfahren sind. In seinem Buch *Handbuch für den Untersuchungsrichter* aus dem Jahre 1899 heißt es:

> Mit jedem Fortschritt der Criminalistik fällt der Wert der Zeugenaussagen, und es steigt die Bedeutung der realen Beweise (Gross 1899).

Der französische Mediziner Dr. Edmond Locard entwickelte das sogenannte Austauschprinzip, das besagt: Jeder Kontakt zwischen zwei Objekten hinterlässt wechselseitige Spuren. So formulierte Locard (1920):

> Les indices dont je veux montrer ici l'emploi sont de deux ordres: tantôt le malfaiteur a laissé sur les liex les marques de son passage, tantôt, par une action inverse, il a emporté sur son corps ou sur ses vêtements les indices de son séjour ou de son geste. Laissées ou reçues, ces traces sont de sortes extrêmement diverses (nach: Horswell und Fowler 2004).

> The material evidence, its exploitation is what I would like to discuss here, is of two orders: on the one hand, the criminal leaves marks at the crime scene of his passage; on the other hand, by an inverse action, he takes with him, on his body or on his clothing, evidence of his stay or of his deed. Left or received, these traces are of extremely varied types (Übersetzung in: Horswell und Fowler 2004).

Durch dieses Grundprinzip findet ein Transfer physischer Spuren zwischen Opfer und Täter statt, welcher durch den Tatort vermittelt wird und eine objektive Rekonstruktion des Tathergangs ermöglicht. Allgemein definiert man den Tatort als Ort, an dem sich kriminalistisch relevante oder gerichtlich strafbare Handlungen ereignet haben. Der Tatort beschränkt sich nicht nur auf den Ort des Ereignisses, sondern auch auf jene Bereiche, in welchen vor und nach der Tat relevante Handlungen stattgefunden haben. Dem Tatort können demnach zugeordnet werden:

- Vorbereitungsort (Ort, an dem das Verbrechen vorbereitet wurde),
- Annäherungsweg (der Weg des Täters zum Tatort bzw. zum Objekt),

- Umfeld des Tatorts,
- Ereignisort (unmittelbarer Tatort),
- Fundort (eines möglichen Opfers),
- Fluchtweg des Täters – einschließlich Fluchtfahrzeug,
- Versteck bzw. Aufbewahrungsort der Beute, der Tatwerkzeuge und Waffen,
- Wohnung des Tatverdächtigen.

All diese Orte lassen sich mit dem Tatverdächtigen bzw. dem Opfer durch Spuren in Verbindung bringen.

▶   **Lesehinweis** Detailliertere juristische Ausführungen zum Tatort findet man im Strafgesetzbuch zum Beispiel § 9 Abs. 1,2.

1.2 Spur in der Forensik

Als Spurenverursacher werden in diesem Kontext alle Subjekte oder Objekte (Mensch, Tier, Umwelt und Gegenstand) bezeichnet, die kriminalistisch verwertbare Veränderungen (nach Locard'schem Prinzip) bewirkt haben. Orte oder Gegenstände, an denen sich Spuren befinden, werden als Spurenträger bezeichnet. Somit ergibt sich eine mögliche native Spur als hinterlassenes Zeichen. Spuren im forensischen Sinne sind sichtbare oder latente (nicht sichtbare) materielle Veränderungen, die im Zusammenhang mit einem kriminalistisch relevanten Ereignis hervorgerufen wurden und zur Aufklärung einer Straftat verwendet werden können. Am Tatort selbst ist schwer differenzierbar, ob Spuren einen Bezug zu einer Straftat haben. Somit empfiehlt es sich, zunächst sämtliche Spuren zu sichern, da nicht unmittelbar gesicherte Spuren oft unwiederbringlich verloren gehen.

1.2.1 Spurenkategorien

Aufgrund der physischen Eigenschaften von Spuren lassen sich diese in die vier Kategorien Materialspuren, Formspuren, Situationsspuren und Gegenstandsspuren einteilen. Unter Materialspuren versteht man Spuren, die man aufgrund ihrer stofflichen Eigenschaften unterscheiden kann. Zu diesen zählen Haare sowie Blut-, Speichel- und Spermaspuren. Werden kriminalistische Schlussfolgerungen aus der Form von Spuren abgeleitet, spricht man von Formspuren (Bsp. Blutspritzmuster und Werkzeugabdrücke auf Haut oder Knochen). Wichtig für die Rekonstruktion des Tathergangs sind die sogenannten Situationsspuren. Diese geben Aufschluss über die Lage von Spuren oder Gegenständen zueinander oder zur Umgebung. Dazu zählen die Stellung von Türen und Fenstern, die Lage von Kleidung sowie die Lage einer Schusswaffe und des daraus abgefeuerten Projektils. Die von einem Täter oder von Beteiligten am Ereignisort zurückgelassenen Gegenstände werden oftmals als Gegenstandsspuren bezeichnet. An Gegenstandsspuren können sich Form- oder Materialspuren finden (Herrmann 2007).

Das oben definierte Locard'sche Prinzip beschreibt unter anderem die Übertragung von Form- und Materialspuren zwischen Täter, Opfer, Tatmittel und Tatort. Somit existiert ein eindeutiger Zusammenhang zwischen Spurenverursacher (SV) und -träger (ST). Ein Täter (SV) hinterlässt beispielsweise Spuren an seinem Opfer (ST) in Form von Würgemalen am Hals. Genauso kann der Täter Spuren an einem Tatmittel (ST), wie Fingerabdrücke an einem Messer, hinterlassen. Seine Fußabdrücke in einem Tatzimmer machen ihn zu einem SV an einem Tatort als ST. Ein Opfer kann ebenfalls ein SV darstellen. So kann das Opfer (SV) Blutspuren an der Kleidung seines Täters (ST) hinterlassen. Im Falle, dass sich Haare des Opfers an einem Tatwerkzeug befinden, wäre das Tatwerkzeug der ST und das Opfer der SV. Auch ein Tatort kann nach dieser Definition ein SV sein. In einem solchen Fall würden wir Bodenspuren an den Schuhen des Täters (ST) vorfinden (Herrmann 2007).

1.2.2 Mensch als Spurenträger

Stellen wir den Menschen in den Mittelpunkt der forensischen Arbeit, kann dieser durchaus als Spurenträger gesehen werden. Sowohl Opfer als auch Täter können verschiedenartige Spuren an einem Tatort hinterlassen bzw. von dort mitnehmen. Diese Spuren reichen von Haaren, Blut- und Sekretspuren (z. B. Speichel) über Hautkontaktspuren, Schweißspuren, Fingernagelschmutz, Urin, Kot, Erbrochenes bis hin zu Bissspuren. Forensisch relevante Blutspuren können am Tatverdächtigen, am Opfer, an der Kleidung von beiden, am Tatort sowie am Tatwerkzeug vorhanden sein. Zur Analyse dieser biologischen Spuren bedient man sich der biometrischen Merkmale. Dazu verwendet man sowohl Wissen über Organismen als auch analytisch-molekularbiologisches Wissen. Beide Wissensgebiete sind wissenschaftlich-methodisch eigenständige Erkenntnisquellen sowie sich wechselseitig ergänzende Arbeitsgebiete in den modernen Lebenswissenschaften. Organismus-spezifisches Wissen stammt sowohl aus der klassischen Biologie als auch aus der Taxonomie (Systematisierung und Charakterisierung vergangener und lebender Organismen). Die ersten Taxonomien wurden auf der Grundlage morphologischer Eigenschaften (äußere Gestalt) erstellt. Die so entstandenen Taxonomien werden durch molekularbiologische Techniken (z. B. Sequenzierung, Restriktionsenzymanalysen, Massenspektrometrie) ergänzt und erweitert (Herrmann 2007; Grassberger und Schmid 2009).

▶ **Taxonomie** Der Begriff Taxonomie bezeichnet das Klassifikationsschema, in dem Lebewesen mithilfe ihrer Eigenschaften in Klassen (auch Taxa genannt) einsortiert werden.

Eine einfache Verletzung unserer Normen könnte bei der Zufügung einer Wunde in Form eines tierischen oder menschlichen Bisses vorliegen. Menschliche Bissspuren kommen im forensischen Kontext vor:

- bei Opfern von Gewaltdelikten (sogenannter „Saugbiss" häufig mit sexuellem Motiv und bei Kindesmisshandlung),
- bei Opfer oder Täter als „Kampf- oder Abwehrbiss" sowie
- an Nahrungsmitteln.

Zur Analyse muss aus dem vorhandenem Abdruck das Original (Verursacher) ermittelt werden. Dies geschieht durch den Vergleich von Abdruck und Zahnstatus des möglichen Verursachers. Als Zahnstatus bezeichnet man den Zustand eines Gebisses bzw. die systematische Erfassung des Gebisszustandes.

▶ **Biometrie** Der Begriff Biometrie (griech. *bios* für Leben und *metron* für Maß) bezeichnet die Wissenschaft der Körpermessung an Lebewesen mithilfe statistischer Verfahren.

Bei der Erhebung des Zahnstatus wird das Gebiss quadrantenweise vom Zahnarzt untersucht und der erhobene Befund in einem Zahnschema dokumentiert. Es wird unter anderem auf folgende Parameter geachtet:

- Kariesbefall und fehlende Zähne,
- ersetzte Zähne und Lückenschluss,
- vorhandene zahnärztliche Arbeiten wie Kronen, Brückenglieder und Implantate.

Der Zahnstatus ermöglicht die Identifikation eines Individuums und wird daher in der Rechtsmedizin zur Identifizierung von Personen verwendet. Jeder Mensch besitzt eine Reihe an biometrischen Merkmalen, die für die Identifikation bzw. Authentifizierung verwendet werden können und zu denen auch der Zahnstatus gehört.

▶   **Lesehinweis** Das Buch *Forensische Zahnmedizin: Forensische Odonto-Stomatologie* von Klaus Rötzscher (2000) sei hier als Literaturempfehlung zur Personenidentifizierung mittels Zahnstatus zu nennen.

1.2.3   Biometrische Merkmale

Die moderne Biometrie befasst sich mit Merkmalen von Menschen aus einzelnen oder einer Kombination von biometrischen Parametern. In Abb. 1.2 ist eine mögliche Einteilung biometrischer Merkmale in physiologische, passive und verhaltensbezogene, aktive Merkmale dargestellt.

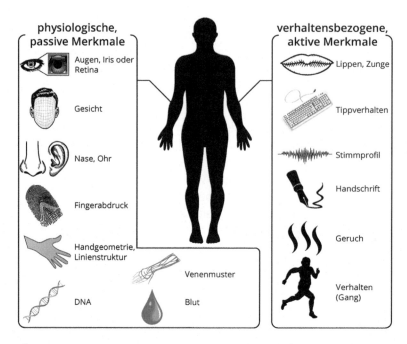

Abb. 1.2 Übersicht der biometrischen Merkmale – Die Darstellung zeigt eine mögliche Einteilung der biometrischer Merkmale auf der Grundlage ihrer Entstehung und Veränderbarkeit. Man unterscheidet zwischen physiologischen und verhaltensbezogenen Merkmalen. (Labudde und Spranger 2017)

Bei den biometrischen Merkmalen kann die hier dargestellte Einteilung angewandt werden. So wird zwischen Merkmalen, die den Körper betreffen (vgl. Abb. 1.2, links), und Merkmalen, die das Verhalten betreffen (vgl. Abb. 1.2, rechts), unterschieden. Die Körpermerkmale werden als passiv bezeichnet, da die Person zur Zeit der Aufnahme keine Aktion ausführen muss. Bei den Verhaltensmerkmalen wird jedoch von aktiven Merkmalen gesprochen, da diese nur durch Aktionen ausgelöst werden.

Um die Objektivität zu ermöglichen, werden katalogisierte und wohldefinierte biometrische Parameter herangezogen. Für alle biologischen Spuren und die daraus ermittelten biometrischen Parameter ist Vergleichsmaterial erforderlich (im Sinne der Identifikation und Authentifizierung).

An biometrische Merkmale sind nachvollziehbare Eigenschaften gekoppelt: Einzigartigkeit, Konstanz und Verbreitung. Unter Einzigartigkeit versteht man, dass ein biometrisches Merkmal bei verschiedenen Menschen hinreichend verschieden sein muss. Die Konstanz eines biometrischen Merkmals bezieht sich auf die Unveränderbarkeit im Laufe des normalen Lebens. Damit ist gemeint, dass keine Veränderungen der biometrischen Merkmale durch Krankheiten oder Unfälle vorliegen. Ein biometrisches Merkmal sollte eine hohe Verbreitung in der zu untersuchenden Population aufweisen (Thiel 2006).

Biometrische Merkmale beruhen stets auf drei Anteilen. Zum einen entstehen sie genotypisch, d. h. sie sind genetisch bedingt und damit teilweise vererbbar. Zum anderen entstehen sie in einer embryonalen Phase auf der Basis von Zufallsprozessen, also randotypisch, und bleiben ein Leben lang erhalten. Und schließlich sind sie verhaltensgesteuert, somit konditioniert, und können teilweise anerzogen sowie geändert werden. Der Begriff Genotyp ist eng mit dem Begriff Phänotyp verknüpft. Unter dem Phänotyp versteht man das äußere Erscheinungsbild eines Menschen, welches zum Teil genetisch determiniert ist, jedoch auch eine Komponente enthält, die sich aus äußeren Einflüssen und sogar der Erziehung ergibt. Der Genotyp gibt uns zum Teil phänotypische Merkmale vor. Allerdings sind nicht alle phänotypischen Merkmale im Genotyp determiniert.

Um biometrische Merkmale verarbeiten zu können und somit vergleichbar zu machen, bedient man sich in der Praxis den sogenannten biometrischen Verfahren. Alle biometrischen Verfahren beinhalten in ihrer Durchführung drei Schritte: Aufnahme, Analyse und Vergleich. Biometrische Verfahren arbeiten nicht deterministisch, sondern basieren in aller Regel auf Algorithmen, die Wahrscheinlichkeitsaussagen treffen. Sie bedienen sich der Berechnung von Ähnlichkeiten bzw. Identitäten, die wir analog in der Bioinformatik bei der Sequenzanalyse (vgl. Abschn. 5.1) verwenden.

Ziel jeden biometrischen Verfahrens ist es, die Identifikation bzw. Verifikation (oder Authentifizierung) einer Person auf der Grundlage ihrer individuellen Biometrie zu klären. Einfach ausgedrückt ist es die Beantwortung der Frage: „Um welche Person handelt es sich?" Der Prozess der Verifikation ermöglicht die Klärung der Frage: „Handelt es sich bei der Person um diejenige, für die sie sich ausgibt?"

Fazit

Werden wissenschaftliche Methoden zu Untersuchung und Verfolgung von Straftaten angewandt, so spricht man von der forensischen Wissenschaft oder der Forensik. Dabei kann zwischen verschiedenen Teildisziplinen, in den Kategorien Kriminalbiologie (Bsp. Rechtsmedizin) und Kriminaltechnik (Bsp. Daktyloskopie) unterschieden werden. Das sogenannte Austauschprinzip nach Dr. Edmond Locard besagt: Jeder Kontakt zwischen zwei Objekten hinterlässt wechselseitige Spuren. Am Tatort, das ist jeder Ort der mit der Tat in Verbindung steht, können möglicherweise Spuren aus den vier Kategorien:

- Materialspuren (Bsp. Haare sowie Blut-, Speichel- und Spermaspuren),
- Formspuren (Bsp. Blutspritzmuster und Werkzeugabdrücke auf Haut oder Knochen),
- Situationsspuren (Bsp. Stellung von Türen und Fenstern, die Lage von Kleidung),
- Gegenstandsspuren (Bsp. Tatwaffe)

gefunden werden. Dabei steht häufig der Mensch als Spurenträger im Fokus der Ermittlung. Dabei spielt die Biometrie, als Wissenschaft der Körpermessung an Lebewesen mithilfe statistischer Verfahren, eine entscheidende Rolle. Die zu untersuchenden biometrischen Merkmale können in physiologische, passive und verhaltensbezogene, aktive Merkmale eingeteilt werden. Sie besitzen die Eigenschaften: Einzigartigkeit, Konstanz und Verbreitung, die sich aus ihrer genotypischen, jedoch randomisierten Entstehung, ergeben. Einige der Merkmale können durchaus verhaltensgesteuert sein. Wir sehen, dass der Begriff Genotyp eng mit dem Begriff Phänotyp verknüpft ist.

Literatur

Grassberger M, Schmid H (2009) Todesermittlung – Befundaufnahme & Spurensicherung. Ein praktischer Leitfaden für Polizei, Juristen und Ärzte. Springer, Vienna
Gross H (1899) Handbuch für Untersuchungsrichter als System der Kriminalistik, 3. Aufl. Leuschner und Lubensky, Graz
Herrmann B (2007) Biologische Spurenkunde. Kriminalbiologie, Bd 1. Springer, Berlin
Horswell J, Fowler C (2004) Associative evidence – the Locard exchange principle, 1. Aufl. CRC Press, Boca Raton
Labudde D, Spranger M (2017) Forensik in der digitalen Welt – Moderne Methoden der forensischen Fallarbeit in der digitalen und digitalisierten realen Welt, 1. Aufl. Springer, Berlin
Locard E (1920) The criminal investigation and scientific methods, 1. Aufl. Flammarion, Paris
Rötzscher K (2000) Forensische Zahnmedizin: Forensische Odonto-Stomatologie. Springer, Berlin
Thiel W (2006) Identifizierung von Personen – Lehr- und Studienbriefe Kriminalistik/Kriminologie, Bd 4, 1. Aufl. Verlag Deutsche Polizeiliteratur, Hilden

Biologische Spuren – Grundlagen

2

In diesem Kapitel werden wichtige biologische Sachverhalte, die für das weitere Verständnis unerlässlich sind, aufgezeigt. Zu Beginn der 1990er-Jahre hat die Identifizierung von Personen anhand des genetischen Fingerabdrucks, die Analyse der menschlichen Desoxyribonukleinsäure (*Desoxy Ribuncleic Acid*, kurz DNA) bzw. Teilen dieser in der Forensik an Bedeutung gewonnen. Der genetische Fingerabdruck gehört zum gegenwärtigen Zeitpunkt zu den zuverlässigsten und aussagekräftigsten biometrischen Merkmalen. Um diesen zu verstehen, ist das Wissen über den Aufbau der menschlichen Zelle und der drei wichtigsten Biomoleküle von elementarer Bedeutung. Basierend darauf können weitere Themen, wie die Vererbung, deren Dynamiken und die Entstehung von Erbkrankheiten, vertieft werden. Nachdem Sie dieses Kapitel gelesen haben, sind Sie in der Lage, die Methoden der Untersuchung des genetischen Fingerabdrucks und anderer biologische Spuren im Sinne der Biometrie zu verstehen.

2.1 Biologische Zelle

Jeder Mensch besteht aus $3{,}72 \times 10^{13}$ menschlichen Zellen (Bianconi et al. 2013). Insgesamt sind es 100 Billionen Zellen (10^{14}), wobei 90 % der nicht menschlichen Zellen Bakterien im Verdauungssystem (Berg 1996) sind. Die Zellen schließen sich in Zellverbänden zu einem Gewebe zusammen. Diese Gewebe bilden ihrerseits die Organe, die die Organsysteme bilden. Unsere Zellen, die die verschiedenen Gewebe und Organe bilden, unterscheiden sich nur wenig in ihrem Aufbau und ihrer Funktion. Jede Zelle entwickelt sich ausgehend von einer Ursprungszelle, der Stammzelle, zu einem ausdifferenzierten Zelltyp, wie Knochen-, Lungen-, Nerven- und Eizellen. Der grundlegende Aufbau einer menschlichen Zelle ist in Abb. 2.1 dargestellt.

© Springer-Verlag GmbH Deutschland, ein Teil von Springer Nature 2018
D. Labudde und M. Mohaupt, *Bioinformatik im Handlungsfeld der Forensik*,
https://doi.org/10.1007/978-3-662-57872-8_2

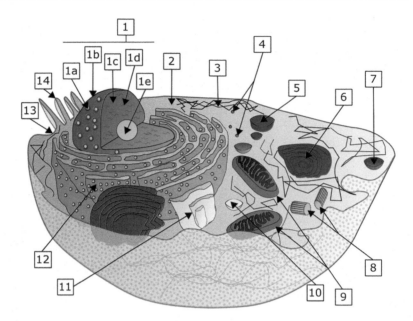

Abb. 2.1 Aufbau der menschlichen Zelle – Diese Abbildung zeigt den schematischen Aufbau einer menschlichen Zelle, die zu den eukaryotischen Zellen zählt. Die Zellbestandteile sind: **1** Zellkern (Nukleus), **1a** Kernpore, **1b** Kernhülle, **1c** Kernplasma, **1d** Chromatin, **1e** Kernkörperchen (Nukleolus), **2** Cytoplasma, **3** Cytoskelett (gebildet durch Mikrotubuli), **4** Ribosomen, **5** Lysosom, **6** Golgi-Apparat, **7** Vesikel, **8** Zentriolen, **9** Mitochondrien, **10** Peroxisom, **11** glattes endoplasmatische Retikulum (ER), **12** raues ER mit Ribosomen assoziiert, **13** Plasmamembran (Zellmembran) und **14** Mikrovilli

Der Zellkern enthält das Erbgut. Er wird von einer Kernhülle umgeben, die zur Abgrenzung des Zellkerns und des Cytoplasmas dient. Kernporen in der Kernhülle ermöglichen den Transport bestimmter Moleküle in und aus dem Zellkern. Der Kerninhalt wird von der Kernhülle eingeschlossen. Er enthält das Chromatin (DNA). Als Chromatin bezeichnet man die fadenförmigen Chromosomen, die das Erbgut enthalten. Chromatin setzt sich aus DNA und Proteinkomplexen zusammen. Die sogenannten Kernkörperchen können zentral oder dezentral (an der Kernhülle assoziiert) im Zellkern liegen. Sie sind an der Bildung von Ribosomen beteiligt.

Das Cytoplasma bezeichnet die Grundstruktur der Zelle, die von der Zellmembran eingeschlossen wird. Es besteht aus einem flüssigen Anteil (Cytosol), den darin gelösten Stoffen und Proteinen sowie aus einem festen Anteil, dem Cytoskelett. Das Cytoskelett besteht aus Proteinen, die fadenförmige Zellstrukturen (sogenannte Filamente) bilden. Es ist für die mechanische Stabilisierung, die aktive Bewegung der Zelle und die Bewegungen sowie Transporte im Zellinneren verantwortlich.

Ribosomen bestehen aus Proteinen und Ribonukleinsäuren (*Ribonucleic Acid,* kurz RNA). An den Ribosomen entstehen im Cytoplasma und den Mitochondrien die Proteine. In den Lysosomen werden, mithilfe von Verdauungsenzymen, Biopolymere in

Monomere zerlegt. Der Golgi-Apparat ist unter anderem für die Bildung der Lysosomen, der Bestandteile der Plasmamembran und einiger Vesikel zuständig. Vesikel bilden abgeschlossene Reaktionsräume, in denen zelluläre Prozesse ablaufen können. Sie transportieren außerdem Stoffe in der Zelle. Zentriolen übernehmen sowohl Transport- als auch Stabilisierungsaufgaben. Sie sind an der Bildung des Spindelapparats, der für die Trennung der Chromosomen während der Mitose und Meiose verantwortlich ist, beteiligt. Mitochondrien werden auch als Kraftwerke der Zelle bezeichnet. In den Mitochondrien findet die Zellatmung statt, bei der chemische Energie verwendet wird, um den Energieträger Adenosintriphosphat (kurz ATP) herzustellen. Sie enthalten DNA-Moleküle unserer biologischen Mutter. Peroxisomen verbrauchen Wasserstoffperoxid (ein Zellgift, welches bei anderen zellulären Prozessen gebildet wird).

Das glatte ER ist an Stoffwechselprozessen wie dem Kohlenhydratstoffwechsel beteiligt. Es enthält Enzyme, die diese Prozesse katalysieren. Das raue ER bildet die Plasmamembran und ist für die Proteinbiosynthese zuständig.

Die Plasmamembran grenzt das Zellinnere von der Umgebung der Zelle ab. Damit wird das innere Milieu der Zelle aufrechterhalten. Außerdem ist sie für den Stoffaustausch und die Zellkommunikation verantwortlich. Die fadenförmigen Ausstülpungen der Plasmamembran, die Mikrovilli, ermöglichen die Kommunikation zwischen Zellen.

Die beschriebenen Organellen und Bestandteile einer Zelle setzen sich aus supramolekularen Komplexen, wie den Ribosomen (vgl. Abschn. 2.3.2), zusammen. Diese werden durch sogenannte Makromoleküle gebildet. Die vier Klassen von Makromolekülen, die in Zellen vorkommen, sind Kohlenhydrate, Lipide, Proteine und Nukleinsäuren. Wir wollen uns in den nachfolgenden Abschnitten genauer mit den Nukleinsäuren (DNA und RNA) sowie den Proteinen beschäftigen. Das Wissen um die DNA, deren Aufbau und Bedeutung, ist die Grundlage für ein wissenschaftliches Verständnis des genetischen Fingerabdrucks. Die Beschäftigung mit Proteinen und deren Struktur führt uns zum Verständnis der Methodik für die Blutaltersbestimmung. Nach dem Studium der verschiedenen Biomoleküle erfolgt deren Einordnung in das Gesamtsystem Zelle. In diesem Zusammenhang werden Begriffe wie Gen, Chromosom, Genom und Proteinbiosynthese begrifflich geklärt.

Jedes Individuum besitzt bestimmte Merkmale, die durch eine entsprechende Information auf der DNA festgelegt sind und nach bestimmten Regeln vererbt werden. Neben der hier beschriebenen Kern-DNA (*core DNA*, kurz cDNA), besitzt der Mensch zusätzlich die mitochondriale DNA (mtDNA). Sie codiert möglicherweise für mehr als die üblich postulierten 13 Proteine (Capt et al. 2015) für die Oxidative Phosphorylierung, d. h. die ATP-Synthese in der Atmungskette. In der menschlichen Zelle existieren bis zu 3000 Kopien der mtDNA. Aus Gründen der Einfachheit wird die cDNA in diesem Buch als DNA bezeichnet.

▶ **Lesehinweis** Falls Sie sich näher mit dem Thema Zellbiologie beschäftigen wollen, nutzen Sie bitte Fachbücher der Zellbiologie, z. B. *Cell Biology* von T. D. Pollard und W. C. Earnshaw (2007).

2.2   Grundlagen der Biomoleküle

Die wichtigsten Biomoleküle (DNA, RNA, Proteine) werden hier mit Bezug zur Bioinformatik und Forensik vorgestellt. Dabei werden deren Aufbau als auch deren Typen eine Rolle spielen. Für die weiteren Kapitel werden umfassende Informationen über Mutationen und deren Vererbung bereitgestellt.

2.2.1   Desoxyribonukleinsäure

Die Desoxyribonukleinsäure (*Desoxy Ribuncleic Acid,* kurz DNA) zählt als Träger der Erbinformationen zu den drei wichtigsten Biomolekülen. Sie ist im Zellkern von Eukaryoten und in deren Mitochondrien zu finden. In Bakterien liegt sie als Plasmid und in sogenannten DNA-Viren segmentiert, nicht segmentiert oder zirkulär vor. Anfangs maß man der DNA nicht die Bedeutung für die Lebewesen bei, die sie nach heutigem Kenntnisstand innehat. In den Anfängen der Molekularbiologie ging man davon aus, dass die Proteine die genetischen Informationen tragen und für die Vererbung zuständig sind. 1944 zeigte Oswald T. Avery mit seinem Experiment allerdings, dass die DNA und nicht die Proteine eine Art Bauplan der Lebewesen darstellt (vgl. Avery et al. 1944).

Wie muss die DNA beschaffen sein, um die für die Lebewesen so wichtigen Informationen zu beherbergen? Im Jahr 1953 gelang es James D. Watson und Francis Crick, die Struktur der DNA zu beschreiben (Watson und Crick 1953). Sie erhielten dafür zusammen mit Maurice Wilkins 1962 den Nobelpreis für Medizin.

Damit die Struktur der DNA vorstellbar wird, wollen wir uns einem Modell bedienen (vgl. Abb. 2.2). Nehmen wir uns eine Strickleiter. Eine Leiter hat mehrere Sprossen sowie links und rechts jeweils einen Handlauf. Die „Handläufe" der DNA werden durch ein Zucker-Phosphat-Rückgrat gebildet. Eine Desoxyribose ist dabei mit dem darauffolgenden Zuckermolekül über eine Phosphodiesterbindung verbunden. Zwei Basen (jeweils eine Purin- und eine Pyrimidinbase), das können Adenin (A) und Thymin (T) oder Guanin (G) und Cytosin (C) sein, bilden jeweils eine Sprosse. Die Basen sind dabei über zwei (A, T) oder drei (G, C) Wasserstoffbrückenbindungen miteinander verbunden. Man spricht dabei von der sogenannten Watson-Crick-Basenpaarung. Die Sprossen der DNA sind mit ihrem Handlauf über eine glykosidische Bindung mit dem 1'-Kohlenstoffatom des Zuckers verbunden. Eine Base bildet mit dem Zuckermolekül ein Nukleosid und zuzüglich dem Phosphatrest ein Nukleotid. Ein „Handlauf" der DNA und die daran assoziierte Base wird als Strang bezeichnet. Deshalb wird meist von der doppelsträngigen DNA (*double stranded DNA,* kurz dsDNA) gesprochen. Die beiden Stränge der DNA sind antiparallel und ähnlich einer Schraube verdreht. Man spricht vom codogenen Strang (auch Sense-Strang) in 3'–5'-Richtung und dem nicht codogenen Strang (auch Antisense-Strang) in der 5'–3'-Richtung (Nelson und Cox 2011).

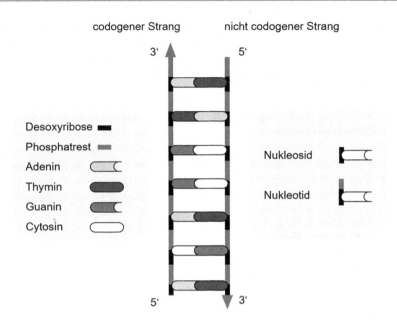

Abb. 2.2 Die Abbildung zeigt den schematischen Aufbau des Biomoleküls DNA

Ein DNA-Molekül liegt meist in Form einer Doppelhelix mit zwei antiparallelen Strängen (dem codogenen und nicht codogenen Strang) vor. Die Stränge bestehen aus Nukleotiden, die über eine Phosphodiesterbindung verbunden sind. Die Nukleotide werden aus einem Zucker (Desoxyribose), einem Phosphatrest und einer der vier Basen (A, T, G, C) gebildet. Die beiden Stränge der Doppelhelix werden durch Wasserstoffbrückenbindungen zwischen den Basen der gegenüberliegenden Nukleotide zusammengehalten. Dabei bilden A und T zwei und G und C drei dieser Bindungen aus.

Die Abfolge der Basen wird durch die sogenannte Sequenzierung ermittelt. Die Sanger-Sequenzierung, die auch als Kettenabbruchmethode bezeichnet wird, ist die wohl bekannteste der Sequenziermethoden. Frederick Sanger veröffentlichte im Jahr 1974 seine Methode zur Bestimmung der Basenabfolge in der DNA (Sanger und Coulson 1975). Im Jahr 1980 erhielt er zum zweiten Mal den Nobelpreis für Chemie. Eine Methode der nächsten Generation (*Next Generation Sequencing*, kurz NGS) wird in Abschn. 8.5 näher erläutert.

▶ **Lesehinweis** Wenn Sie mehr über das Thema Sequenzierung erfahren möchten, empfehlen wir Ihnen aktuelle Werke der Genetik wie das Buch *Molekulare Genetik* von A. Nordheim und R. Knippers aus dem Jahr 2015.

In der Literatur unterscheidet man verschiedene Typen der DNA: die bereits hier erwähnten cDNA- und mtDNA-Typen und die in der Forensik bzw. in der Archäologie vorkommende aDNA (*ancient* DNA). Damit meint man DNA, die über hundert Jahre alt ist. Typischerweise tritt sie in Resten des Erbgutes toter Organismen auf. Jedoch unterscheiden sich die Analysemethoden bezogen auf die aDNA nicht von den Analysemethoden der cDNA und der mtDNA.

2.2.2 Ribonukleinsäure

Die Ribonukleinsäure (*Ribonucleic Acid,* RNA) gehört wie die DNA zu den Nukleinsäuren. Sie setzt sich ebenso aus Nukleotiden zusammen. Diese enthalten jedoch statt der Desoxyribose eine Ribose und statt Thymin die Base Uracil. In den meisten Fällen liegt die RNA einzelsträngig vor (*single stranded RNA,* kurz ssRNA), was ihre zahlreichen Funktionen, die sie während der Proteinbiosynthese ausübt, bedingt. In Tab. 2.1 sind die wesentlichen Typen der RNA aufgelistet.

2.2.3 Proteine

In allen Organismen übernimmt die Makromolekülklasse der Proteine die meisten Aufgaben. So katalysieren Proteine als Enzyme biochemische Reaktionen, steuern regulatorische Prozesse wie die Translation (vgl. Abschn. 2.3.2) und transportieren Stoffwechselmetabolite zu dem Ort, an dem sie benötigt werden. Mit ihren vielfältigen Funktionen nehmen Proteine die verschiedensten Strukturen an. Sie können unter anderem kugelförmig (Bsp. Hämoglobin) oder sehr lang (Bsp. Kollagen) sein. Zudem nehmen Proteine, die mit einer Zellmembran assoziiert sind, besondere Strukturen ein (Bsp. Bakteriorhodopsin). Dabei ist jedes Protein aus Aminosäuren, den sogenannten proteinogenen Aminosäuren, aufgebaut. Aminosäuren besitzen einen konstanten Anteil, der das Proteinrückgrat bildet, und eine variable Restgruppe, die die Eigenschaft der jeweiligen Aminosäure bedingt. Eine Gruppierung von Aminosäuren wird meist mithilfe eines Venn-Diagramms angegeben. Ein Venn-Diagramm und den allgemeinen Aufbau von Aminosäuren finden Sie in Abb. 2.3a und b (Merkl 2015).

Tab. 2.1 Typen der RNA

RNA-Typ	Beschreibung
mRNA (*messenger* RNA)	Kopie des codogenen Strangs der DNA
tRNA (*transfer* RNA)	Transport von Aminosäuren bei der Proteinbiosynthese
rRNA (*ribosomal* RNA)	Beteiligt am Aufbau der Ribosomen
miRNA (*micro* RNA)	Regulieren zelluläre Prozesse (Bsp. Zelltod)
siRNA (*small interfering* RNA)	Schalten bestimmte Gene aus

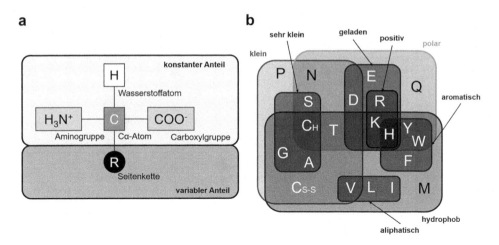

Abb. 2.3 **a** Aminosäuren bestehen aus einem konstanten Anteil, der aus der Aminogruppe, dem zentralen Cα-Atom, einem Wasserstoffatom und der Carboxylgruppe besteht, sowie einer variablen Restgruppe. **b** Das Venn-Diagramm wird für die Gruppierung von Aminosäuren nach ihren Eigenschaften eingesetzt

Bei der Bildung der Proteinketten während der Translation (vgl. Abschn. 2.3.2) werden Aminosäuren durch die Ausbildung einer Peptidbindung unter Wasserabspaltung verknüpft. Die Peptidbindung (vgl. Abb. 2.4) wird zwischen der Carboxylgruppe der ersten Aminosäure und der Aminogruppe der zweiten Aminosäure ausgebildet. Bei der Beschreibung von Proteinen wird in diesem Zusammenhang auch vom N- (Amino-) und C- (Carboxyl-)Terminus gesprochen.

Proteine sind modular aufgebaut. Sie bestehen aus sogenannten Proteindomänen, die eine eigene Struktur und Funktion aufweisen. Für eine bessere Beschreibung von Proteinstrukturen haben sich die folgenden Organisationsstufen von Proteinen als hilfreich herausgestellt (vgl. Abb. 2.5): Die Primärstruktur beschreibt die Abfolge der Aminosäuren. Mit der Sekundärstruktur beschreibt man die Reihenfolge der sogenannten Sekundärstrukturelemente. Zu den regelmäßigen Sekundärstrukturelementen zählen die α-Helix *(helix)* und das β-Faltblatt *(sheet)*. Helices können als 3.10-Helix, rechtsdrehende oder linksdrehende Helix ausgebildet sein. Faltblätter bestehen ihrerseits aus den β-Strängen *(strands),* die durch Wasserstoffbrückenbindungen stabilisiert werden. Die regelmäßigen Sekundärstrukturelemente werden durch sogenannte Coil-Abschnitte verbunden. Häufig auftretende Coil-Abschnitte sind Schleifen (Loops) und Kehren (Turns). Die Tertiärstruktur beschreibt die Anordnung aller Atome im Raum. Handelt es sich um einen Proteinkomplex, d. h. haben sich mehrere Proteinketten (sogenannte Untereinheiten) zusammengelagert, kann man die Quartärstruktur beschreiben, d. h. die Anordnung von Proteinketten im Raum zu einem Proteinkomplex. Eine Proteinuntereinheit kann eine oder mehrere Proteindomänen enthalten (Zvelebil und Baum 2007).

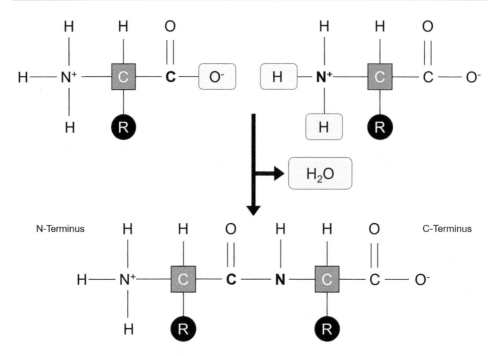

Abb. 2.4 Die Bildung einer Proteinkette durch die Ausbildung von Peptidbindungen zwischen Aminosäuren wird in dieser schematischen Skizze ersichtlich

In Abb. 3.2 wird der rote Blutfarbstoff (Hämoglobin) dargestellt. Anhand dieser Abbildung werden Proteinstrukturen und deren Bedeutung in der Forensik detaillierter erläutert.

Die Aufklärung der Struktur von Proteinen wird mittels verschiedenster Methoden realisiert. Mithilfe der Röntgenkristallografie *(X-Ray)* konnten John Kendrew (Kendrew et al. 1958) und Max Perutz bereits Ende der 1950er-Jahre die Struktur des Proteins Myoglobin auflösen. Für ihre Forschungsleistung erhielten sie im Jahr 1962 den Nobelpreis in Chemie. Bei dieser Methode werden die Proteine in Kristalle überführt und in einem Röntgenstrahl platziert. Die Anordnung der Atome im Raum führt zur Beugung des Röntgenstrahls, welche auf einem Detektor als Beugemuster zu erkennen ist. Die Verteilung der Punkte des Beugungsmusters, wobei jeder Punkt einem Atom im Kristall entspricht, wird mithilfe der Fourier-Transformation (Methode aus der Mathematik) in eine Elektronendichtekarte umgewandelt. Ausgehend von dieser Karte kann ein Modell der Proteinstruktur erstellt werden. Im Vergleich zur X-Ray-Methode ist die Magnetresonanzspektroskopie *(nuclear magnetic resonance spectroscopy,* kurz NMR) in der Lage, die Struktur der Proteine nicht als Momentaufnahme, sondern dynamisch aufzuklären. Damit können unter anderem Analysen zur Proteinfaltung und Wechselwirkungen zwischen Proteinen und anderen Molekülen durchgeführt werden. Eine Überführung der Proteinstruktur in einen Kristall ist bei der NMR nicht nötig. Dies stellt eine der wesentlichen Vorteile dieser Methode dar. Das gelöste Protein befindet sich

Primärstruktur

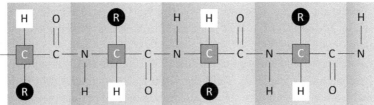

Sekundärstruktur

α-Helix   Coil   β-Strang

Tertiärstruktur

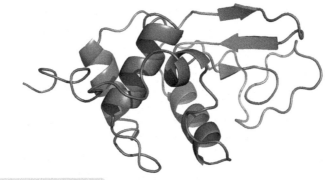

Quartärstruktur

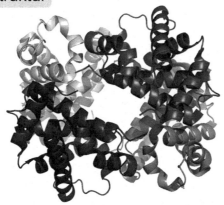

Abb. 2.5 Die Organisationsstufen von Proteinen – Als Primärstruktur wird die Abfolge der Aminosäuren, mit anderen Worten die Proteinsequenz, bezeichnet. Die Sekundärstruktur zeigt die Abfolge der Sekundärstrukturelemente (Bsp.: α-Helix – Loop – β-Strang). Mit der Anordnung aller Atome im Raum ist die Tertiärstruktur eines Proteins gemeint. Es bilden sich unter anderem ß-Faltblätter aus (gegenläufige Pfeile). Mehrere Proteinketten (Proteinuntereinheiten) bilden die Quartärstruktur eines Proteinkomplexes. In diesem Beispiel sind es vier Proteinuntereinheiten

dabei in einem Magnetfeld, welches die Ausrichtung einiger Atome (wie H^+ und ^{13}C) entsprechend ihrer Dipole hervorruft. Durch elektromagnetische Strahlung besonderer Resonanz erfolgt dann eine Absorption. Das Ergebnis dieser Methode zur Strukturaufklärung ist ein NMR-Spektrum, mit dem die Struktur des Proteins bestimmt werden kann (Zvelebil und Baum 2007).

Eines der neuesten und vielversprechendsten Verfahren, welches sich in den letzten beiden Jahrzehnten entwickelt hat, stellt die Kryo-Elektronenmikroskopie dar (Nogales 2016). Dabei werden die Proteine schockgefroren und in einer dünnen Eisschicht fixiert. Mithilfe eines Kryo-Elektronenmikroskops können dann schichtweise Aufnahmen der Proteinstruktur erzeugt werden. Die zahlreichen Einzelbilder werden anschließend mithilfe von speziellen Algorithmen in ein 3D-Modell der Proteinstruktur überführt.

2.3   Von Genen zu Proteinen – das zentrale Dogma der Molekularbiologie

In diesem Kapitel werden wir uns mit der Packung der genetischen Informationen beschäftigen. Außerdem werden die Zusammensetzung des menschlichen Genoms und der Genaufbau thematisiert. Der Informationsfluss von der DNA über die mRNA zum Protein, welcher als zentrales Dogma der Molekularbiologie bezeichnet wird, wird im Rahmen der Erläuterungen zur Proteinbiosynthese eine besondere Rolle spielen.

2.3.1 Chromosomen und Gene

Bisher haben wir die DNA als lange Kette von gepaarten Nukleotiden beschrieben. Eine Packung dieser sehr langen Kette verhindert Ihre Ausbreitung im gesamten Nukleus bzw. in der gesamten Zelle (Bakterien). Im gepackten Zustand liegt die DNA als Chromosomen vor. Sie bestehen aus Chromatin, welches aus dem DNA-Molekül und Proteinen, den sogenannten Histonen, besteht. Die DNA wickelt sich um die Histonkerne und bildet Nukleosomen. Dies hat eine 7-fache Verkürzung der DNA zur Folge. Die nächste Stufe des DNA-Verdichtens ist die Bildung der 30 nm dicke Faser mit dem Protein Histon H1 (Nelson und Cox 2011).

Das Genom des Menschen besteht aus insgesamt 46 Chromosomen, dem sogenannten Chromosomensatz. In den menschlichen Körperzellen setzt sich dieser aus einem doppelten Satz der autosomalen Chromosomen (22×2) und zwei gonosomale Chromosomen, den Geschlechtschromosomen (XX bei einer Frau oder XY bei einem Mann), zusammen. Dies bezeichnet man als diploiden Chromosomensatz. Bei der Befruchtung erhalten wir jeweils 23 Chromosomen von jedem Elternteil, d. h. jeweils einen haploiden Chromosomensatz. Die menschlichen Keimzellen (Eizelle und Spermien) enthalten dementsprechend jeweils einen haploiden (einfachen) Chromosomensatz.

Nach der Sequenzierung des gesamten Genoms des Menschen im Zuge des Humangenomprojekts (Venter et al. 2001) zeigte sich, dass das menschliche Genom sich aus nur ~ 21.000 Genen (Clamp et al. 2007) zusammensetzt. Damit haben wir in etwa gleich viele Gene wie der Fadenwurm *Caenorhabditis elegans* (Hillier et al. 2005). Unser Aufbau und die Prozesse (Stoffwechselprozesse), die in unserem Körper ablaufen, sind jedoch weitaus komplizierter als die der besagten Würmer. Wo liegen die Informationen, die uns zu einem so komplizierten Organismus werden lassen? Unser Genom besteht nicht aus aneinandergereihten Genen. Vielmehr liegen Regionen, die für die Regulation wichtiger Prozesse wie der Transkription (sogenannte Enhancer und Silencer) essentiell sind, in den Zwischenbereichen der Gene. Die Verteilung der verschiedenen Bestandteile unseres Genoms ist in Abb. 2.6 dargestellt.

Wir wollen nun den Aufbau proteincodierender Bereiche (Gene) in Eukaryoten näher betrachten. Der erste Abschnitt in einem Gen wird als Promotor bezeichnet und stellt die Erkennungssequenz für die RNA-Polymerase dar. Direkt hinter dem Promotor befindet sich der Transkriptionsstart. Es schließt sich der sogenannte offene Leserahmen oder das offene Leseraster (*Open Reading Frame*, kurz ORF) an. Er beginnt mit einem Startcodon und endet mit einem Stoppcodon. Mehrere Exons, die in ein Genprodukt umgewandelt werden, und mehrere Introns, die lediglich an regulatorischen Prozessen beteiligt sind und bei der Transkription entfernt werden, können in einem ORF enthalten sein. Der ORF wird von zwei nichttranslatierten Regionen der 5'-UTR (*untranslated region*) und

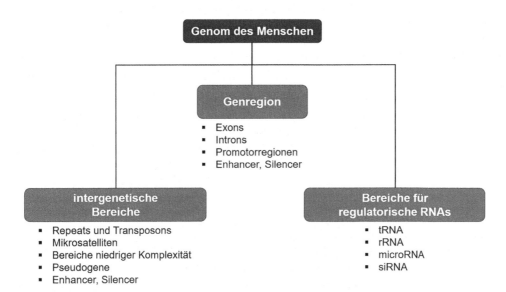

Abb. 2.6 Die Bestandteile des menschlichen Genoms – Zu unterscheiden sind dabei Regionen, die zwischen proteincodierenden Bereichen liegen, Regionen, die ein dazugehöriges Genprodukt codieren, und Regionen, die ausschließlich in RNA transkribiert werden

der 3'-UTR flankiert. Der Transkriptionsstopp stellt den letzten Teil eines eukaryotischen Gens dar.

Für das Verständnis der Analysemethodik des genetischen Fingerabdrucks sind die Begriffe Allel und Locus von elementarer Bedeutung, daher wollen wir an dieser Stelle einige allgemeingültige Begrifflichkeiten klären. Als ein Allel bezeichnet man eine mögliche Ausprägung eines Gens. Dieses Gen befindet sich an einer bestimmten Stelle (Locus lat.: „Ort", Mehrzahl: Loci) auf dem Chromosom. Der Aufbau eines Chromosoms mit seinen kurzen und langen Armen ist in Abb. 2.8 dargestellt. Chromosomen nehmen lediglich kurz während des Zellzyklus ihre typische X-Form ein. Durch das anfärben der Chromosomen mit dem Giemsa-Farbstoff zeigt sich für jedes Chromosom ein typisches Bandenmuster (vgl. Abb. 2.7). Ausgehend von dieser Färbemethode werden die Banden auch als G-Banden bezeichnet. Für die genaue Beschreibung der physischen Position eines Gens werden die Loci wie folgt erstellt: Auf welchem Arm des Chromosoms befindet sich das Gen (**q**), welcher Bande ist das Gen zugehörig (**11**) und zu welcher Unterbande gehört es (**21**)? So ergibt sich die Bezeichnung q11.21 (vgl. Abb. 2.8).

▶   **Hinweis** Der Organismus mit dem kleinsten Genom ist derzeit das des Bakteriums *Mycoplasma genitalium,* welches im Minimalgenomprojekt eine wesentliche Rolle spielt (vgl. Hutchison et al. 2016).

2.3.2   Proteinbiosynthese und das zentrale Dogma der Molekularbiologie

Bei der Proteinbiosynthese wird ein Gen, welches in Form eines DNA-Stranges vorliegt, in RNA übersetzt. Anschließend wird die RNA als Vorlage für den Aufbau eines Proteins verwendet. Die beiden Schritte bezeichnet man als Transkription und Translation. Wir werden uns lediglich mit der Proteinbiosynthese von Eukaryoten beschäftigen. Der Ausgangpunkt

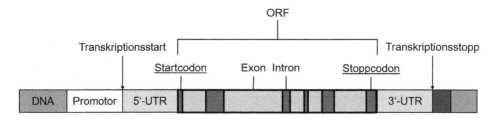

Abb. 2.7 Der Aufbau eines eukaryotischen Gens – In dem ORF, der durch Start- und Stoppcodons begrenzt wird, wechseln sich codierende (Exons) und nicht codierende Bereiche (Introns) ab. Flankiert wird der ORF von den beiden UTRs. Der Promotor stellt die Bindungsstelle für die RNA-Polymerase dar

Abb. 2.8 Begriffe zu den Chromosomen – Die beiden hier dargestellten homologen Chromosomen besitzen jeweils eine Ausprägung (ein Allel) eines Gens, welches auf einem bestimmten Genlocus zu finden ist. Der Locus setzt sich aus der Bezeichnung des Arms (p oder q), der Bande und der spezifischen Unterbande zusammen

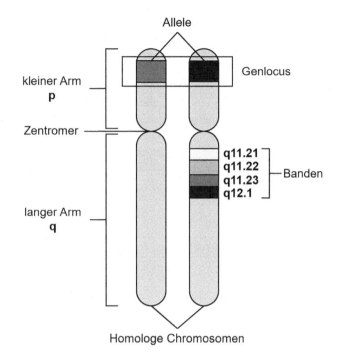

der Proteinbiosynthese und die Zwischenschritte bis hin zum fertigen Protein sind schematisch in Abb. 2.9 dargestellt.

Die Transkription findet im Zellkern der Eukaryoten statt. Bei diesem Prozess bindet die RNA-Polymerase (RNA-Pol) an die Promotorregion des eukaryotischen Gens und entwindet dabei einen Teil der doppelsträngigen DNA. Die RNA-Pol gleitet entlang des Matrizenstranges (Antisense-Strang) und erstellt, ausgehend von einem Startcodon einen komplementären RNA-Strang. Diese RNA wird als Messenger-RNA (mRNA) bezeichnet, da sie die auf der DNA gespeicherten Informationen zum Ort der Translation übermittelt. Sie enthält sowohl die Exons (proteincodierende Bereiche) als auch die Introns (nicht proteincodierende Bereiche) und wird deshalb als prä-mRNA bezeichnet. Den Transkriptionsstopp bildet eine Terminationssequenz, die die RNA-Pol stoppt. Die RNA-Pol löst sich dabei von dem Matrizenstrang und entlässt die prä-mRNA. Letztere wird in einem weiteren Prozess, dem Spleißen, in die reife mRNA überführt. Dabei werden die Intronregionen nach außen „geschleift" und lediglich die Exonregionen verbleiben. Anschließend werden regulatorische Elemente wie die 5'-Cap-Struktur und ein Poly(A)-Schwanz am 3'-Ende angehängt. Diese modifizierte mRNA verlässt anschließend den Zellkern und gelangt anschließend an das raue endoplasmatische Retikulum. Dort übernehmen die am rauen ER assoziierten Ribosomen die Translation der mRNA.

Bei der Translation laufen drei Schritte – Initiation, Elongation und Termination – nacheinander ab. Während der Initiation lagert sich zunächst die kleine Untereinheit der

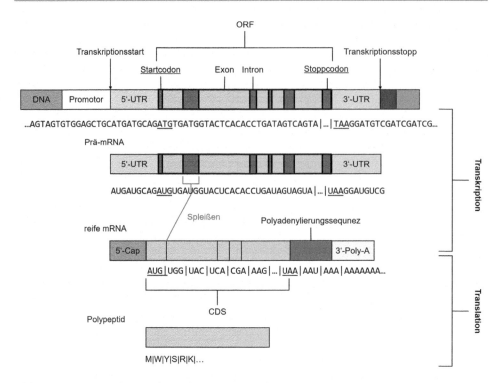

Abb. 2.9 Der Ablauf der eukaryotischen Proteinbiosynthese – Unterschieden werden die bei-den Teilprozesse Transkription und Translation. Das Augenmerk liegt hierbei auf den Bereichen der DNA bzw. RNA, die in Protein übersetzt werden. Bei der formalen Übersetzung der DNA zur mRNA werden lediglich die Thymine (Ts) des codogenen Stranges durch Uracile (Us) ersetzt. Im Prozess des Spleißens werden dann nicht proteincodierende Bereiche entfernt, d. h., der Strang ist nun deutlich verkürzt. Bei der sich anschließenden Translation werden die Codons in Aminosäuren überführt

Ribosomen an die mRNA. Für die Erkennung sorgt die sogenannte Shine-Dalgarno-Sequenz auf der mRNA. An das Startcodon bindet dann die initiale tRNA. Die tRNAs besitzen ein spezifisches Anticodon, welches die Erkennung des Codons auf der mRNA ermöglicht. Sie trägt außerdem die zum Anticodon assoziierte Aminosäure. Bei der ini-tialen tRNA handelt es sich bei der Aminosäure um ein modifiziertes Methionin. An den Komplex aus mRNA, initialer tRNA und kleine Untereinheit bindet nun die große Unter-einheit des Ribosoms. Nun kann die Elongationsphase beginnen. Die große Unterein-heit des Ribosoms besitzt drei Stellen, die als A-, P- und E-Stelle bezeichnet werden. In der A-Stelle, die ihren Namen aufgrund ihrer Akzeptorfunktion erhielt, tritt jeweils eine neue, mit einer Aminosäure beladene tRNA ein. In der P-Stelle wird eine Peptidbindung zwischen dem bereits aufgebauten Peptid und der neuen Aminosäure gebildet. An der E-Stelle (E für Exit) wird die unbeladene tRNA aus dem Ribosomen entlassen. Gelangt das Ribosomen zum Stoppcodon, wird die Translation abgebrochen und der Translations-komplex zerfällt in die Bestandteile mRNA, Protein, kleine ribosomale Untereinheit und große ribosomale Untereinheit.

Bei der Analyse der genetischen Übersetzung wurde festgestellt, dass lediglich 20 proteinogene Aminosäuren existieren. Für die Codierung dieser Aminosäuren sind mindestens drei DNA- bzw. RNA-Nukleotide notwendig. Dies wurde bereits 1961 von Crick et al. vorgeschlagen. Insgesamt ergeben sich aus diesen Tripletts 64 Möglichkeiten (43). In Abb. 2.10 wird die Codierung anhand einer Codontabelle (vom Menschen) aufgezeigt. Dabei fällt auf, dass einige Aminosäuren durch mehrere meist sehr ähnliche Codonen codiert werden.

Das Überführen der genetischen Informationen ausgehend von der DNA über die RNA hin zum Protein wurde von Francis Crick in seinem 1970 veröffentlichten zentralen Dogma der Molekularbiologie als:

once (sequencial) information has passed into protein it cannot get out again.

festgehalten. Das Schema Abb. 2.11 zeigt die möglichen Informationsflüsse der genetischen Informationen.

Das zentrale Dogma der Molekularbiologie von Francis Crick im Jahre 1970 veröffentlicht, besagt, dass die genetische Information, die einmal in ein Protein überführt

erste Base		zweite Base				dritte Base
		T	C	A	G	
T	TTT	F Phe Phenylalanin	TCT S Ser Serin	TAT Y Tyr Tyrosin	TGT C Cys Cystein	T
	TTC		TCC	TAC	TGC	C
	TTA	L Leu Leucin	TCA	TAA * Ter Termination	TGA * Ter Termination	A
	TTG		TCG	TAG	TGG W Trp Tryptophan	C
C	CTT	L Leu Leucin	CCT P Pro Prolin	CAT H His Histidin	CGT R Arg Arginin	T
	CTC		CCC	CAC	CGC	C
	CTA		CCA	CAA Q Gln Glutamin	CGA	A
	CTG		CCG	CAG	CGG	G
A	ATT	I Ile Isoleucin	ACT T Thr Threonin	AAT N Asn Asparagin	AGT S Ser Serin	T
	ATC		ACC	AAC	AGC	C
	ATA		ACA	AAA K Lys Lysin	AGA R Arg Arginin	A
	ATG	M Met* Methionin	ACG	AAG	AGG	G
G	GTT	V Val Valin	GCT A Ala Alanin	GAT D Asp Asparaginsäure	GGT G Gly Glycin	T
	GTC		GCC	GAC	GGC	C
	GTA		GCA	GAA E Glu Glutaminsäure	GGA	A
	GTG		GCG	GAG	GGG	G

Abb. 2.10 Der Standardcode für die Proteinbiosynthese für die eukaryotische, nichtmitochondriale DNA

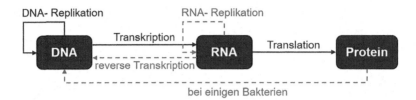

Abb. 2.11 Das Schema stellt den Fluss der genetischen Informationen entsprechend des zentralen Dogmas der Molekularbiologie dar

wurde (Transkription und Translation) nicht wieder zurückübersetzt werden kann. So ist ein Informationsfluss von der DNA zur DNA über die DNA-Replikation, also die Vermehrung der DNA, möglich. Auch die RNA kann repliziert werden. Bei einigen Bakterien und bei Viren sind die hier gestrichelt gezeichneten Informationsflüsse möglich (vgl. Crick 1970).

Nicht jedes Protein wird in jeder Zelle des Körpers synthetisiert. So besitzt jeder Zelltyp in unserem Körper ein anderes Expressionsmuster. Verdauungsenzyme werden in Zellen des Magens, jedoch nicht in den Neuronen (Gehirnzellen) hergestellt. Der Prozess der Genexpression ist sehr komplex und wird durch bestimmte Faktoren (Transkriptionsfaktoren u. ä.) reguliert.

Wir haben uns bisher mit den Genen, den codierenden Bereichen für Proteine beschäftigt. Wir wollen nun unser Augenmerk auf Bereiche im Genom lenken, die vor allem für die Forensik und damit für die Identifikation und Verifikation von Personen bedeutsam sind.

2.3.3 Molekulare Organisation des menschlichen Genoms

Eine Aufgabe der Forensik besteht in der Erstellung sogenannter Abstammungsgutachten. Worin besteht nun die Einzigartigkeit eines individuellen genetischen Fingerabdrucks? Welche Abschnitte in der DNA werden untersucht und warum? Warum kann man Eltern von Kindern und Großeltern unterscheiden? Für die Beantwortung dieser Fragen benötigt man Wissen zur Organisation des menschlichen Genoms, zu dessen Weitergabe und möglichen Veränderungen.

Das Kerngenom des Menschen, d. h. exklusive des Mitochondriengenoms, besteht zu ca. 80 % aus intergenetischen bzw. extragenetischen DNA-Abschnitten, die nicht mit der Proteinbiosynthese assoziiert sind. In Abb. 2.12 ist der strukturelle Aufbau des menschlichen Genoms dargestellt.

Der Begriff Polymorphismus, der so viel wie „Vielgestaltigkeit" bedeutet, bezeichnet in unserem Zusammenhang Sequenzvariation. Eine Sequenzvariation wird durch Mutationen hervorgerufen und führt zu Unterschieden in Nukleotidsequenzen verwandter, d. h. homologer, DNA-Abschnitte. Polymorphismen, die durch Sequenzwiederholungen

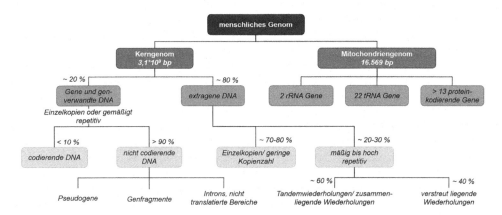

Abb. 2.12 Diese Klassifikation zeigt den strukturellen Aufbau des menschlichen Genoms. Die Prozentangaben weisen auf die Verteilung der Genombestandteile hin. (Erstellt nach Buselmaier und Tariverdian 2007; Madea et al. 2007; Strachan und Read 1999)

entstehen, werden unterteilt in Tandemwiederholungen, die zusammenliegende Wiederholungen darstellen, und verstreut liegende Wiederholungen. Der nichtcodierende Teil der DNA des Menschen besteht zu mehr als 50 % aus sich wiederholenden Sequenzen, die als repetitive DNA bezeichnet werden. Diese repetitiven Abschnitte liegen entweder in tandemartiger Folge nebeneinander und formen so durchgängige DNA-Blöcke oder sind über das gesamte Genom verteilt. Entsprechend ihrer Ausdehnung und Lokalisation auf dem Chromosom werden die in Blöcken organisierten Sequenzen als Satelliten bezeichnet. Sie werden unterteilt in Satelliten-DNA, Minisatelliten-DNA und Mikrosatelliten-DNA. Die Satelliten-DNA bildet mit einer Größe von 100 kb (Kilobasen) bis einigen tausend bp (Basenpaare) den größten Teil des Heterochromatins. Als Minisatelliten bezeichnet man mittelgroße (9–100 bp) tandemförmige Sequenzwiederholungen. Mikrosatelliten, die auch als STR (*short tandem repeats* bzw. kurze Tandemwiederholungen) bezeichnet werden, sind 1 bis 6 bp groß. Ein STR tritt als kurze tandemartige Wiederholung in einer bestimmten Chromosomenregion auf (man spricht auch von einem STR-Locus). Meist stellen 4 bp die sich wiederholende Sequenz dar: AGAAIAGAAIAGAAI … (STR-Locus D18S51). In der menschlichen Population treten vielfältigste Längenunterschiede dieser STRs auf, wodurch die STRs eine Möglichkeit zur Personenidentifikation bieten.

Die zweite Gruppe der Wiederholungen, die verstreut liegenden, bezeichnen Sequenzen, die nicht als Tandemwiederholungen auftreten. Sie liegen verstreut im Genom und befinden sich zwischen sich wiederholenden Sequenzen. Zu diesen Polymorphismen zählen die SINEs *(short interspersed nuclear elements)* und die LINEs *(long interspersed nuclear elements)* (Buselmaier und Tariverdian 2007).

Eine weitere Form von Polymorphismen stellen die sogenannten Einzelnukleotid-Polymorphismen *(single nucleotide polymorphisms,* kurz SNPs) dar. Sie werden auch als binäre Polymorphismen bezeichnet. Es handelt sich dabei um zufällige, einzelne Austausche von Nukleotiden. Sie treten an beliebigen Stellen, d. h. außerhalb und innerhalb von Genen, in unserem gesamten Genom auf. Aufgrund ihrer Lage können Sie unterschiedlichste Auswirkungen haben.

▶   **Lesehinweis** Sie erfahren in Abschn. 8.3 mehr zum Thema Personenidentifikation mittels DNA-Analysen.

2.4   Populationsgenetik und Vererbung

Das Erbgut eines Menschen spiegelt seine Herkunft bis auf wenige Hundert Kilometer genau wider. Das haben Forscher bei einer Genanalyse von 3192 Europäern herausgefunden. Je näher die Wohnorte beieinanderliegen, desto stärker ähnelten sich auch die Gene (vgl. Lao et al. 2008). Somit sind Änderungen auf der DNA (Genotyp) sichtbar (Phänotyp). Jede Veränderung ist eine schrittweise Veränderung in der DNA, d. h., jeder Evolutionsschritt findet in der DNA statt und hinterlässt Spuren. Der Austausch einer einzelnen Base (Einzelmutation oder Punktmutation) ist ein kleiner Evolutionsschritt im Gegensatz zur Entstehung neuer Gene oder Gengruppen, welche einen großen Evolutionsschritt darstellen. In Folge der fortschreitenden Evolution kann es zu einer Artbildung in Form einer Aufspaltung kommen. Eine Art stellt immer eine unabhängige Evolutionseinheit dar, bei der alle Individuen einer Art theoretisch gepaart werden können. Im Wesentlichen untersucht die Populationsgenetik die Vererbung von Allelen (Ausprägung von Genen) und Merkmalen innerhalb einer Gruppe von Individuen einer Art in einem gemeinsamen Lebensraum (Population), die durch verschiedene Evolutionsfaktoren verändert werden können. Unter Evolutionsfaktoren fasst man die Ursachen, die für die Veränderung des Genpools, d. h. Veränderungen in der Gesamtheit aller Allele einer Population verantwortlich sind, zusammen (vgl. Abb. 2.13).

Spontane und aufgrund bestimmter chemischer und physikalischer Einwirkungen auftretende Veränderungen werden als Mutationen bezeichnet. Die Verteilung und Neukombination von genetischem Material in den Zellen und im engeren Sinne der Austausch von Allelen wird als Rekombination begrifflich dargestellt. Bei der natürlichen Selektion oder Anpassungsselektion produzieren Individuen mit besseren Eigenschaften mehr Nachkommen. Die Veränderung einer Genfrequenz in einer Population, die durch Zuwanderung oder Abwanderung von Individuen bewirkt wird, wird als Genfluss (Migration) bezeichnet. Dabei wird der Genpool durch Zufuhr von neuem Genmaterial verändert. Der genetische Drift, auch als Zufallsselektion bezeichnet, geht von einer Veränderung der Genhäufigkeiten durch eine zufällige Auswahl aus. Eine Voraussetzung für die Entstehung der Formvielfalt der Lebewesen, letztlich der Artbildung, ist die Isolation. Diese wird durch geografische, ökologische und fortpflanzungsbiologische Faktoren vermittelt.

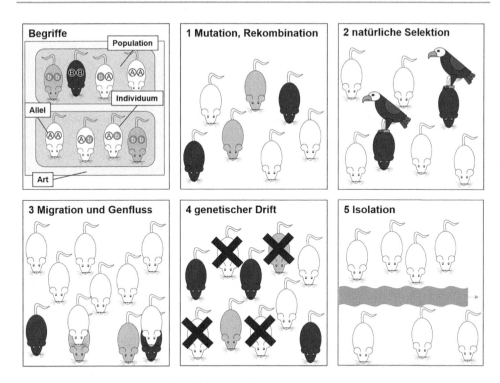

Abb. 2.13 Diese Abbildung stellt die wichtigsten Begriffe im Rahmen der Populationsgenetik und die Evolutionsfaktoren, die den Genpool einer Population betreffen, zusammenfassend dar

Die differentiellen Häufigkeiten von Allelen und die Gründe für die Genfrequenzen in einer Population spielen eine Schlüsselrolle für das Verständnis der Evolution des Menschen *(Homo sapiens),* ebenso für die Forensik. Im Jahr 1908 entwickelten der englische Mathematiker G. Hardy und der deutsche W. Weinberg unabhängig voneinander ein theoretisches Verfahren, das es erlaubt, unter gewissen Einschränkungen die Populationshäufigkeiten für einen bestimmten Genort vorherzusagen.

Darwins (Charles Darwin 1809–1882) Theorie der natürlichen Selektion besagt, dass sich Individuen derselben Art genetisch unterscheiden müssen. Er konnte allerdings nicht erklären, wie die Merkmale von Generation zu Generation weitergegeben werden. Die Kreuzungsversuche von Gregor Mendel (1822–1884) klärten den Mechanismus für die Vererbung bestimmter Merkmale. Die Populationsgenetik stellt ein Verbindungsglied zwischen der Darwin'schen Evolutionstheorie und den Mendel'schen Gesetzmäßigkeiten dar.

Durch populationsgenetische Analysen können Aussagen über Gen- und Genotyphäufigkeiten und deren zeitliche Verläufe getroffen werden. Populationsgenetische Analysen mit phänotypischen Merkmalen erfolgt auf der Grundlage der Mendel'schen Gesetze.

2.4.1 Mendel'sche Gesetze und Vererbung

Wir wollen nun die Mendel'schen Gesetze anhand der Blutgruppen des Menschen behandeln. Jeder Mensch besitzt ein ganz bestimmtes Blutgruppenmuster, welches er das gesamte Leben lang beibehält. Dieses Muster wird nach festgelegten Regeln der Vererbung, die auch als Mendel'sche Erbregeln bezeichnet werden, an die Folgegeneration weitergegeben. Wir werden uns im Folgenden mit dem AB0-Blutgruppensystem, welches 1901 von Karl Landsteiner entdeckt wurde, befassen. Jeder Mensch besitzt zwei genetische Merkmale, die jeweils eine Ausprägung des Typs A, B oder 0 annehmen können. Mit anderen Worten besitzt jeder Mensch jeweils eine Kombination aus zwei von drei Allelen. Ein Mensch kann demnach die Merkmale AA (homozygot bzw. reinerbig) und A0 (heterozygot bzw. mischerbig) als Genotyp aufweisen. Beide Genotypen rufen den Phänotyp A, d. h. die Blutgruppe A hervor. Nach dem AB0-Blutgruppensystem erfolgt die Einteilung der Menschen nach den verschiedenen Antigenmerkmalen der roten Blutkörperchen (vgl. Kap. 3) in A, B, 0, und AB. Der Buchstabe A zeigt an, dass das Antigen A vorhanden ist. Dieses Gen ermöglicht die Produktion des Antikörpers für die Oberfläche der Blutkörperchen der Gruppe B. Menschen, die der Blutgruppe B angehören, besitzen das Antigen B und somit Antikörper gegen die Blutkörperchenoberfläche der Gruppe A. Menschen mit der Blutgruppe 0 besitzen keine Antigene. Sie besitzen jedoch die Antikörper A und B. Bei der Blutgruppe AB sind beide Antigene, aber keine Antikörper vorhanden. Wir erhalten demnach jeweils ein Merkmal von unseren biologischen Elternteilen. Unsere Eltern würden nach den Mendel'schen Regeln als Parentalgeneration (P-Generation) bezeichnet werden. Wir erhielten die Bezeichnung Filialgeneration (F-Generation). Wir gelten dabei als F1- und unsere Kinder als F2-Generation. Die Vererbung der Merkmale von der P- zu den F-Generationen kann dominant oder rezessiv erfolgen. Bei einem dominanten Erbgang führt bereits eine Ausprägung eines Gens zu dem entsprechenden Phänotyp. Eine rezessive Vererbung erfordert ein reinerbiges Gen (Bsp. 00). Im AB0-Blutgruppensystem werden die beiden Merkmale A und B gleichwertig vererbt, wohingegen sie gegenüber 0 dominant vererbt werden. Ein Mensch mit beiden Antikörpern (A und B) besitzt die Blutgruppe AB. Bei einem Menschen mit A0 bzw. B0 Genotyp würde sich der Phänotyp A bzw. B ergeben. Lediglich die Allelkombination 00 würde die Blutgruppe 0 bedeuten. Die drei Gesetze, welche Gregor Mendel zur Vererbung anhand seiner Beobachtungen an Erbsen aufstellen konnte, sind nachfolgend aufgeführt und in den jeweiligen Abbildungen in ihrer Auswirkung dargestellt (vgl. Abb. 2.14, 2.15 und 2.16).

▶ **1. Mendel'sches Gesetz: Uniformitätsgesetz** Kreuzt man zwei Individuen einer Art, die sich in einem Merkmal reinerbig unterscheiden, so sind ihre Nachkommen (F1-Generation) in Bezug auf dieses Merkmal untereinander gleich, d. h. uniform.

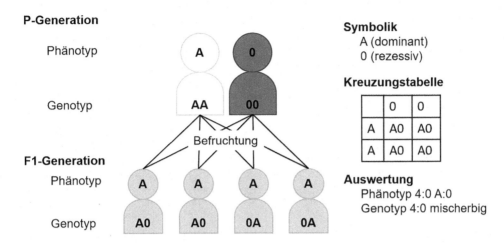

Abb. 2.14 Das Uniformitätsgesetz – In diesem Fall handelt es sich um einen dominant-rezessiven Erbgang, bei dem ausgehend von den reinerbigen Eltern der P-Generation durch Befruchtung die mischerbige F1-Generation mit dem uniformen Genotyp A0 entstehen. Die Mitglieder der F1-Generation besitzen alle die Blutgruppe A (Phänotyp)

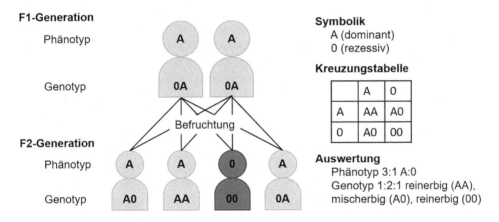

Abb. 2.15 Das Spaltungsgesetz – Dieses Schema zeigt die weitergeführte Fortpflanzung der F1-Generation des ersten Erbgangs. Die Mitglieder der mischerbigen F1-Generation geben jeweils ein Merkmal (A oder 0) an die nächste Generation weiter. Es ergeben sich drei Möglichkeiten der Kombination der Merkmale. Da A gegenüber 0 dominant vererbt wird, spaltet sich der Phänotyp entsprechend mit 3:1 Blutgruppe A zu 0 auf

▶ **2. Mendel'sches Gesetz: Spaltungsgesetz** Kreuzt man die Individuen der F1-Generation untereinander, so ist die F2-Generation nicht gleichförmig, sondern die Merkmale spalten sich in bestimmtem Zahlenverhältnissen auf.

Das dritte Mendel'sche Gesetz erfordert die Einbeziehung mindestens eines weiteren genetischen Merkmals. Statt von einem monohybridischen Erbgang sprechen wir

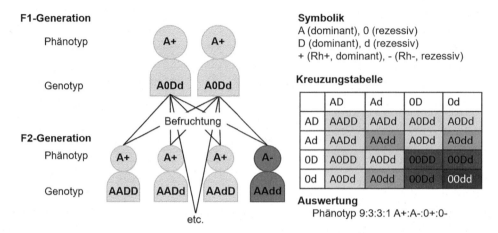

Abb. 2.16 Die neukombination – Im dargestellten Fall wird das AB0-Blutgruppensystem um das Rhesusfaktor-D-Antigen erweitert. Es handelt sich bei den beiden Merkmalen nicht um gekoppelte Gene, sodass alle aufgezeigten Kombinationen der Merkmale existieren

dann von einem dihybriden Erbgang. Wir bleiben bei den Blutgruppensystemen und nehmen den Rhesusfaktor als Merkmal hinzu. Karl Landsteiner und Alexander Solomon Wiener beschrieben im Jahr 1940 ein neues Blutgruppensystem (Rhesussystem) mit dem Rhesusfaktor D (Rhesusfaktor-D-Antigen). Rhesus-positive (Rh+) Individuen weisen bestimmte Proteine auf der Oberfläche der Blutkörperchen auf, die Rhesus-negative (Rh−) Individuen nicht besitzen. Es existieren einige weitere ähnliche Proteine, die für die Eingruppierung von Individuen in das erweiterte Rhesussystem genutzt werden. Wir werden für die Demonstration des 3. Mendel'schen Gesetztes das Merkmal Rhesusfaktor-D-Antigen zum AB0-Blutgruppensystem hinzufügen.

▶ **3. Mendel'sches Gesetz: Gesetz der Neukombination** Kreuzt man zwei Individuen der gleichen Art, die sich in mehreren Merkmalen reinerbig unterscheiden, so gelten für jedes Merkmal der F1-Generation die Uniformitäts- und Spaltungsgesetze. In der F2-Generation können neben den Merkmalskombinationen der P-Generationen neue Merkmalskombinationen auftreten.

Zusammenfassend kann gesagt werden, dass die Merkmale A und B kodominant vererbt werden, wohingegen 0 rezessiv gegenüber A und B ist. Das Merkmal Rhesusfaktor-D-Antigen (D) wird dominant vererbt. Die hier dargestellten Merkmale stellen keine Kopplungsgruppe dar. Diese würden bei Genen vorliegen, die nicht frei kombinierbar sind, d. h. die auf ein und demselben Chromosom liegen. In diesen Fällen würde durch die gekoppelte Vererbung keine Neukombinationen in der F2-Generation auftreten. Diese Fälle zeigen dementsprechend eine Einschränkung des 3. Mendel'schen Gesetzes.

Die beschriebenen Erbgänge können jeweils weiter nach der Lokalisation der Allele in den Chromosomen unterschieden werden. So sind Erbgänge und damit Mutationen, die Autosomen betreffen, autosomal und diejenigen, welche X und Y-Chromosomen betreffen, entsprechend gonosomal. Dabei sollte beachtet werden, dass bei einem X-Chromosomalen Erbgang, d. h., das entsprechende Allel liegt auf dem X-Chromosomen, die F1-Generation meist nicht uniform ist. Eine Ausnahme bilden Allele, die sich auf der Mitochondrien-DNA befinden. Diese werden entsprechend komplett von der biologischen Mutter auf die Kinder übertragen.

2.4.2 Mutationen und Mutationsraten

Mutation (Namensgebung von Hugo de Vries 1901) sind zufällig auftretende Veränderungen des Erbguts, die positive, negative oder keine Auswirkungen auf das Individuum haben. Der Träger einer Mutation, kann ein Gen und das entsprechend Individuum sein, wird als Mutante bezeichnet. Es fällt jedoch nicht immer leicht, bei zwei verschiedenen Phänotypen denjenigen herauszusuchen, welcher die unveränderte „normale" Form darstellt. Diese normale Form, die in der Natur am häufigsten aufzufinden ist, wird als Wildtyp bezeichnet. Unter Laborbedingungen werden definierte Stämme von zum Beispiel Bakterien auch als Wildtyp (kurz wt) geführt. Treten Mutationen in Körperzellen auf, so werden sie, anders als bei Mutationen in den Keimzellen, nicht an die Nachkommen weitergegeben.

2.4.2.1 Arten von Mutationen
Man unterscheidet grundsätzlich Gen-, Chromosom- und Genommutationen. Von Genommutationen sprechen wir, wenn eine veränderte Anzahl an Chromosomen vorliegt. Dabei betrifft die Mutation ein einzelnes Chromosom (Aneuploidie) oder den gesamten Chromosomensatz (Haploidie, d. h. einfacher Chromosomensatz) oder Polyploidie (mehr als 2 Chromosomensätze). Bei einer Chromosomenmutation wird die Struktur des Chromosoms verändert. So kann es zur Deletionen (Löschen), zur Insertion (Einfügen), zur Translokation (Verlagerung) und Inversion (Umkehrung) eines Chromosomenfragments kommen. Bei Mutationen, die in den Genen auftreten, kann es sich um Punktmutationen oder Rastermutationen handeln. Letztere werden durch Insertionen (Einfügen) und Deletionen (Löschen) von Nukleotiden hervorgerufen. Dabei kann es zu einer Verschiebung des ORFs kommen *(frameshift mutation)*. Bei Punktmutation, bei der eine Base gegen eine Andere ausgetauscht wird, unterscheidet man die Transversion und Transition. Von einer Transition spricht man, wenn jeweils zwei Purin- bzw. Pyrimidinbasen ausgetauscht werden. Als Transversion bezeichnet man Austausche von Purin- gegen Pyrimidinbasen und umgekehrt. Wird ein Nukleotid derart ausgetauscht, das das entsprechende Codon nun für eine andere Aminosäure codiert, so spricht man von einer Missense-Mutation. Bei den Mutationen kann es zum Funktionsverlust oder -gewinn kommen. Bei einer sogenannten Nullmutation *(loss of function)* kommt es zum

Funktionsverlust des Gens. Im Gegensatz dazu ist eine neomorphe Mutation *(gain of function)* eine Mutation, bei der durch einen Funktionsgewinn ein neuer Phänotyp ausgebildet wird, der meist deutlich von der ursprünglichen Form abweicht. Eine Übersicht über alle möglichen Mutationen gibt Abb. 2.17.

Nicht nur der Genotyp mit möglichen Mutationen nimmt Einfluss auf den Phänotyp, sondern auch umweltbedingte Modifikationen. Es handelt sich dabei um umweltbedingte Veränderungen des Phänotyps, die nicht erblich bedingt, jedoch in ihrem Umfang genetisch festgelegt sind. So können beispielsweise Pflanzen einer Art, die in unterschiedlichen Biotopen existieren, unterschiedliche Wachstumsformen (wie Wurzeln) annehmen. Das heißt, ein Individuum ist aufgrund seines Genotyps in der Lage, verschiedene Phänotypen abhängig von den Umwelteinflüssen auszubilden. Diese Fähigkeit bezeichnet man als Reaktionsnorm eines Genotyps. Reichen die Änderungen des Phänotyps nicht aus, um eine Anpassung an die bestehenden Umweltbedingungen vorzunehmen, kann das Individuum nicht mehr existieren. Man unterscheidet fließende, d. h. stufenlose Abwandlungen von Merkmalen und umschlagend Modifikationen, die deutliche Zwischenstufen oder eine deutliche Veränderung aufweisen. Neueste Studien im Bereich der Epigenetik zeigen durch statistische, generationsübergreifende Studien

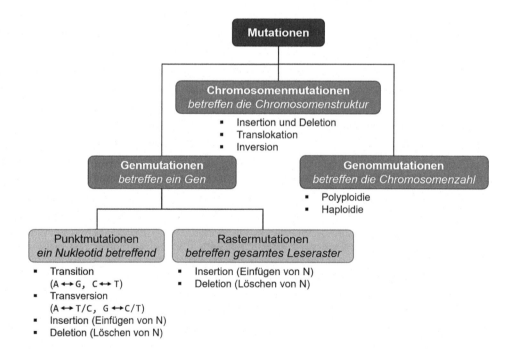

Abb. 2.17 Diese Klassifikation zeigt die möglichen vorkommenden Mutationen in einem Individuum. Wir unterscheiden die betroffenen Organisationsstufen der DNA und die Form der Mutationen. A, T, G und C sollen die entsprechenden Basen darstellen. Der Buchstabe N steht für ein beliebiges Nukleotid

der Phänotypen von Individuen, dass auch die Bedingungen der Umwelt Einfluss auf den Genotyp nehmen kann. Dabei wird jedoch nicht die Information, d. h. die Genomsequenz, verändert, sondern die Genregulation. Es handelt sich deshalb um keine genetische Mutation, sondern um eine Modifikation der DNA. Gene werden beispielsweise durch die Methylierung der DNA weniger häufig exprimiert, d. h. es wird weniger Genprodukt hergestellt.

> ▶ **Hinweis** Wir werden uns an dieser Stelle nicht weiter mit der Epigenetik beschäftigen. Für weitere Literaturstudien empfehlen wir zum Einstieg das Buch *Genetik* von Graw (2015) und als aktuelle Studie empfehlen wir „Does childhood trauma influence offspring's birth characteristics?" von Vågerö (2016).

2.4.2.2 Mutationsraten

Mutationen können durch sogenannte Mutagene ausgelöst werden. Zu diesen zählen alkylierende Agenzien, die die effektivste Gruppe der mutagenen Verbindungen darstellt. Mithilfe eines Vertreters Ethylnitrosourea (ENU) konnte anhand von Mäusen festgestellt werden, dass jedes Gen ein eigenes Mutationsspektrum aufweist. Die Mutationsraten von verschiedenen Genen unterscheiden sich teilweise stark (10^{-5}–10^{-7} Mutationen je Zellgeneration; Graw 2015).

▶ **Mutagenität** Diese bezeichnet die Fähigkeit eines Mutagens, Mutationen in einem Individuum zu induzieren. Als Mutagene sind einige chemische Substanzen sowie Strahlungen (z. B. UV-Strahlung) identifiziert worden.

2.4.2.3 Krankheitsverursachende Mutationen

Wir haben uns bereits mit den unterschiedlichsten Formen von Mutationen beschäftigt. Hier wollen wir anhand von einem Beispiel zeigen, welche Mutationen im Menschen zu der Ausprägung einer Krankheit führen. Wie bereits erwähnt, muss zwischen Mutationen in den Körperzellen und den Keimzellen unterschieden werden. Zudem kann es außerhalb des Zellkerns zu Mutationen bzw. in Plastiden bei Pflanzen oder Mitochondrien bei uns Menschen kommen. Diese führen zu Funktionsstörungen der jeweiligen Zellorganellen.

Die Einteilung in dominante und rezessive Vererbung stellt lediglich eine vereinfachte Beschreibung von genetischen Sachverhalten dar, welche oft die biologische Wirklichkeit nur annäherungsweise beschreiben. Am Beispiel der Sichelzellanämie kann dies gezeigt werden. Bei der Sichelzellanämie handelt es sich um eine erbliche Bluterkrankung, bei der sich die roten Blutkörperchen so verformen, dass sie eine sichelförmige Gestalt annehmen und den Sauerstofftransport deutlich reduzieren. Verantwortlich für diese Strukturänderung des Hemäglobins ist in den meisten Fällen eine Änderung in der Proteinsequenz an Stelle 7 des Hämoglobin beta, wobei die Aminosäure Glutamin (E) gegen Valin (V) ausgetauscht ist. Diese Änderung wird wiederum durch eine Missense-Mutation (GAG>GTG) im Gen HBB mit Localisation 11p15.5 hervorgerufen.

Die Strukturänderung der Proteinkette des Hämoglobins (roter Blutfarbstoff) führt zur Verformung der roten Blutkörperchen. Nur Proteine, bei denen beide Allele diese Mutation aufweisen, haben die volle Ausprägung des Krankheitsbildes zur Folge (mangelnde Sauerstoffversorgung). Es handelt sich somit eindeutig um eine rezessive Erkrankung, da zwei Allele für das Krankheitsbild notwendig sind. Personen mit nur einem mutierten Allel können unter normalen Umständen klinisch unauffällig sein. Allerdings zeigen Träger mit einem mutierten Allel deutliche Symptome einer Sauerstoffunterversorgung in großen Höhen. Dies liegt daran, dass das mutierte Allel ein Hämoglobin exprimiert, welches nicht hundertprozentig seine Funktion, Sauerstofftransport, ausüben kann. Bei der Sichelzellanämie entscheidet ein Umweltfaktor (der Aufenthalt der Person in großer Höhe) über die eigentliche Genwirkung. So betrachtet muss man von einem dominanten Effekt sprechen, da ein mutiertes Allel für die Ausbildung des Krankheitsbildes ausreichend ist. Dieses Beispiel zeigt deutlich, wie schwierig es ist, eine einfache Korrelation zwischen Genen und körperspezifischen Merkmalen abzuleiten. In vielen Fällen ist die Situation durchaus komplexer, da ein Zusammenwirken mehrerer Gene, Regulatoren und Umweltfaktoren für die Ausbildung von Krankheiten bzw. die Ausprägung von Merkmalen vorliegt (Ingram 1957).

Fazit

Das Genom des Menschen, beinhaltet alle genetischen Informationen des Genotyps. Dessen Regulation und die Reaktionen auf äußere Einflüsse führen zu unserem äußeren Erscheinungsbild (Phänotyp). Anwendungen der DNA-Analytik und -Analyse im Kontext der Forensik basieren auf einem einheitlichen Prinzip: Ein beträchtlicher Teil der in einer Zelle enthaltenen genetischen Information ist individuenspezifisch und unterscheidet sich von einer Person zu einer anderen. Die Analyse des individuell verschiedenen Genomanteils sollte eine eindeutige Zuordnung jeder biologischen Spur (vgl. Abschn. 1.2) zu einer bestimmten Person ermöglichen. Man spricht in diesem Kontext vom genetischen Fingerabdruck (vgl. Abschn. 8.1). Das Verständnis der Mechanismen biologischer Prozesse in einer Zelle ermöglichen einen exakten Blick auf Genotyp und Phänotyp. Mutationen im Genom können nicht nur zur Analyse von Polymorphismen genutzt werden, sondern ermöglichen auch das Verständnis von Krankheiten und deren Folgen. So führt eine Mutation oder die Kombination aus mehreren Mutationen zu einem deutlich veränderten, möglicherweise pathogenen Phänotyp. Ein Beispiel hierfür sind Mutationen auf dem Gen *SMARCAD1*, welche zu einem Verlust des Papillarleistensystems auf der Leistenhaut (vgl. Abschn. 7.2 und 9.1) führen und zu der Tatsache, dass kein klassischer Fingerabdruck abgenommen werden kann. Im Falle einer Übereinstimmung einer biologischen Spur mit einem möglichen Verdächtigen, muss die Frage geklärt werden, ob die betrachtete Übereinstimmung auch zufällig zustande gekommen sein kann. Für die Beantwortung dieser Frage benötigt man Schätzungen der Genotyphäufigkeiten und weitere statistische Methoden, die sich aus den Mendel'schen Gesetzen ableiten lassen. Ein Beispiel stellt das Hardy-Weinberg-Gesetz dar. Dieses schätzt die Populationshäufigkeiten der Genotypen für bestimmte Genorte (vgl. Abschn. 8.4).

Literatur

Avery OT, MacLeod CM, McCarty M (1944) Studies on the chemical nature of the substance inducing transformation of pneumococcal types: induction of transformation by a desoxyribonucleic acid fraction isolated from pneumococcus type III. J Exp Med 79(2):137–158

Berg RD (1996) The indigenous gastrointestinal microflora. Trends Microbiol 4(11):430–435

Bianconi E, Piovesan A, Facchin F et al (2013) An estimation of the number of cells in the human body. Ann Hum Biol 40(6):463–471

Buselmaier W, Tariverdian G (2007) Humangenetik, 4. Aufl. Springer Medizin, Heidelberg

Capt C, Passamonti M, Breton S (2015) The human mitochondrial genome may code for more than 13 proteins. Mitochondrial DNA A DNA Mapp Seq Anal 27(5):3098–3101

Clamp M, Fry B, Kamal M et al (2007) Distinguishing protein-coding and noncoding genes in the human genome. PNAS 104(49):19428–19433

Crick FHC (1970) Central dogma of molecular biology. Nature 227:561–563

Crick FHC, Barnett L, Brenner S et al (1961) General nature of the genetic code for proteins. Nature 192:1227–1232

Graw J (2015) Genetik, 6. Aufl. Springer, Berlin

Hillier LW, Coulson A, Murray JI et al (2005) Genomics in C. elegans: so many genes, such a little worm. Genome Res 15:1651–1660

Hutchison CA, Chuang RY, Noskov VN et al (2016) Design and synthesis of a minimal bacterial genome. Science 351(6280):aad6253

Ingram VM (1957) Gene mutations in human haemoglobin: the chemical difference between normal and sickle cell haemoglobin. Nature 180(4581):326–328

Kendrew JC, Bodo G, Dintzis HM et al (1958) A three-dimensional model of the myoglobin molecule obtained by X-ray analysis. Nature 181(4610):662–666

Lao O, Lu TT, Nothnagel M et al (2008) Correlation between genetic and geographic structure in Europe. Curr Biol 18(16):1241–1248

Madea B, Dettmeyer R, Mußhoff F (2007) Basiswissen Rechtsmedizin – Befunderhebung, Rekonstruktion, Begutachtung, 2. Aufl. Springer Medizin, Berlin

Merkl R (2015) Bioinformatik: Grundlagen, Algorithmen, Anwendungen, 3. Aufl. Wiley-Blackwell, Weinheim

Nelson DL, Cox MM (2011) Lehninger Biochemie, 4. Aufl. Springer, Berlin

Nogales E (2016) The development of cryo-EM into a mainstream structural biology technique. Nat Methods 13:24–27

Nordheim A, Knippers R, Dröge P et al (2015) Molekulare Genetik, 10. Aufl. Georg Thieme, Stuttgart

Pollard TD, Earnshaw WC (2007) Cell biology, 2. Aufl. Springer, Berlin

Sanger F, Coulson AR (1975) A rapid method for determining sequences in dna by primed synthesis with DNA polymerase. J Mol Biol 94:441–448

Strachan T, Read AP (1999) Human molecular genetics 2, 2. Aufl. Wiley, Liss

Vågerö D, Rajaleid K (2016) Does childhood trauma influence offspring's birth characteristics? Int J Epidemiol 45(2):1–11

Venter JC, Adams MD, Myers EW et al (2001) The sequence of the human genome. Science 291(5507):1304–1351

Watson JD, Crick FHC (1953) Molecular structure of nucleic acids: a structure for deoxyribose nucleic acid. Nature 171(4356):737–738

Zvelebil M, Baum JO (2007) Understanding bioinformatics, 1. Aufl. Garland Science, New York

Blut und dessen Farbstoffe in der Forensik

3

Das Blut gilt als Lebenselixier – ein Symbol der fortdauernden Vitalität des menschlichen Körpers. Mephisto, eine der Hauptfiguren von Goethes Faust, erkannte: „Blut ist ein ganz besonderer Saft." In der Umgangssprache stehen Wörter wie heißblütig oder blutjung für besonders kraft- und temperamentvolle Menschentypen, während blutarm und ausgeblutet für eine Schwäche bzw. eine lebensvernichtende Wirkung steht. Auch in der Medizin spielt der „rote Saft des Lebens" eine zentrale Rolle bei der Anamnese, da seine Bestandteile die Überlebensfähigkeit aller Körperzellen sichert und diese zudem vor Krankheitserregern schützt. Blut ist leicht zu entnehmen und etwaige Abweichungen der Zusammensetzung seiner Bestandteile sind wichtige Indizien für eine vorliegende Erkrankung des Patienten.

Auch oder gerade in der Forensik, wo es um die Analyse von Tatorten geht, können diese Sachverhalte durchaus Verwendung finden. Blut stellt einen sehr ergiebigen Informationsträger in Form der entstandenen Blutspuren dar. So können Aussagen getroffen werden über:

- die Herkunft der Blutspuren,
- die Distanz zwischen Herkunftsort der Blutspur und Spurenträger zum Entstehungszeitpunkt,
- die Art, Anzahl und Richtung der Blutspuren verursachenden Gewalteinwirkungen (Schläge, Schüsse, Tritte),
- den Standort, wo sich der Täter möglicherweise aufgehalten hat, indem die Position von Personen/Gegenständen während/nach „Blutabgabe" bestimmt wird (wichtig für die DNA-Sicherung und die Analyse von DNA-Spuren),
- die Bewegungsrichtung von Personen/Gegenständen, von denen Bluttropfen abtropften/weggeschleudert wurden,
- die postmortale Liegezeit (zusätzliches Merkmal).

© Springer-Verlag GmbH Deutschland, ein Teil von Springer Nature 2018
D. Labudde und M. Mohaupt, *Bioinformatik im Handlungsfeld der Forensik,*
https://doi.org/10.1007/978-3-662-57872-8_3

Die besondere Bedeutung des Blutes in der Forensik beruht auf dem Umstand, dass bei vielen schweren Verbrechen infolge äußerer Einwirkung auf den menschlichen Körper, beispielsweise durch Schuss, Stich oder Schlag, zwangsläufig Blutspuren entstehen, deren Auswertung eine Rekonstruktion des Tatherganges ermöglicht oder Hinweise zur Ermittlung oder Überführung des Tatverdächtigen liefert. Dabei wird die Blutspur aber von verschiedenen „natürlichen" Eigenschaften des Blutes selbst beeinflusst: Viskosität, Oberflächenspannung, Dichte und Farbe. Diese Eigenschaften ergeben sich nicht zuletzt aus dem Verständnis der Anatomie und Physiologie des Blutes.

Die forensische Disziplin, die sich mit der physikalischen und mathematischen Auswertung von Blutmustern beschäftigt, wird als Blutspurenmusteranalyse (*Bloodstain Pattern Analysis,* kurz BPA) bezeichnet. Bei der BPA betrachtet man die Form und Verteilung von im Zusammenhang mit Straftaten aufgekommenen Blutmustern, um das Tatgeschehen rekonstruieren zu können. Die erste systematische Untersuchung von Blutmustern fand im Jahr 1895 unter der Aufsicht des polnischen Wissenschaftlers Dr. Eduard Piotrowski statt. Seine Ergebnisse publizierte er noch im selben Jahr im Paper „On the formation, form, direction, and spreading of blood stains after blunt trauma to the head" (vgl. Piotrowski 1895). Im Zusammenhang mit einer molekularbiologischen Analyse können die an einer Straftat beteiligten Personen identifiziert werden. Aus der Morphologie einer Blutspur kann eine Vielzahl von Informationen abgeleitet werden. Die gewonnenen Informationen liefern wichtige Hinweise für die Interpretation eines Tathergangs. Ein Tatort muss deshalb möglichst gründlich inspiziert werden, um auch kleinere Blutspuren nicht außer Acht zu lassen, da auch diese zur Aufklärung einer Straftat beitragen (Herrmann und Saternus 2007). In den weiteren Ausführungen zum Thema Blut, wird lediglich das Blut des Menschen eine Rolle spielen.

▶ **Lesehinweis** Auf die Methodik und Durchführung von Blutmusteranalysen wird in diesem Buch nicht eingegangen. Falls Sie sich näher mit dem Thema beschäftigen wollen, nutzen Sie bitte entsprechende Fachbücher, z. B.: F. Ramsthaler, O. Peschel, M. Rothschild: *Forensische Blutspurenmusteranalyse* (2015).

3.1 Physiologie und Anatomie des Blutes

Unser Blut übernimmt essentielle Aufgaben zur Aufrechterhaltung unseres Organismus. So ist es für den Transport wichtiger Stoffe (Sauerstoff und Nährstoffe) sowie für die Regulierung des Wärmehaushaltes verantwortlich. Zudem übernimmt es Schutz- und Abwehraufgaben.

3.1.1 Funktion und Eigenschaften von Blut

Das Blut transportiert den über die Lunge aufgenommenen Luftsauerstoff, welcher physikalisch gelöst und chemisch gebunden wird. Auf diese Weise wird der Sauerstoff nutzbar gemacht und zur Versorgung zu den Organen und Geweben transportiert. Dort anfallendes Kohlenstoffdioxid (CO_2) wird anschließend wieder zur Lunge zurücktransportiert, um über die Ausatemluft entsorgt zu werden. Nicht nur der Transport von Atemgasen wird durch das Blut gewährleistet. Um die Versorgung der einzelnen Organe des Organsystems des Organismus zu gewährleisten, verteilt das Blut die Nährstoffe, Stoffwechselend- und -zwischenprodukte oder Hormone im gesamten Organsystem. So können diese Stoffe an Speicher bzw. Resorptionsorte befördert werden.

Für die Regulation des Wärmehaushaltes, welche vorrangig die Aufrechterhaltung von 36,5 bis 37,5 °C im Kopf- und Rumpfbereich zum Ziel hat, fungiert das Blut als Wärmetransporter. So wird Wärmeenergie aus Stoffwechselprozessen im Körper verteilt und beispielsweise über das Wasser in der Ausatemluft oder über die Haut aus dem Körper geschleust. Die Funktionsfähigkeit der Organe im Körper kann damit bewahrt werden. In diesem Sinne werden auch die Konzentrationen der Inhaltsstoffe und die physikalischen Eigenschaften des Blutes selbst, wie z. B. der pH-Wert oder die Temperatur, immer wieder kontrolliert und wenn nötig korrigiert, sodass ein Gleichgewichtszustand (Homöostase) erhalten bleibt.

Ein weiterer wichtiger Aufgabenbereich ist die Schutz- und Abwehrfunktion. Bei kleineren inneren oder äußeren Verletzungen ist das Blut in der Lage einen Mechanismus zu starten, der die entstehende Blutung durch Gerinnung langsam stoppt und die Wunde danach wieder verschließt (vgl. Abschn. 4.5). Die Aktivierung dieser Prozesse erfolgt durch intrinsische oder extrinsische Faktoren. Vom Körper aufgenommene Krankheitserreger und Fremdkörper werden außerdem über die spezifische oder unspezifische Immunabwehr, welche im Blutkreislauf stattfindet, bekämpft. Die Antigene, welche sich auf der Oberfläche dieser Krankheitserreger bzw. Fremdkörper befinden, werden also entweder mittels Antikörper koaguliert und damit unschädlich gemacht (spezifische Immunabwehr) oder durch Makrophagen aufgenommen und lysiert (unspezifisch Immunabwehr).

Unser Blut ist ca. 37 °C warm und besitzt einen pH-Wert von ca. 7,4. Dieser wird durch ein komplexes Puffersystem aufrechterhalten. Je nach Sauerstoffbeladung und Oxidationszeit erscheint Blut hellrot bis dunkelbraun oder schwärzlich, was auf den Oxidierungszustand und den Grad der Denaturierung des Hauptbestandteiles der roten Blutkörperchen, den roten Blutfarbstoff Hämoglobin, zurückzuführen ist. Der typische metallene Geruch stammt von dem von Nilsson et al. (2014) identifizierten Aldehyd trans-4,5-Epoxy-(E)-2-Decenal. Weitere wichtige physikalische Größen sind Blutvolumen, Hämatokrit und Blutviskosität. Diese Blutparameter hängen stark voneinander ab und variieren je nach Spezies, Geschlecht und Lebensalter. Das durchschnittliche Blutvolumen eines Erwachsenen beträgt etwa 6 bis 8 % seines Körpergewichtes, was bei einem Mann ca. 5 bis 6 l entspricht. Im Verlauf der Entwicklung verändert sich die Zusammensetzung leicht. So nimmt der Wassergehalt leicht ab. Der prozentuale Anteil des Blutes am Körpergewicht bei Kindern entspricht deshalb 8 bis 9 %. Der Anteil an roten Blutkörperchen am Gesamtblut wird Erythrokrit oder Hämatokrit genannt und beträgt bei erwachsenen Männern 44 bis 46 % und bei Frauen 41 bis 43 %. Auch hier weicht der Wert bei jüngeren Menschen aufgrund anderer Blutzusammensetzung etwas ab. Die relative Blutviskosität (relativ zum Bezugspunkt Wasser) bzw. der sogenannte Engler-Grad beträgt im Erwachsenenalter 3,5 bis 5,4. Die innere Reibung nimmt, aufgrund der nichtnewtonischen Eigenschaften des Blutes, mit steigenden Viskositätswerten überproportional zu. Grund des nichtnewtonischen Verhaltens ist vor allem die unterschiedliche Verformbarkeit der roten Blutkörperchen bei zunehmender Fließgeschwindigkeit. Daher verhält sich Blut mit steigendem Hämatokrit nicht mehr wie eine Zellsuspension (sichtbare Trennung der Bestandteile – Zellen, Flüssigkeit), sondern wie eine Emulsion (feine Verteilung der Bestandteile – keine sichtbare Trennung der Bestandteile). Die hier vorgestellten biologischen und physikalischen Parameter des Blutes bedingen die Komplexität der Blutspurenanalyse (vgl. Nilsson et al. 2014; Raymond et al. 1996; James 2005).

3.1.2   Anatomie des menschlichen Blutes

Blut ist chemisch-physikalisch betrachtet eine Suspension, bestehend aus ca. 45 % festen, zellulären Bestandteilen und 55 % flüssigen Plasmabestandteilen (vgl. Abb. 3.1).

In dem flüssigen Anteil nimmt Wasser ca. 900 g/l ein. Zudem findet man im Blutplasma ca. 80 g Proteine und andere niedermolekulare Stoffe (ca. 20 g). Es herrscht eine konstante Konzentration an Kationen (v. a. Natrium), Anionen (v. a. Chlorid und Bikarbonat) und Nichtelektrolyten wie Glukose und Harnstoff. Man spricht dabei von

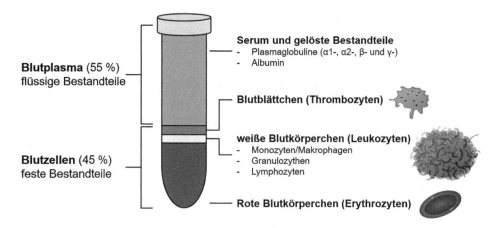

Abb. 3.1 Die Abbildung zeigt die zwei Hauptbestandteile des menschlichen Blutes – Blutplasma und Blutzellen – sowie deren Zusammensetzung

der Isionie. Die hohe Anzahl der anorganischen Elektrolyte ergeben einen osmotischen Druck von rund 745 kPa. Eine nur geringe Erhöhung oder Absenkung dieser Größe ließe die angrenzenden Zellschichten aufplatzen oder verschrumpeln, was zeigt, wie wichtig die Aufrechterhaltung des inneren Milieus (Homöostase) ist. Das Blutplasma besitzt trotz des hohen Wasseranteils eine hohe relative Viskosität von 1,9 bis 2,6 (die relative Viskosität von Wasser entspricht dem Wert 1). Verantwortlich für die hohe Viskosität sind die Plasmaproteine, die zahlreiche Funktionen übernehmen. Mittels einer Elektrophorese lassen sich die Proteine im Plasma auftrennen. Die Auftrennung erfolgt durch die unterschiedliche Gestalt, Größe und Ladung der Plasmaproteine. Zu ihnen gehören die Plasmaglobuline (je nach Auftauchen bei der Elektrophorese α1-, α2-, β- und γ-Globuline genannt) und das Albumin. Für den Transport von Nährstoffen, Vitaminen, Spurenelementen, Stoffwechselprodukten und anderen kleinmolekularen Stoffen binden diese an die Proteine des Plasmas und werden an den Zielort überführt. Plasmaproteine tragen nur wenig zum osmotischen Druck bei, dienen jedoch zur Aufrechterhaltung des kolloidosmotischen Druckes, welcher den Umfang des Wasseraustausches zwischen Blutplasma und der die Organe umgebende Versorgungsschicht beschreibt. Sie tragen zudem zur Aufrechterhaltung des pH-Wertes bei und dienen als Aminosäurereservoir. Für die Abwehr von Fremdstoffen und Krankheitserregern nehmen Plasmaproteine eine wichtige Rolle bei der Erkennung und Vernichtung ein. Die wohl bekannteste Funktion ist die Gerinnung, die uns vor Blutverlusten schützt. Zahlreiche Gerinnungsfaktoren einer Reaktionskette lösen die Schlussreaktion aus, bei der das gelösten Fibrinogen in das faserartige Fibrin umgewandelt und mit Blutplättchen vernetzt wird.

Der zweite Hauptbestandteil des Blutes besteht aus roten (Erythrozyten) und weißen Blutkörperchen sowie Thrombozyten. Tab. 3.1 zeigt die wichtigsten biologischen Eigenschaften und Funktionen dieser Blutzellen (Raymond et al. 1996; Schmidt et al. 2011; Woodcock 1976).

Zahlreiche Prozesse innerhalb des Organismus sind für den Abbau bzw. für die Aufrechterhaltung der Funktionsfähigkeit des Blutes zuständig. Wie bereits in Abschn. 3.2 beschrieben, kommt es im gesunden Organismus zur zufälligen Umwandlung von Oxyhämoglobin zu Methämoglobin. Durch die Nicotinamidadenindinukleotid (kurz NADH) -abhängige Diaphorase (kurz Met-Hb-Reduktase) wird das Methämoglobin zu Hämoglobin reduziert (vgl. Dörner 2013). Der Abbau alter oder beschädigter Erythrozyten findet zum größten Teil in der Milz statt. Durch die verringerte Verformbarkeit der gealterten oder entarteten roten Blutkörperchen verfangen sich diese im feinen Gewebe der Milz, wo sie lysiert werden können. Die Erythrozyten werden in ihre Bruchstücke zerlegt und mittels Monozyten bzw. Makrophagen, dem sogenannten Monozyten-Makrophagen-System, phagozytiert. Dabei wird der essentielle Proteinkomplex Hämoglobin in seinen Proteinanteil (Globin) und die Häm-Gruppe zerlegt. Das Globin wird in die einzelnen Aminosäuren gespalten und dem Aminosäurereservoir zugefügt. Ein Enzym, die Häm-Oxygenase, spaltet die Häm-Gruppe oxidativ in Kohlenmonooxid, Eisen(II) und Biliverdin. Eisen(II) steht zur Wiederverwendung bereit und wird mit

Tab. 3.1 Wesentliche Eigenschaften und Funktionen der verschiedenen Blutzellen

	Erythrozyten (rote Blutkörperchen)	Leukozyten (weiße Blutkörperchen)	Thrombozyten (Blutplättchen)
Anteil	96 %	3 %	1 %
Lebensdauer	100–120 Tage	Tage bis Jahre	5–11 Tage
Zahl/μl Blut	4,5–5,5 Mio./μl	4000–11.000/μl (abhängig von Tageszeit und Aktivität des Organismus)	300.000/μl
Gestalt	Bikonkave Scheiben ohne Zellorganellen und Zellkern	Kernhaltig und hämoglobinfrei	Kleinste Blutzellen, kernlos
Funktion	Enthalten Hämoglobin für den O_2- und CO_2-Transport	Granulozyten und Monozyten (unspezifische Immunabwehr) Lymphozyten (spezifische Immunabwehr)	Dienen der Blutstillung durch Adhäsion und Aggregation

dem Transportprotein Transferrin dem Eisenstoffwechsel zugeführt. So wird beispielsweise in der Leber Eisen(II) an den großen Proteinkomplex Ferritin mit 24 Untereinheiten gebunden. Dieser Komplex kann mehrere 1000 Eisen-Ionen binden. Eine weitere Speicherform für Eisen(II) ist Hämosiderin. Die Biliverdin-Reduktase überführt Biliverdin in Bilirubin. In der Leber und der Galle wird Bilirubin zu weiteren Metaboliten der Häm-Gruppe die unter dem Begriff Urobilinogen zusammengefasst werden, umgesetzt. Der größte Teil dieser Metabolite wird über den Stuhl ausgeschieden, in die Leber zurücktransportiert oder über die Nieren ausgeschieden. Freies Hämoglobin im Blut wird durch das Haptoglobin gebunden und zur Leber transportiert. Dort erfolgt der oben beschriebene Abbau des Hämoglobins (vgl. Kiefel 2010; Seyfried et al. 1976).

3.2 Farbstoff Hämoglobin und sein Informationsgehalt

Die roten Blutkörperchen bestehen weitestgehend aus der Membranhülle, in die Enzymsysteme und der rote Blutfarbstoff Hämoglobin (Hb) eingelagert sind. Aufgrund der bikonkaven, scheibenförmigen Gestalt der Erythrozyten bildet sich eine größtmöglich „nutzbare" Membranoberfläche. Das zu den Chromoproteinen zählende Hb ermöglicht, durch die Anlagerung von Sauerstoff- und Kohlenstoffdioxidmoleküle, den Gasaustausch über die Lunge. Die Hämoglobinkonzentration im Blut beträgt ca. 150 bis 170 g/l. Ist die Konzentration erhöht, handelt es sich um eine Polyglobulie. Eine Anämie hingegen geht mit einer Verminderung der Sauerstofftransportkapazität durch eine verringerte Anzahl von Erythrozyten oder einer verringerten Hb-Konzentration in den Erythrozyten einher (Schmidt et al. 2011).

Die Struktur des roten Blutfarbstoffs zeichnet sich durch vier globuläre Polypeptid-
ketten aus. Es existieren 4 Typen dieser Untereinheiten: α-, β-, γ- und δ-Kette. Im
Vergleich zu Föten, deren Hämoglobine sich aus zwei α- und zwei δ-Ketten zusammensetzen, bilden sich bei Erwachsenen die Hämoglobine aus zwei α- und zwei β-Ketten
(vgl. Abb. 3.2a). Jede der Proteinketten bindet dauerhaft an charakteristischen Binde-
stellen (vgl. Abb. 3.2b). eine sogenannte Häm-Gruppe (vgl. Abb. 3.2c). Dieser Eisen-
II-Komplex stellt die prosthetische Gruppe des Proteins dar und ist für die Bindung von
Atemgas zuständig. Das Porphyrin der Häm-Gruppe bildet eine komplexe Ringstruktur

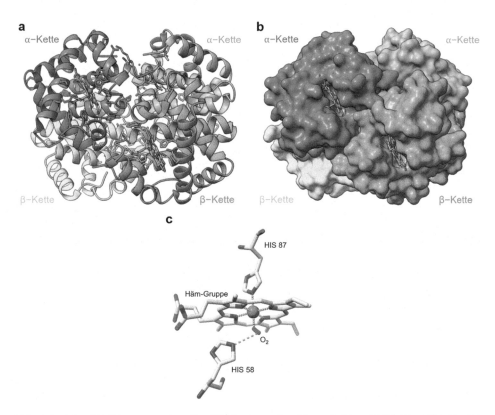

Abb. 3.2 Die Abbildung **a** zeigt die 3D-Struktur des Hämoglobins (PDB-ID: 5KDQ). Die
Sekundärstrukturelemente sind in diesem Bändermodell erkennbar. Jede der 4 Ketten besitzt eine
andere Farbe. Die beiden α-Untereinheit sind jeweils blau und die beiden β-Untereinheiten sind
gelb sowie orange dargestellt. Die Häm-Gruppe ist elementweise hervorgehoben. Die Lage der
Häm-Gruppen in den vier Untereinheiten ist in Abbildung **b** besser zu erkennen. Das Protein wird
mit seiner Oberfläche angezeigt. In Abbildung **c** sind die Struktur der Häm-Gruppe und die Bin-
dungen (grün) des Eisenatoms (orange), die horizontal mit dem Porphyrin und vertikal mit einem
Atemgasmolekül bzw. mit einem Histidinrest (87) des Proteins eingegangen werden, dargestellt
(PDB-ID: 2DN1). Zudem ist die Wasserstoffbrückenbindung (blau) des Histidin an Stelle 58 der
Globinkette mit dem Sauerstoffmolekül zu sehen. Erstellt wurde die Abbildung mit dem Tool
ChimeraX

und bindet ein zentrales Eisenatom (Fe^{2+}), welches reversibel zum Beispiel mit einem
Sauerstoffmolekül eine Bindung eingehen kann. In Abb. 3.2c sind die Struktur der Häm-
Gruppe und die Bindungen, die das Eisenatom eingehen kann, ersichtlich (Nelson und
Cox 2011; Schmidt et al. 2011).

Aufgabe

Schauen Sie sich auf der PDB (Protein Data Bank vgl. Abschn. 5.3.3.3) den Eintrag
zu dem menschlichen Hämoglobin mit der PDB-ID 2H35 an. Betrachten Sie die verschiedenen Organisationsstufen des Proteins (Primär-, Sekundär- und Quartärstruktur).
Betrachten Sie außerdem die Bindungsregion der Häm-Gruppe.

Ist kein Sauerstoffmolekül am Eisenatom gebunden, spricht man von der deoxigenierten
Häm-Gruppe bzw. von Deoxyhämoglobin. In diesem Zustand befindet sich Hämoglobin,
welches sich im Blut auf die Lunge zubewegt. Bei der Bindung eines Sauerstoffmoleküls
ohne Änderung der Wertigkeit des Eisenatoms spricht man von einer oxigenierten Häm-
Gruppe und damit von Oxyhämoglobin (HbO_2). Diese Bindung, die auf dem Weg von
der Lunge zu den Organen besteht, ist reversibel und kommt bei einem gesunden Menschen weitaus häufiger vor als die tatsächliche Oxidation. Letztere stellt eine zufällige
Bindung von einem Sauerstoffmolekül mit Wertigkeitsänderung des Eisens ($Fe^{2+}->Fe^{3+}$)
dar. Dieser Vorgang ist nicht reversibel. Aus der Häm-Gruppe wird ein Oxyhämin, und das
gesamte Molekül wird als Hämiglobin bzw. Methämoglobin bezeichnet. Befinden sich
mehr als 2 g% (20 g/l) aller Chromoproteine in diesem Zustand, spricht man von einer
Methämoglobinämie. Diese ruft eine Zyanose (Blaufärbung der Haut), Kreislaufsymptome
(ab 40 g% Methämoglobin) wie Anfälle sowie Übelkeit oder gar den Tod hervor.

Die typische rote Farbe unseres Blutes entsteht durch die spezielle Art des Hämoglobins, Licht zu absorbieren bzw. durchzulassen. Der rote Anteil des Lichts wird fast
komplett transmittiert. Im Spektrum des Oxyhämoglobins zeigen sich eine Schwächung
des blauen Anteils und zwei charakteristische Absorptionsbanden im gelb- bis gelbgrünen Bereich (=542 nm und =577 nm). Bei dem nicht beladenen Hämoglobin wird
der kurzwellige Anteil etwas stärker abgeschwächt, und es gibt nur noch eine typische
Absorptionsbande im gelbgrünen Bereich. Im Gegensatz zum sauerstoffreichen Blut zeigt
sich das sauerstoffarme Blut etwas dunkler und bläulicher. Abb. 3.5 zeigt die Absorptions-
spektren der verschiedenen Hämoglobintypen (Braun et al. 1999; Schmidt et al. 2011).

Die beschriebenen Eigenschaften des Hämoglobins können für die Altersbestimmung
von Blut relevant sein, da sich die Anteile der Hämoglobinderivate im alternden Blut
stark verändern. Dabei muss zwischen den Abläufen bzw. Zuständen im „Lebendigen"
(lat. *in vivo*) und außerhalb des „Lebendigen" (lat. *ex vivo*) unterschieden werden. In der
forensischen Blutanalyse müssen deshalb die biologischen Prozesse des Hämoglobins
auf Bedingungen außerhalb des Körpers übertragen werden. Dies ist Bestandteil aktueller
Forschungen.

3.3   Blutgerinnung

Bei einer Verletzung von kleinen Blutgefäßen in einem gesunden Körper erfolgt deren
kompletter Verschluss nach ca. ein bis vier Minuten. Durch diesen Prozess, der als
Blutgerinnung (Hämostase) bezeichnet wird, werden innere Blutungen verhindert.
Die Prozesskette lässt sich in die primäre und die sekundäre Hämostase einteilen (vgl.
Abb. 3.3). Im ersten Schritt zieht sich das Gefäß zusammen und wird anschließend
zunächst grob verschlossen. Im weiteren Verlauf erfolgt der vollständige Verschluss

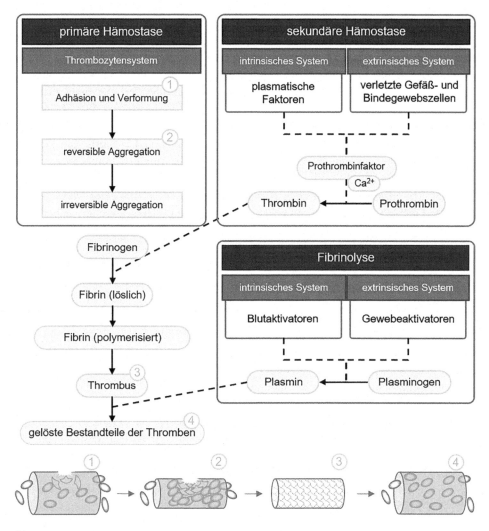

Abb. 3.3 Hier ist die Blutgerinnung (auch Hämostase), die in die primäre und sekundäre Hämostase
eingeteilt wird, sowie die Fibrinolyse dargestellt

durch ein Blutgerinnsel. Zum Schluss werden die notwendigen Reparaturprozesse eingeleitet. In Abb. 3.3 ist der Prozess der Blutgerinnung in seiner Gesamtheit dargestellt (vgl. Schmidt et al. 2011).

Bei der primären Hämostase spielen die Blutgefäße durch ihre Kontraktion und die Thrombozyten eine Rolle. Letztere sind für die Adhäsion und Aggregation sowie für die Freisetzung blutstillender Stoff zuständig. Zentral ist dabei die Bildung des sogenannten Thrombozytenpfropfs. Die Blutplättchen gelangen an den Ort der Verletzung, der durch das Prostazyklin begrenzt wird, und nehmen eine Gestaltwandlung vor. Die zunächst flachen Blutzellen werden kugelförmig und bilden stachelförmige Fortsätze aus. Durch die Strukturauflösung kommt es zur Freisetzung von weiteren wichtigen Stoffen, den sogenannten vasokonstriktorischen Substanzen, die die Gefäßverengung vermitteln (Bsp. Serotonin). Die Thrombozyten binden zunächst reversibel unter Anwesenheit von Thrombin und Fibrinogen an den von-Willebrand-Faktor (kurz vWF). Der vWF fungiert dabei als Brücke zwischen dem Kollagen des Bindegewebes und den Blutplättchen. Fibrinogen ist für die Verknüpfung der zunehmenden Anzahl von Thrombozyten zuständig. Das Glykoprotein Thrombospondin lagert sich an das Fibrinogen an und verfestigt so die Verknüpfung der Thrombozyten. Die Aggregation ist nun irreversibel. Durch die positive Rückkopplung der durch die Thrombozyten freigesetzten Stoffe, die ihrerseits die Thrombozytenaggregation verstärken, werden immer mehr Thrombozyten in den Prozess aufgenommen.

Da die Thrombozyten allein nicht ausreichen, um einen vollständigen Verschluss der verletzten Gefäße zu vollziehen, schließt sich die sekundäre Hämostase an. Dabei lagern sich an den weißen Abscheidungsthrombus Erythrozyten sowie Leukozyten an, und der Verschluss wird abgeschlossen. Es handelt sich nun um einen roten Abscheidungsthrombus. Die Aktivierung der Blutplättchen führt zur Bildung des Prothrombinaktivators. Dieser Enzymkomplex setzt sich aus Phospholipiden, Gerinnungsfaktoren und Calciumionen (Ca^{2+}) zusammen. Er bedingt auf zwei Wegen (extrinsischen und intrinsischen System der Gerinnung) die Abspaltung des aktiven Thrombins vom Prothrombins. Bei dem extrinsischen System der Gerinnung lösen Phospholipide und aktivierende Proteine aus verletzten Gefäß- und Bindegewebszellen und bei dem intrinsischen System plasmatische Faktoren die weiteren Schritte aus. Beide Systeme ergänzen sich. Alternativwege sind über Querverbindungen zwischen diesen Systemen möglich. Das Thrombin spaltet anschließend den festen Anteil Fibrin aus dem wasserlöslichen Fibrinogen ab. Die Fibrinfäden formen ein Gerüst, welches ein Gerinnsel (Thrombus) bildet. Das Blut geht in diesem Verlauf vom einem flüssigen in einen gallertartigen Zustand über.

▶   **Lesehinweis** Eine ausführliche Beschreibung des extrinsischen und intrinsischen Systems der Gerinnung können Sie in *Physiologie des Menschen* von Schmidt et al. (2011) nachlesen.

Bei der sogenannten Nachgerinnung ziehen sich die Fibrinfäden weiter zusammen. Dies wird durch Proteine auf den Thrombozyten, die kontrahieren können, induziert. Durch diese Retraktion wird der feste Bestandteil des gallertartigen Blutes, ein halbfester roter Blutkuchen bestehend aus Fibrinfäden und Blutzellen, von dem flüssigen Anteil, dem Serum, getrennt. Das Serum ist eine klare, gelbliche Flüssigkeit, die kein Fibrinogen enthält. Die Wundränder liegen nun näher beieinander, und das Einsprossen von Bindegewebszellen wird gefördert. Nach der so induzierten Gefäßreparatur erfolgt die Auflösung des Gerinnsels durch die sogenannte Fibrinolyse. Dabei wird das Plasmin, eine Serinprotease, über verschiedene Faktoren aus dem Plasminogen aktiviert. Das Plasmin ist verantwortlich für die Spaltung des Fibrins, des Fibrinogens, des Prothrombins und der Gerinnungsfaktoren. Somit werden Thromben gelöst, die Blutgerinnungsfähigkeit gesenkt und der Blutdurchfluss ermöglicht (vgl. Schmidt et al. 2011).

3.4 Blut *ex vivo* – Blutalterung

Die Alterung von Blut außerhalb des Körpers *(ex vivo)* ist ein Prozess, der in der Tatortanalyse eine Möglichkeit zur Bestimmung bzw. Einschränkung des Entstehungszeitpunkts der Blutspur und der damit einhergehenden Gewalt im Tathergang darstellt. Zudem kann die Art der Gewalt, was für die Festsetzung des Strafmaß unerläslich ist, bestimmt werden. Für die Ermittlung des Blutalters müssen die physiologischen Prozesse der Blutalterung *ex vivo* verstanden und für die Analyse herangezogen werden. Zahlreiche äußere Faktoren wirken bei der Alterung von Blut an einem Tatort, auf die Blutspur ein. Mögliche Faktoren sind: Umgebungstemperatur, die Temperatur des Bodens, die Art und Beschaffenheit des Untergrundes, der Umfang und die Dicke der Blutspur, die Windgeschwindigkeit, die Luftfeuchtigkeit sowie die Sonneneinstrahlung auf das Blut und dessen Bestandteile. Die Auswirkungen von Umwelteinflüssen wurden erstmalig von Laber und Epstein in ihrer Veröffentlichung aus dem Jahr 1983 *Experiments and Practical Exercises in Bloodstain Pattern Analysis* gezeigt (vgl. Laber und Epstein 1983). Bei einer Blutspur vollzieht sich ein Austrocknen. Noch feuchte bzw. noch nicht vollständig getrocknete Blutspuren werden als frisch bezeichnet. Durch die zahlreichen äußeren Faktoren, die die Trocknung beeinträchtigen, wird die Altersbestimmung von Blut bisher nicht in die Tatortuntersuchung einbezogen. Lediglich die Aussage, ob es sich um eine frische Spur handelt, wird dabei aufgenommen. Bei getrockneten Blutspuren fällt die zeitliche Charakterisierung schwer. Teile des Lichts führen bei langanhaltender Bestrahlung zu einer Farbänderung des Blutes von dem charakteristischen Rot zu einem Rostbraun bis Schwarz. Diese Farbwandlung wird durch irreversible Änderungen des roten Blutfarbstoffs Hämoglobin ausgelöst (vgl. Abb. 3.4). Das Hämoglobin wird zunächst vollständig, durch den unmittelbar zur Verfügung stehenden Sauerstoff, in die oxygenierte Form umgewandelt. In einem weiteren Schritt wird nun stetig ein kleiner Teil des Oxyhämoglobins zu Methämoglobin oxidiert. Das zweiwertige Eisen des Hämoglobins wird dabei zu dreiwertigem oxidiert, welches nicht mehr als Sauerstofftransporteur fungieren kann. Nur im Körper kann diese Oxidation rückgängig gemacht werden. Der Gehalt an Methämoglobin steigt so über Tage

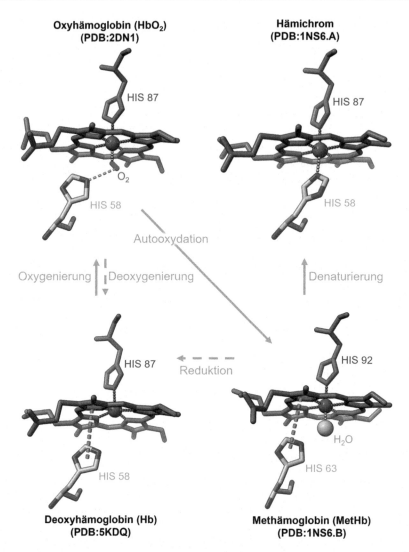

Abb. 3.4 Die Abbildung zeigt den Verlauf der Blutalterung außerhalb des menschlichen Körpers im Bereich der Hämgruppe. Hämoglobin wird zunächst oxygeniert. Mit zunehmender Autooxidation nimmt der Anteil an Methämoglobin zu. Dieses wird letzlich Hämichrom denaturiert. Im Deoxyhämoglobin geht das Histidin 58 eine π-π-Wechselwirkung (orange) mit der HämGruppe ein, dagegen geht es im Oxyhämoglobin über eine Wasserstoffbrückenbindung (blau) mit dem am Eisenion gebundenen (grün) Sauerstoffmolekül (rot) eine Bindung ein. Im Methämoglobin wird ein Wassermolekül (blau) am Eisenion gebunden (grün). Es findet wieder eine π-Stacking-Interaktion (orange) des Histidins (hier 63) mit der Häm-Gruppe statt. Das Eisenion im Hämichrom wird durch die zusätzliche Bindung (grün) mit dem Histidin 58 fest in diesem Hämoglobinderivat verankert. Die gestrichelten Pfeile zeigen die extrinsischen Wege an, die lediglich *in vivo* stattfinden können. Erstellt wurde die Abbildung mit dem Tool ChimeraX

bis wenige Wochen an, bis eine vollständige Oxidation aller Hämoglobine erfolgt ist. Ab der zweiten bis dritten Woche bindet eine Aminosäure (meist Histidin) fest an das zentrale Eisenatom der Häm-Gruppe. Das damit entstandene Hämichrom ist inaktiv, da der Globinanteil jetzt denaturiert vorliegt. Das Eisenatom ist nun fest an das Hämichrom gebunden. Die zeitlichen Veränderungen (Oxidation und Denaturierung) sind durch Farbänderungen sichtbar. So wird das hellrote Blut (Oxyhämoglobin) zunächst bräunlich (Methämoglobin) und wird dann fast schwarz (Hämichrom). Der Abbau des Hämoglobins *ex vivo* lässt sich mit der folgenden Formel verkürzt darstellen:

$$Hb \rightsquigarrow HbO_2 \xrightarrow{k_1} MetHb \xrightarrow{k_2} HC$$

Die Teilschritte der Reaktionen besitzen die Geschwindigkeitskonstanten k_1 und k_2. Tsuruga und Shikama erkannten im Jahr (1997), dass sich der Stoffumsatz der ersten Teilreaktion (k_1) proportional zur Konzentration verhält. Die nachfolgende Gleichung beschreibt diese Reaktion genauer:

$$\frac{[HbO_2]_t}{[HbO_2]_0} = p \cdot e^{(-k_f \cdot t)} + (1 - P) \cdot e^{(-k_s \cdot t)}$$

Die schnelle Autooxidation der α-Kette wird durch die Geschwindigkeitskonstante k_f beschrieben. k_s steht hingegen für die langsamer ablaufende Autooxidation der β-Kette. P stellt den Stoffmengenanteil der schnell reagierenden Hämoglobine dar. Dieser Verlauf wurde aufgrund seiner nicht medizinischen Relevanz im Vergleich zur Blutgerinnung (Blutalterung *in vivo*) kaum untersucht. In den letzten Jahrzehnten hat die Untersuchung der einzelnen Phasen der Blutalterung *ex vivo* zugenommen, jedoch wird dabei selten frisches Blut verwendet bzw. werden Gerinnungshemmer wie Ethylendiamintetraessigsäure (EDTA) eingesetzt, die auf den nativen Prozess Einfluss nehmen (vgl. James et al. 2005).

Ex vivo trocknet Blut schneller als im Leichnam. Es wird angenommen, dass der Kontakt zu einer bestimmten Form von Oberflächen, vergleichbar mit den Wundrändern der Blutgerinnung im Körper, eine ähnliche Kaskade wie bei der Blutgerinnung auslöst. Da der extrinsische Weg der Gerinnung nicht zur Verfügung steht, ist es wahrscheinlich, dass intrinsische Vorgänge die Gerinnung steuern. Diese interne Steuerung übernehmen dabei Faktoren wie der Hageman-Faktor (Koagulierungsfaktor XII), der Fletcher-Faktor (Prekallikrien), der Fitzgerald-Faktor (hochmolekulares Kinogen) und der Koagulierungsfaktor XI. Vermutlich hat die Art der Oberfläche einen Einfluss auf den Weg und die Geschwindigkeit der Koagulation des Blutes (vgl. Chatterjee et al. 2009). Wie bei der Gerinnung *in vivo* trennt sich *ex vivo* das Blutplasma von dem festen Anteil des Blutes. Wobei letzteres, das Fibringeflecht, nicht wie im Körper lysiert werden kann. Der flüssige Anteil verdunstet je nach Umgebungsfaktoren unterschiedlich schnell. Es erfolgt das Austrocknen der Blutspur von außen nach innen. Zurück bleibt eine getrocknete Scheibe aus Zelltrümmern, auf der Risse bzw. Spalten, sogenannte Trocknungsartefakte, zu erkennen sind (vgl. James et al. 2005; Madea 2015).

Einfluss auf die Austrocknung der Blutspur und die Blutalterung haben äußere und innere Faktoren. Äußerliche Einflussfaktoren sind u. a. die Oberflächenbeschaffenheit, Größe und Form des Blutfleckes, rückständige Hautpartikel, Temperatur und Luftfeuchtigkeit. Zu den inneren Faktoren zählt man z. B. Erkrankungen, spezielle Diäten, die Tageszeit der Blutabgabe bzw. der Zykluszeitraum (Menstruationszyklus), Alter und Geschlecht der Person. Bei dem Verfall des Hämoglobins spielt die Temperatur und die Luftfeuchtigkeit eine wesentliche Rolle. Während bei der Oxidierung von Oxyhämoglobin zu Methämoglobin fast ausschließlich die Temperatur einen Einfluss hat, spielen bei der nächsten Denaturierungsstufe von Methämoglobin zu Hämichrom beide Größen eine Rolle (vgl. Bremmer et al. 2011; Dorrance 1913; James et al. 2005).

3.5 Beurteilung des Blutalters

Für die forensische Untersuchung ist die zeitliche Einordnung des Tathergangs essentiell. So kann nicht nur die Untersuchung der Form der Blutspuren, sondern auch die Charakterisierung des Blutalters eine wesentliche Rolle für die Rekonstruktion des Tatgeschehens spielen. Blut verändert sich außerhalb des Körpers auf bestimmte Weise mit der Zeit, weshalb eine Altersbestimmung grundsätzlich möglich ist (Abschn. 3.4). Im Laufe des letzten Jahrhunderts gab es viele Versuche, eine präzise Altersbestimmung von Blutspuren zu etablieren. Aufgrund der Komplexität des zu untersuchenden Ausgangsstoffes Blut ergab sich eine enorme Vielfalt an Ansatzpunkten für die Altersbestimmung. Bisher ist jedoch jede der Vorgehensweisen fehleranfällig. Da allerdings Blut oftmals als einzige aufgefundene bzw. verwertbare Spur einer Tat zurückbleibt, gilt es aktuell, diese Ungenauigkeiten zu überwinden. Einher mit allen dieser Methoden geht die Untersuchung der möglichen Einflussfaktoren auf die Blutspur, wie die rektale Messung der Körpertemperatur (vgl. Kaliszan et al. 2009).

Die ersten Untersuchungen zur Blutalterung unternahm Louis Tomellini. In seiner Veröffentlichung aus dem Jahr 1907 beschrieb er eine Farbskala, die unterschiedliche Altersstadien (bis zu einem Jahr) eines Blutflecks darstellte. Drei Jahre später erklärte Leers, dass sich das Extinktionsspektrum von Blut im sichtbaren Bereich deutlich verändert. Der Grund hierfür sei die zeitliche Veränderung des Hämoglobins (vgl. Leers 1910). Schwarzacher ermittelte hingegen die Lösungsfähigkeit von Blutflecken über einen gewissen Zeitraum. Er konnte feststellen, dass sich mit zunehmender Zeit die Spuren schwerer solubilisieren ließen (vgl. Schwarzacher 1930). 1937 untersuchte man mithilfe eines Guajakol-basierten Assays die Peroxidaseaktivität des Hämoglobins (vgl. Schwarz 1937). Der chemische Hintergrund der auftretenden Farbänderung bei der Blutalterung wurde 1950 untersucht und entschlüsselt (vgl. Rauschke 1951). Zehn Jahre später gab es erste extinktionsspektrometrische Untersuchungen, die zeigten, dass die Veränderungen umweltabhängig sind (vgl. Patterson 1960). Den Grundstein für diese Form der Analysen legte Ziemke bereits im Jahr 1901. Er untersuchte verschiedene Hämoglobinderivate und ermittelte deren Absorptionsbanden (vgl. Ziemke und Müller 1901). Diese Methodik zur Untersuchung von Blut wurde von Kleihauer et al. und Kind et al. weitergeführt und verbessert (vgl. Kleihauer et al. 1967; Kind et al. 1972). 1972 bewies Nuorteva, dass eine Blutaltersbestimmung auch mithilfe der Entomologie möglich ist. So werden nicht nur Leichen, sondern auch blutverschmierte Gegenstände oder Kleidungsstücke von Fliegen aufgesucht, die ihre Eier an besagten Orten ablegen. Über die Bestimmung des Larvenstadiums kann, wie bei der Entomologie üblich, die Zeit des Blutaustritts bestimmt werden (vgl. Nuorteva 1974).

▶ **Extinktionsspektrometrie** Der Begriff Extinktionsspektrometrie bezeichnet eine Gruppe von Analysemethoden, bei denen eine Probe bzw. Substanz entsprechend der Wechselwirkung der enthaltenen Materie und Energie in Form von Strahlung untersucht werden kann. Dabei spielen die Verhältnisse der enthaltenen Bestandteile eine entscheidende Rolle.

Die Liste der aktuellen Techniken zur Bestimmung des Blutalters ist lang und wird an dieser Stelle nicht vollständig vorgestellt. Zu fast jedem Blutbestandteil existieren verschiedenste Ansätze und wiederum mehrere Methoden zur Analyse der Veränderungen dieser Bestandteile. So können die spezifischen Proteine des Blutserums auf eventuelle Degradierungserscheinungen über die Zeit untersucht werden. Diese unterschiedlich schnell verlaufenden Veränderungen der verschiedenen Globuline (α-, β- und γ-Globulin) können etwas über das Alter der untersuchten Blutspur verraten (vgl. Rajamannar 1977). Rajamannar stellte fest, dass die β- und γ-Globuline wesentlich langsamer denaturierten. Diese Tatsache wurde zur Altersbestimmung des Blutes herangezogen. Mithilfe der UV-Absorptions-Photometrie lässt sich weiterhin die Aktivität verschiedener Enzyme (Laktat-Dehydrogenase, Glutamat-Oxalacetat-Transaminase und Glutamat-Pyruvat-Transaminase) quantifizieren, wobei für jeden Zeitpunkt ein spezifisches Spektrum entsteht. Dies resultiert aus der zeitlich abweichenden Zersetzung der einzelnen Enzyme (vgl. Tsutsumi et al. 1983). Die Zuhilfenahme verschiedenster Degradierungsgeschwindigkeiten von enthaltenen Aminosäuren aus dem Blutplasmas stellt eine der aktuellen Methoden dar. Genutzt wird dabei die Asparaginsäureracemisierung, die bereits erfolgreich zur annäherungsweisen Bestimmung des Fossilalters herangezogen wird (vgl. Arany und Ohtani 2011). Einen gänzlich neuen Ansatz verfolgte Ackermann et al. Im Jahr 2010 gelang ihnen mithilfe eines Enyzme-Linked-Immunosorbent-Assay (kurz ELISA), die Tageszeit der Entstehung des Blutflecks durch den spezifischen Hormonspiegelverlauf über den Tag von zwei Proteinen (Melatonin und Cortisol) zu bestimmen (vgl. Ackermann et al. 2010). Das genaue Alter der Blutspur ist damit jedoch nicht bestimmbar.

Im Gegensatz zu den reifen Erythrozyten besitzen die Leukozyten einen Zellkern, sodass hier die Möglichkeit zur Entnahme und Untersuchung von RNA besteht. Die Quantifizierung erfolgt dabei mittels der Fluoreszenzspektroskopie. Liegt Blut *ex vivo* vor, so ergibt sich ein charakteristischer Verlauf des Verhältnisses der mRNA zur rRNA. Diese Methode kann zur Blutaltersbestimmung, auch von sehr alten Spuren, herangezogen werden (vgl. Anderson et al. 2005).

Der Großteil der Methoden zur Blutaltersbestimmung nutzt Veränderungen der Erythrozyten und deren Bestandteile über die Zeit. Häufig wird dazu die Hochgeschwindig-

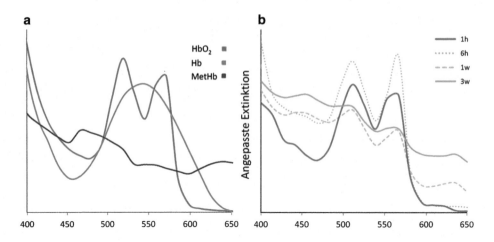

Abb. 3.5 Die Abbildung zeigt die Kurven des Blutspektrums und die messbaren zeitlichen Veränderungen der Hämoglobinderivate. Die verschiedenen abgeleiteten Stoffe des Hämoglobins: Deoxyhämoglobin, Oxyhämoglobin und Methämoglobin (**a**) ergeben das bekannte Vollblutspektrum, welches sich mit dem Alter der Blutspur verändert (**b**). Grund hierfür sind die wechselnden Anteile der Derivate

keitsflüssigkeitschromatografie (kurz HPLC), die die Trennung kleinster Bestandteile einer Flüssigkeit voneinander erlaubt, verwendet. Das Hämoglobin und dessen Derivate bzw. Abbauprodukte können durch diese Apparatur leicht erkannt und unterschieden werden. Eine Alterskorrelation mithilfe der entstandenen Peaks im Chromatogramm der Chromoproteine ist bereits gelungen, war jedoch nicht besonders genau (vgl. Inoue et al. 1992). Bei der Analyse des Chromatogramms konnten Peaks bisher nicht bestimmter Proteine (Proteine X, Y, Z) detektiert werden. Das Protein X zeigt mit der Zeit einen steigenden Extinktionspeak, sodass diese Information zur Blutaltersbestimmung genutzt werden kann. Da die Peaks im Bereich von 250 nm und 600 nm liegen, kann eine Verwandtschaft mit Hämoglobin ausgeschlossen werden (vgl. Inoue et al. 1992).

In Abschn. 3.3 wurde bereits beschrieben, dass der charakteristische Farbumschlag des Blutes auf die Denaturierung des Hämoglobins zurückzuführen ist. Über ein Extinktionsspektrum des Blutes lassen sich diese Veränderungen verfolgen. Patterson erkannte, dass alle Hämoglobinderivate eine stark ausgeprägte Extinktionsbande zwischen ca. 400 nm und 425 nm besitzen, die auch als Soret-Bande bezeichnet wird (vgl. Patterson 1960). Weitere spektroskopische Experimente zeigten, dass Oxyhämoglobin zwei weitere typische Peaks bei 542 nm und 577 nm besitzt. Der spezifische Methämoglobinpeak liegt laut Zijlstra et al. bei 631,8 nm (vgl. Zijlstra et al. 2000). Bei einem Gesamtspektrum von Blut werden die Peaks des Oxyhämoglobins mit der Zeit schwächer und machen dem Peak von Methämoglobin Platz. Abb. 3.5 zeigt das charakteristische Blutspektrum und die zeitlichen Veränderungen. Die beschriebenen Ansätze und Methoden können nun für die Blutaltersbestimmung Verwendung finden, indem die zu analysierenden Spektren einer neueren Blutprobe mit den bekannten zeitlichen Verläufen verglichen wird. Die einzelnen Proteine und deren Derivate können eindeutig im Spektrum zugeordnet werden. Aus den Verhältnissen der Peaks zueinander lässt sich eine Altersangabe abschätzen.

Fazit

Am Beispiel der biologischen Spur Blut wird deutlich, dass biologisches Wissen einen enormen Einfluss auf die Entwicklung und Qualität neuer Methoden im Handlungsfeld der Forensik besitzt. Die Kenntnis der strukturellen und physikochemischen Eigenschaften der Derivate des Hämoglobins wurde genutzt, um ein wesentlich exakteres Alter der Blutspur zu bestimmen. Es wurde gezeigt, dass die Strukturen, die aus öffentlichen Strukturdatenbanken entnommen wurden, sowohl für das Verständnis der Blutgerinnung als auch für die Beurteilung des Blutalters *ex vivo* eine Erweiterung des Wissens darstellen. Kehrt man mit diesem Wissen zu Prozessen *in vivo* zurück, wird es möglich, Anzeichen für Gewalteinwirkung auf die Haut als gesondertes Phänomen in der Forensik zu verstehen.

Literatur

Ackermann K, Ballantyne KN, Kayser M (2010) Estimating trace deposition time with circadian biomarkers: a prospective and versatile tool for crime scene reconstruction. Int J Legal Med 124(5):387–395

Anderson S, Howard B, Hobbs GR et al (2005) A method for determining the age of a bloodstain. Forensic Sci Int 148(1):37–45

Arany S, Ohtani S (2011) Age estimation of bloodstains: a preliminary report based on aspartic acid racemization rate. Forensic Sci Int 212(1–3):e36–e39

Braun R, Fuhrmann GF, Legrun W et al (1999) Spezielle Toxikologie für Chemiker, 1. Aufl. Vieweg und Teubner, Stuttgart

Bremmer RH, De Bruin DM, De Joode M et al (2011) Biphasic oxidation of oxy-hemoglobin in bloodstains. PLOSone 6(7):1–6

Chatterjee K, Guo Z, Vogler EA et al (2009) Contributions of contact activation pathways of coagulation factor XII in plasma. J Biomed Mater Res A 90(1):27–34

Dörner K (2013) Taschenlehrbuch Klinische Chemie und Hämatologie, 8. Aufl. Thieme, Stuttgart

Dorrance GM (1913) A study of the normal coagulation of the blood, with a description of the instrument used. Am J Med Sci 146(4):562–565

Herrmann B, Saternus KS (2007) Biologische Spurenkunde: Kriminalbiologie, Bd 1, 1. Aufl. Springer, Berlin

Inoue H, Takabe F, Iwasa M et al (1992) A new marker for estimation of bloodstain age by high performance liquid chromatography. Forensic Sci Int 57(1):17–27

James S, Kish P, Sutton T (2005) Principles of bloodstain pattern analysis, 1. Aufl. Taylor & Francis Group, Boca Raton

Kaliszan M, Hauser R, Kernbach-Wighton G (2009) Estimation of the time of death based on the assessment of post mortem processes with emphasis on body cooling. Leg Med 11:111–117

Kiefel V (2010) Transfusionsmedizin und Immunhämatologie: Grundlagen – Therapie – Methodik, 4. Aufl. Springer, Berlin

Kind SS, Patterson D, Owen GW (1972) Estimation of the age of dried blood stains by a spectrophotometric method. Forensic Sci 1(1):27–54

Kleihauer E, Stein G, Schmidt G (1967) Beitrag zur Altersbestimmung von Blutflecken. Arch Kriminol 140:83–94

Laber TL, Epstein BP (1983) Experiments and practical exercises in bloodstain pattern analysis, 1. Aufl. Callan Publishing, Minneapolis

Leers O (1910) Die forensische Blutuntersuchung- ein Leitfaden für Studierende, beamtete und sachverständige Ärzte und für Kriminalisten, 1. Aufl. Springer, Berlin

Madea B (2015) Rechtsmedizin: Befunderhebung, Rekonstruktion, Begutachtung, 3. Aufl. Springer Medizin, Berlin

Nelson DL, Cox MM (2011) Lehninger Biochemie, 4. Aufl. Springer, Berlin

Nilsson S, Sjöberg J, Amundin M et al (2014) Behavioral responses to mammalian blood odor and a blood odor component in four species of large. PLOS ONE 9(11)

Nuorteva P (1974) Age determination of a blood stain in a decaying shirt by entomological means. Forensic Sci 3(1):89–94

Patterson D (1960) Use of reflectance measurements in assessing the colour changes of ageing bloodstains. Nature 187:688–689

Piotrowski E (1895) Über Entstehung, Form, Richtung und Ausbreitung der Blutspuren nach Hiebwunden des Kopfes, 1. Aufl. K. K. Universität, Wien

Rajamannar K (1977) Determination of the age of bloodstains using immunoelectrophoresis. J Forensic Sci 22(1):159–164

Ramsthaler F, Peschel O, Rothschild M (2015) Forensische Blutspurenmusteranalyse, 1. Aufl. Lehmanns Media, Berlin

Rauschke J (1951) Beiträge zur Frage der Altersbestimmung von Blutspuren. Int J Legal Med 40(6):578–584

Raymond MA, Smith ER, Liesegang J (1996) The physical properties of blood – forensic considerations. Sci Justice 36(4):153–160

Schmidt RF, Lang F, Heckmann M (2011) Physiologie des Menschen, 31. Aufl. Springer, Berlin

Schwarz F (1937) Quantitative Untersuchungen der Katalase und Peroxydase im Blutfleck. Deut Z Gesamte Gerichtl Med 27(1):1–34

Schwarzacher W (1930) Determination of the age of bloodstains. Am J Police Sci 1(4):374–380

Seyfried H, Klicpera M, Leithner C et al (1976) Bilirubin metabolism. Wien Klin Wochenschr 88(15):477–482

Tsuruga M, Shikama K (1997) Biphasic nature in the autoxidation reaction of human oxyhemoglobin. Biochim Biophys Acta 1337(1):96–104

Tsutsumi A, Yamamoto Y, Ishizu H (1983) Determination of the age bloodstains by enzyme activities in blood cells. Jpn J Legal Med 37(6):770–776

Woodcock JP (1976) Physical properties of blood and their influence on blood-flow measurement. Rep Prog Phys 39(1):65–127

Ziemke E, Müller F (1901) Beiträge zur Spektroskopie des Blutes. Arch F Anat Physiol 39(1):65–127

Zijlstra WG, Buursma A, Assendelft OW van (2000) Visible and near infrared absorption spectra of human and animal haemoglobin -determination and application, 1. Aufl. VSP Publishing, Utrecht

Haut und Anzeichen für Gewalteinwirkung

4

Im Zusammenhang mit körperlicher Gewalt und deren Klassifizierung im rechtsmedizinischen Umfeld kommt der Begutachtung der Haut und deren Schädigung eine Schlüsselposition zu. So sollte die rechtsmedizinische Begutachtung von Spuren von Gewalteinwirkungen auf den menschlichen Körper hierarchisch von der Makro- zur Detailspur erfolgen. Grundsätzlich sollte eine Wichtung von Spuren vermieden werden, um so eine objektive Falsifikation oder Verifikation der gewählten Ansätze der Gewalteinwirkung zu ermöglichen. Es sollte, falls möglich, eine Überprüfung des Ansatzes auf jeder nächsten Detailstufe, eine Plausibilitätsüberlegung sowie eine Befundüberprüfung (mittels einer unabhängigen Methode) erfolgen. In diesem Kapitel wird zunächst die Haut als größtes Organ des menschlichen Körpers charakterisiert und der Aufbau thematisiert. Unterschiedliche Gewalteinwirkungen, die auf die Haut einwirken können, und die dadurch verursachten Veränderungen der Haut werden vorgestellt. Zum Abschluss wollen wir einige Methoden zur Bestimmung des Wundalters vorstellen (Herrmann und Saternus 2007).

4.1 Charakteristik der menschlichen Haut

Mit einem Gewicht von bis zu 4 kg und einer Ausdehnung von durchschnittlich 1,8 m^2 bildet die Haut das größte Organ des Menschen. Sie bedeckt die gesamte Oberfläche des menschlichen Körpers mit unterschiedlichen Schichtdicken je nach Körperregion. Bei einem adulten Menschen variiert die Dicke der Haut von 0,5 bis 4 mm (ohne die Unterhaut). In Bereichen der Körperöffnungen (Mund, Auge, etc.) beträgt die Hautdicke lediglich 0,5 mm, da sie direkt in die sogenannte Schleimhaut übergeht. Die Haut ist aus drei Schichten: Oberhaut *(Epidermis)*, Lederhaut *(Dermis)* und Unterhaut *(Subcutis)* aufgebaut.

© Springer-Verlag GmbH Deutschland, ein Teil von Springer Nature 2018
D. Labudde und M. Mohaupt, *Bioinformatik im Handlungsfeld der Forensik,*
https://doi.org/10.1007/978-3-662-57872-8_4

Die Haut kann für die Beurteilung von Empfindungen, wie Verlegenheit oder Angst, (durch ein Erröten, ein Erblassen oder ein Sträuben der Haare) sowie des Gesundheitszustandes eines Menschen herangezogen werden. So zeigt uns eine glatte und straffe Haut eine gute Gesundheit, Jugend und Leistungsfähigkeit an. Auch Erkrankungen der inneren Organe können sich auf die Haut auswirken und können so, durch Ärzte, identifiziert werden. Eine gelblich gefärbte Haut im Bereich des Gesichts deutet auf eine Lebererkrankung (Gelbsucht) hin, wohingegen eine rot-violette Gesichtshaut auf eine Hypertonie (Bluthochdruck) hinweist. Die Haut ist sehr empfindsam, da sich in der *Epidermis* und *Dermis* zahlreiche Sinneszellen, die auch als Rezeptoren bezeichnet werden, befinden. Sie lösen eine Sinneswahrnehmung (Schmerz, Wärme, Kälte sowie Berührung) aus. In unseren Fingerkuppen ist die Anzahl der Sinneszellen deutlich höher als in unserer Gesichtshaut. In der Haut der Fingerkuppen ist deshalb die Sinnesfunktionen: Tasten, das Schmerzempfinden, die Druckempfindlichkeit sowie das Temperaturempfinden verstärkt.

Die Haut übernimmt zahlreiche lebenswichtige Funktionen als Speicher-, Schutz- und Grenzorgan. Sie dient als Fett- und Wasserspeicher. In ihr werden 30 % der gesamten Flüssigkeit des menschlichen Körpers gespeichert. Über die Haut werden Botenstoffe, die Pheromone, in den apokrinen Schweißdrüsen gebildet und an die Umgebung abgegeben. Diese können Sinnesreaktionen bei anderen Menschen verursachen. Über die Oberfläche der Haut werden Substanzen, wie Wirkstoffe (aus Arzneimitteln), über die Haut aufgenommen werden. In der Haut laufen Stoffwechselprozesse, wie der Um- und Abbau von Fett, ab. Wir haben die Haut bereits als Schutzschicht vorgestellt. Im Detail erfolgt der Schutz gegen Krankheitserreger durch den leicht sauren pH-Wert (5,7). Dieser wirkt wachstumshemmend auf Mikroorganismen und können für ihr Absterben ursächlich sein. Schädigende Umwelteinflüsse, vor denen uns unsere Haut schützt, können aufgeteilt werden in:

• Physikalische Einflüsse: Wärme, Kälte, Druck, Reibung, Strahlen.
• Chemische Einflüsse: toxischen Produkten (Säuren, Laugen, Lösungsmittel), Allergene, biologische wirksamen Substanzen (Proteine, DNA, RNA).
• Mikroorganismen: Bakterien, Pilzen
• Viren.

In Bezug auf die physikalischen Einflüsse auf den menschlichen Körper ist unsere Haut ist in der Lage, unsere Körpertemperatur durch Veränderung der Blutgefäße zu regulieren. Bei Kälte werden die Blutgefäße in der Haut verengt und bei Wärme erweitert. Zusätzlich kann die durch das Schwitzen verursachte Verdunstungskälte die Körpertemperatur verringern. Die Schutzfunktion der Haut erstreckt sich zudem auf das Auslösen und Vermitteln von Immunreaktionen beispielsweise auf Allergene, wie Birkenpollen. Krankheitserreger können durch die spezifische (adaptive) und unspezifische (angeborene) Immunsystem abgewehrt werden.

Nun kann man sich vorstellen, dass eine Schädigung der Haut Auswirkungen auf den gesamten Körper haben kann. Bei einem Erwachsenen kann bereits ein Anteil von 20 % zerstörte Haut eine lebensbedrohliche Situation hervorrufen. Bei Kindern ist entsprechend 5 bis 10 % geschädigte Haut bereits kritisch. Wir werden uns nach der umfangreichen Beschreibung des Aufbaus der Haut mit forensisch interessanten Hautschädigungen durch physische oder thermische Einwirkung beschäftigen (Herrman und Trinkkeller 2015; Madea 2015).

4.2   Aufbau der menschlichen Haut

Für die Beurteilung von geschädigter Haut im forensischen Umfeld sind Kenntnisse über den Aufbau der Hautschichten und deren Funktionen essentiell. Wir werden uns nachfolgend im Detail mit jeder der drei Schichten: Oberhaut *(Epidermis)*, Lederhaut *(Dermis)* und Unterhaut (Subcutis) befassen. In Abb. 4.1 ist ein Querschnitt der Haut dargestellt (Herrmann und Trinkkeller 2015).

Die äußere Schicht unseres Körpers besteht aus der *Subcutis* (Unterhaut) und der *Cutis* (Haut). Bei der *Cutis* unterscheidet man weiterhin die beiden Hautschichten *Epidermis* (Oberhaut) und *Dermis* (Lederhaut), die von der *Membrana basalis* (Basalmembran)voneinander getrennt werden (Herrmann und Trinkkeller 2015; Zilles und Tillmann 2010).

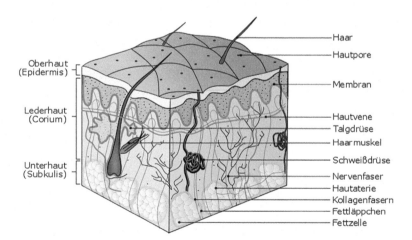

Abb. 4.1 Die Abbildung zeigt einen Querschnitt durch die Haut. Deutlich ist der schichtartige Aufbau der äußersten Schutzhülle des menschlichen Körpers zu erkennen

▶ **Übersicht des Aufbaus der Haut**

Die Hautdecke von außen nach innen:

- *Subcutis* (Unterhaut)
- *Cutis* (Haut)
  - *Dermis* (Lederhaut)
    Stratum reticulare (Bindegewebsschicht oder Geflechtschicht)
    Stratum papillare (Straffe Schicht oder Papillarschicht)
  - *Membrana basalis* (Basalmembran)
    Lamina densa (Basallamina)
    Lamina lucida
  - *Epidermis* (Oberhaut)
    Stratum basale
    Stratum spinosum
    Stratum granulosum
    Stratum lucidum (nur bei der Leistenhaut)
    Stratum corneum

4.2.1   Subcutis

Die *Subcutis* (Unterhaut) besteht aus Fett- und Bindegewebe. Zum Körperinneren nimmt die Anzahl der Fettzellen (Adipozyten) zu. Für den menschlichen Körper sind diese Fettzellen essentiell, da diese Fettschicht als Energie-, Wärme- und Wasserspeicher dient. Sie ermöglicht die Wärmeisolation sowie den Schutz vor Verletzungen tiefer liegender Körperareale. Die runden bis ovalen Fettzellen, die ca. 100 µm groß sind, lagern sich zu Fettläppchen zusammen. Bindegewebsfasern aus Kollagen (strukturgebendes Protein) umgeben die Fettläppchen steppkissenartig. Kollagenfasern, das sind feste, vernetzte Fasern, und feine Fasern bilden die sogenannten Bindegewebssepten. Diese ermöglichen eine Verbindung der *Subcutis* und der darunterliegenden Faszien (muskelumgebendes Bindegewebe) und Periost (Knochenhaut) sowie die stabile Verknüpfung zur *Dermis*. Die Anzahl der Fettzellen in der Unterhaut hängt von dem Ernährungszustand, dem Geschlecht, dem Hormonhaushalt und von der Lokalisation der Unterhaut im Körper ab. Frauen besitzen im Bereich der Hüfte mehr Adipozyten als Männer. Die Anzahl der Fettzellen im Bauch ist allerdings bei Männern höher. Im Vergleich zu anderen Körperarealen ist die Fettschicht der Unterhaut im Gesicht sehr dünn, wodurch geringste Muskelkontraktionen von außen als Mimik sichtbar sind. Die Anzahl der Adipozyten wird in den ersten Lebensjahren durch Ernährungsgewohnheiten festgelegt und ändert sich erst wieder nach dem mittleren Alter. Die Unterhaut enthält zahlreiche Blut- und Lymphgefäße, Schweißdrüsen und Haarwurzeln (Herrman und Trinkkeller 2015; Zilles und Tillmann 2010).

4.2.2 Dermis

Bei der *Dermis,* die auch als Lederhaut oder Corium bezeichnet wird, handelt es sich um eine zweilagige Hautschicht aus *Stratum reticulare* (Geflechtschicht) und *Stratum papillare* (Papillarschicht), die für die Reißfestigkeit und die Elastizität der Haut verantwortlich ist. Die *Dermis* besteht vorrangig aus elastischem Bindegewebe, in das Fibroblasten, Mastzellen, Histiozyten und Makrophagen sowie vereinzelt Leukozyten eingelagert sind. Die Fasern und Zellen der *Dermis* sind in der Grundsubstanz eingelagert. Sie besteht aus Glykosaminoglykanen (Kohlenhydrate) sowie Proteoglykanen (kohlenhydratreiche Proteine) und dient als Wasserspeicher und „Stoßfänger". Die *Dermis* ist an wichtigen Zell-Zell-Interaktionen, der Hämostase, Zellmigration und Wundheilung beteiligt. Für die Wundheilung sind die in der *Dermis* enthaltenen pluripotenten Stammzellen (Vorläuferzellen) entscheidend. Diese differenzieren sich bei der Aktivierung in unterschiedliche Hautzellen und ermöglichen so den Wundschluss. Die Zusammensetzung der *Dermis* spielt für das äußere Erscheinungsbild eine wesentliche Rolle. So nimmt im Alter ihre Funktion als Wasserspeicher ab. Es kommt zur Faltenbildung. Die *Dermis* besitzt in beiden Schichten jeweils Blutgefäße. Talg-, Schweiß- und Duftdrüsen sowie zahlreiche Nervenzellen, die Sinnes- (z. B. Berührung, Tastsinn) und Kontrollfunktionen (z. B. Wärme- und Kälteempfinden) übernehmen, sind in dieser Schicht eingelagert.

Die beiden Lagen der *Dermis* besitzen eine wohl unterscheidbare Zusammensetzung und Funktion. Das *Stratum reticulare* (Geflechtschicht) ermöglicht durch das sehr straffe, dichte Netz der Kollagenfasern aus Typ-I-Kollagen, die sich parallel zur Hautoberfläche ausrichten, eine hohe Reißfestigkeit der Haut. Durch die in diesem starren Geflecht eingelagerten elastischen Fasern sorgt diese Schicht für eine ausreichende Elastizität der Haut. Ausläufer dieser elastischen Fasern reichen bis in das *Stratum papillare* (Papillarschicht). Ist die Zugrichtung bei der Dehnung der Haut parallel zur Faser, so wird die größte Dehnbarkeit erreicht. Durch die parallele Orientierung der Fasern werden die Hautspaltlinien (Lineae distractiones) gebildet. Schnitte, die entgegen dieser Hautspaltlinien erfolgen, können zu einem Klaffen von Wunden führen (vgl. Abschn. 4.4.2).

Die zweite Lage der *Dermis,* das *Stratum papillare* (Papillarschicht), wird von den Papillarkörpern (auch Papillen), die aus lockerem Bindegewebe und Grundsubstanz bestehen, gebildet. Mehrheitlich ist das Typ-III-Kollagen in dieser Schicht zu finden. Die an Zapfen erinnernden Papillarkörper sitzen direkt auf der Geflechtschicht und sind mit der darüber liegenden Schicht, der *Epidermis* verzahnt. Die mechanische Beanspruchung der Haut variiert in den unterschiedlichen Hautarealen. Die Höhe und Anzahl der Papillarkörper ist stark von diesen Beanspruchungen abhängig und ist beispielsweise an den Knien und den Ellenbogen deutlich höher als bei einem Augenlied. In der Papillarschicht befinden sich Blut-und Lymphgefäße sowie Sinneszellen und Nervenfasern. Zu den Rezeptoren zählen die Meissner-Tastkörperchen in der Leistenhaut. Im Gegensatz zu der Geflechtschicht verlaufen in der Papillarschicht die Kollagenfasern sowie die elastischen Anteile senkrecht zur Hautoberfläche.

4.2.3 Basalmembran

Die *Membrana basalis* (Basalmembran), die auch als dermoepidermale Verbindungszone bezeichnet wird, bildet die Grenzfläche zwischen *Dermis* und *Epidermis*. Die Verankerung der Ober- und der Lederhaut, die mittels epidermaler Reteleisten (geläufig, jedoch nicht korrekt Retezapfen) und dermalen Papillarkörpern erfolgt, trägt zur mechanischen Stabilisierung der Haut bei. Wirken Scherkräfte auf die Haut, so wird ein Ablösen der *Epidermis* von der *Dermis* verhindert. Auch die Basalmembran, die sehr dünn ist und meist nicht als Hautschicht aufgeführt wird, sondern zur *Epidermis* gehört, ist schichtweise aufgebaut. Sie besteht aus der *Lamina densa,* die den Übergang zur *Dermis* bildet, und der *Lamina lucida,* die die Verankerung mit den Epithelzellen ermöglicht. Letzteres wird durch intrazelluläre plaqueartige Haftplättchen (Hemidesmosomen) und deren Verknüpfung mit Keratinfilamenten und Ankerfilamente erreicht. Die Hauptbestandteile der *Lamina densa* sind das Kollagen-Typ-IV und das Glykoprotein Laminin. Ein weiterer Kollagen-Typ (VII) bildet die Ankerfibrillen, die die Kollagenfasern (Kollagen-Typ I und III) der *Dermis* mit der Basalmembran und diese wiederum mit der *Epidermis* verknüpft (Berg 2016; Furter und Jasch 2007; Sterry 2011). Jede zehnte Zelle in der Basalzellschicht ist ein Melanozyt, welcher die Melaninproduktion übernimmt. Die Melaninansammlung in den Papillarkörpern ist abhängig von der jeweiligen Population und wird genetisch vererbt. Lediglich die Menge des Farbstoffs Melanin und nicht die Anzahl der Melanozyten spielt für den entsprechenden Hauttyp eine Rolle.

Zudem enthält die Basalmembran viele Proteine, die durch ihre Interaktion untereinander, zu anderen Bausteinen des Bindegewebes sowie mit Bindegewebs- und Immunzellen für die Kommunikation zuständig sind. So existiert ein umfassendes Signalnetzwerk, welches unter anderem ausgelöst durch Botenstoffe (Reste von zerstörten Zellen), Mechanismen für die Wundheilung auslösen. Die Basalmembran dient neben ihrer Funktion in der Wundheilung auch als natürliche Barriere für schädliche Stoffe und Mikroorganismen (Herrmann und Trinkkeller 2015; Zilles und Tillmann 2010).

4.2.4 Epidermis

Die oberste Schicht der menschlichen Haut bildet die *Epidermis* (Oberhaut). Auch die *Epidermis* ist schichtweise aufgebaut (von unten nach oben):

- *Stratum basale* (Basalzellschicht),
- *Stratum spinosum* (Sichelzellschicht),
- *Stratum granulosum* (Körnerzellschicht),
- *Stratum corneum* (Hornschicht).

Vorrangig bilden Keratinozyten, die über die *Epidermis* einen Differenzierungsprozess durchlaufen, diese Hautschicht. Die zunächst zur Zellteilung befähigten Keratinozyten wandern von der Basalmembran zur Hautoberfläche. Dort angelangt sind sie nicht mehr teilungsfähig und bilden eine Hornschicht, die als oberste Schutzschicht des Körpers fungiert. Die Differenzierung der Keratinozyten und der damit einhergehenden „Zellwanderung", dauert insgesamt ca. 4 Wochen. Nach einer Zellteilung verbleibt eine Tochterzelle in der Basalzellschicht und die andere geht in die darüberliegende Schicht über. Sie sind meist nicht mehr zur Zellteilung in der Lage. Die Änderung der Form der Zellen des *Stratum spinosum* und deren feste Verknüpfung mit Faserproteinen führt zu einer hohen mechanischen Stabilität der *Epidermis*. Es lagern sich 3 bis 7 Schichten dieser vielflächigen Zellen übereinander. Im *Stratum granulosum* variiert die Anzahl der Zelllagen je nach Körperareal. Die nun flachen Keratinozyten bilden in Regionen des Körpers mit hoher mechanischer Beanspruchung bis zu 5 Zelllagen aus. Sie enthalten in ihrem Cytosol Keratinproteine und stellen so eine Vorstufe der Verhornung dar. Den Abschluss der Haut bildet das *Stratum corneum*. Größtenteils leblose Zellen, die keine Zellorganellen besitzen, sind über Desmosomen, bestehend aus unterschiedlichen Proteinen, jalousieartig (überlappend) miteinander verbunden. Wiederum ist die Dicke dieser Hautschicht abhängig von der mechanischen Beanspruchung des jeweiligen Körperbereichs (Herrmann und Trinkkeller 2015).

Neben den Keratinozyten befinden sich Melanozyten und sogenannte Langerhans-Zellen in dieser Hauschicht. Letztere spielen im ersten Schritt der Immunreaktionen der Haut auf äußere Einflüsse eine entscheidende Rolle. Sie nehmen beispielsweise Antigene auf und spalten diese in ihrem Inneren zu Signalen (Botenstoffen), die an andere Immunzellen weitergegeben werden. In der Oberhaut finden sich keinerlei Blutgefäße, sodass die benötigten Nährstoffe lediglich durch die Diffusion, ausgehend von den dermalen Papillarkörpern, bereitgestellt werden.

Die *Dermis* wird über die Basalmembran mittels sogenannter Reteleisten fest mit dem *Stratum basale* verbunden. Die Zellen dieser Schicht reihen sich als Quader aneinander. Sie sind im Gegensatz zu den Zellen der anderen *Epidermisschichten* zur Zellteilung (Proliferation) in der Lage.

4.2.5 Hautanhangsgebilde

Zu den Hautanhangsgebilden zählen die Haare, die Nägel und die Hautdrüsen. Das Wachstum der Haare beträgt 0,04 mm/Tag. Unterschieden wird bei den Haaren zwischen Lanugohaaren oder Flaumhaaren (Neugeborenes), Körperhaaren oder Vellushaaren (Kinder und Erwachsene) sowie Terminalhaaren. Dabei sind die Körperhaare im Gegensatz zu den Terminalhaaren wesentlich dünner und weniger pigmentiert. Die Einstülpung der Epidermis bis zur Subcutis wird als Haarfollikel bezeichnet. Aus dessen Epithelzellen erwächst das Haar, welches aus Keratin besteht und als Haarschaft sichtbar ist. Dieser ist aus 3 Schichten aufgebaut. Außen liegt die Cuticula (Schuppenschicht), die aus abgestorbenen, verhornten Zellen besteht. Unter dieser Schutzschicht liegt der Cortex (Rinde), welcher aus Keratinphasern besteht und die Medulla (inneres Mark) ummamntelt. Letzteres ist lediglich bei terminalhaaren vorhanden. Dementsprechend besitzt der sichtbare Teil des Haares keine lebenden Zellen. Bei der Haarwurzel handelt es sich um den nicht sichtbaren Teil des Haares, welcher sich im Kern des Haares befindet. Die Struktur des Haares verdickt sich nach innen zur Haarzwiebel. Ein besonders gut durchblutetes, eingestülptes Bindegewebe, die Haarpapille, übernimmt die Versorgung des Haares.

Der Nagel bildet das Ende einer Finger- bzw. Fußspitze. Sie bieten selbigen Schutz und werden als Werkzeug eingesetzt. Ein Nagel besteht aus:

- der Nagelmatrix, aus der der Nagel mit 0,12 mm/Tag erwächst,
- dem Nagelbett, welche mit seiner dicken Epidermis direkt mit der Nagelplatte verbunden ist,
- der Nagelplatte *(Onychium)*, welche als Stratum corneum des Nagelbetts aus Keratin besteht,
- den Nagelfalzen *(Paronychium)*, das sind Hauttaschen die den Nagel seitlich und zum Finger abgrenzen.

Im forensischen Kontext kann sich bei Abwehrgeschehen Material des Täters unter einem oder mehrerer Nägel anhäufen.

In der Haut sind drei unterschiedliche Drüsenarten: Talgdrüsen, Schweißdrüsen und Brustdrüsen zu finden. Talgdrüsen liegen in allen Körperregionen, ausgenommen den Hand- und Fußflächen sowie dem Fußrücken. Dabei lassen sich im Gesicht und auf dem Rücken deutlich mehr Talgdrüsen feststellen als an den Extremitäten. Sie sind in der Lederhaut eingelagert und meist an einen Haarfollikel (Struktur um die Haarwurzel) assoziiert. Der Drüseninhalt (Sebum) wird in den Follikel abgegeben und hält die Haare und die Haut geschmeidig. Zudem dient Talg als Schutzfilm vor Krankheitserregern. Gesteuert werden Talgdrüsen über Hormone. Bei den Schweißdrüsen werden wiederum zwei Typen, die apokrinen und die ekkrinen Schweißdrüsen, unterschieden. Als apokrine Schweißdrüsen werden die Duftdrüsen bezeichnet. Sie sind eher selten und in wenigen Hautpartien (z. B. Achsel) zu finden. Duftdrüsen dienen in der Tierwelt der Kommunikation. Der Mensch kommuniziert allerdings zum größten Teil verbal. Diesem Drüsentyp wird deshalb eine nicht so große Bedeutung zugemessen. Die ekkrinen Schweißdrüsen dienen vornehmlich der Wärmeregulation. Diese kleinen, unverzweigten Drüsen liegen über den gesamten menschlichen Körper ungleichmäßig verteilt vor. Die Fußsohlen und die Handflächen zeigen eine hohe Anzahl an ekkrinen Schweißdrüsen. Diese Drüsenform ist im Übergang der *Dermis* zur *Subcutis* zu finden. Neben der Temperaturregulation dient der Schweiß mit einem sauren pH-Wert von 4,5 der Abwehr von Bakterien und der Aussonderung von Stoffwechselprodukten. Bei den Brustdrüsen handelt es sich um eine Modifikation der apokrinen Schweißdrüsen.

4.2.6   Gefäß- und Nervensystem der Haut

Die Versorgung der Haut und ihrer verschiedenen Schichten erfolgt über ein weit verzweigtes Gefäßsystem. Kleine und große Blutgefäße dienen dabei dem Transport von Nährstoffen und dem Abtransport von Abbauprodukten. Über die Diffusion gelangen diese Stoffe in die verschiedenen Hautschichten und zurück ins Blut. Das Gefäßsystem wird bei der Wärmeregulation bei hohen Temperaturen geweitet bzw. bei niedrigen Temperaturen verengt. Die Haut reagiert auch bei Entzündung durch die erhöhte Durchblutung des entsprechenden Hautareals, welches wir als Rötung der Haut wahrnehmen können. Neben dem Blutgefäßsystem übernehmen Lymphgefäße den Abtransport bestimmter Stoffe bis hin zu den Lymphknoten, die als Filter für schädliche Stoffe dienen. Diese Stoffe werden durch Antikörper und Lymphozyten erkannt und gelangen im weiteren Verlauf nicht in die Blutbahn. Geschwollene Lymphknoten zeigen häufig sich entwickelnde Infektionen an.

Umweltreize auf die Haut werden über freie Nervenenden sowie Tastkörperchen des Nervensystems der Haut aufgenommen und an das zentrale Nervensystem weitergeleitet. Die Nerven der Haut sind in der Umgebung von Haaren und Drüsen besonders ausgebildet und stark vernetzt, da sie auch deren motorische Regulation, wie das Aufstellen der Haare, vermitteln. Bei der Aufnahme der Reize spielen fünf unterschiedliche Rezeptoren eine Rolle:

- Schmerzrezeptoren,
- Meissner-Tastkörperchen (Druckrezeptor),
- Vater-Pacini-Lamellenkörperchen (Berührungsrezeptor),
- Krause-Endkolben (Kälterezeptor),
- Ruffini-Endkörperchen (Wärmerezeptor).

Bei uns Menschen ist der Tastsinn am stärksten ausgeprägt. Dies liegt nicht zuletzt an den deutlich dickeren Nervenbahnen zum Gehirn, die Tastreize übertragen, und an den stark ausgeprägten Nervennetzen um unsere Haarwurzel.

4.3   Gewaltbegriff und Arten der physischen Gewalt

Gewalt spielt seit jeher eine entscheidende Rolle bei der Interaktion von Menschen. Dabei stellt die Anwendung der Gewalt immer eine Form der Ordnungszerstörung bzw. Ordnungsbegründung dar. Der Soziologe Wolfgang Sofsky stellt besonders die Vielgestaltigkeit der Gewalt heraus: „Der Habitus der Gewalt kennt vielerlei Formen." Der Begriff Gewalt überschneidet sich im heutigen deutschen Sprachgebrauch mit zahlreichen anderen Bezeichnungen wie Macht, Aggression, Konflikt und

Gewaltphänomenen an sich (Tot, Mord …). So gilt Gewalt häufig als Machtaktion, die Gehorsamkeit erzwingt und Widerstände überwindet. Gewalttaten unterscheiden sich hinsichtlich ihrer Intensität und Dauer sowie möglichen physischen und psychischen Nachwirkungen. Eine psychische Traumatisierung der Opfer ist nicht „messbar", da sie im Gegensatz zur physischen Gewalt nicht sichtbar ist. Man unterscheidet fünf Arten von Gewalt (nach Heitmeyer und Hagen 2002):

- die institutionelle Gewalt (zur Ordnungsbegründung durch staatlichen Behörden und Organisationen),
- die strukturelle Gewalt (große Zahl von Menschen betroffen durch keine direkten Täter, sondern durch soziale Strukturen und Gesellschaften),
- die kulturelle bzw. symbolische Gewalt (Legitimation von Gewalt zum Beispiel durch Sprache, Symbole),
- die psychische Gewalt (Einschüchtern, Gefügigmachen von Menschen mithilfe von Worten, Gebärden und der Entziehung von Lebensnotwendigkeiten) und
- die direkte physische Gewalt (körperliche Schädigung von Personen durch direkten Täter).

Wir wollen uns im Weiteren ausschließlich mit der physischen Gewalt auseinandersetzen. Sie stellt eine Machtaktion dar, „die zur absichtlichen körperlichen Verletzung anderer führt, gleichgültig, ob sie für den Agierenden ihren Sinn im Vollzug selbst hat (als bloße Aktionsmacht) oder, in Drohung umgesetzt, zu einer dauerhaften Unterwerfung (als bindende Aktionsmacht) führen soll" (Heinrich Popitz 1986). Gewaltphänomene überschreiten immer Grenzen, die durch die Justiz explizit festgelegt werden (Zivilrecht und Strafrecht). Diese spezielle Form der Straftat wird als Gewalttat bezeichnet. Bei der Beurteilung einer solchen Straftat stellt sich die Frage nach dem Täter, nach der sichtbaren Erscheinung der Gewalt (Wunden bzw. Verletzungen), nach Ursachen, Absichten und nach der Legitimation (Heitmeyer und Hagan 2002; Wörtliche 2014).

Da bei der physischen Gewalt meist die Haut betroffen ist, werden wir uns in den weiteren Abschnitten ausschließlich mit dem Aspekt der sichtbaren Folgen von körperlichen Gewaltphänomenen auf die Haut beschäftigen. Zunächst wollen wir die Arten körperlicher Gewalt beschreiben, bevor wir uns mit den daraus resultierenden Verletzungsmustern beschäftigen. So erfolgt nach Madea (2015) die folgende Einteilung körperlicher Gewalt:

- stumpfe Gewalt,
- scharfe und halbscharfe Gewalt,
- thermische Einwirkungen,
- Strangulation,
- Schüsse.

Hinweis: Stumpfe Gewalt sowie scharfe und halbscharfe Gewalt werden unter dem Begriff mechanische Gewalteinwirkung zusammengefasst.

4.4 Mechanisch und thermisch bedingte Veränderungen der Haut

Bei durchgetrenntem Körpergewebe spricht man von einer Wunde. Schädigungen der inneren Organe aufgrund von Gewalteinwirkungen werden als Verletzungen bezeichnet. Man unterscheidet zwischen offenen und geschlossenen Wunden. Geschlossen ist eine Wunde dann, wenn keine Durchtrennung der Haut bzw. Schleimhaut vorliegt. Das ist bei Blutergüssen, Quetschungen oder Distorsionen der Fall. Bei offenen Wunden die durch eine mechanische Einwirkung entstehen, unterscheidet man zwischen (nach Autschbach et al. 2012):
Wunden durch stumpfe Gewalt:

- Hautschürfungen,
- Hautablederung (meist geschlossen),
- Hautblutungen,
- Quetsch-, Riss- und Riss-Quetsch-Wunden,

Bisswunde (auch geschlossen möglich).
Wunden durch scharfe oder halbscharfe Gewalt:

- Schnittwunden,
- Stichwunde,
- Hiebwunden.

Die Schusswunde stellt eine Sonderform der Wunden durch stumpfe Gewalteinwirkung dar. Da bei den meisten dieser Wundformen die Schutzschicht des Körpers durchbrochen wurde, ist die Gefahr einer Infektion in den Wundbereichen besonders hoch. Eine Infektion ist meist gekennzeichnet durch eine Schwellung und eine Rötung der Wundumgebung aufgrund der erhöhten Durchblutung. Unbehandelt führen derartige Kontaminationen zu Infektionen wie zum Beispiel Tetanus (auch Wundstarrkrampf genannt).

Wunden werden entsprechend ihrer Entstehung gruppiert. So treten im Rahmen eines Gewaltverbrechens häufig mechanisch bedingte Wunden auf. Es existieren jedoch auch Wunden, die thermisch, chemisch oder aktinisch (durch Strahlung) induziert werden. Aufgrund der Häufigkeit der mechanisch bedingten Hautveränderungen im forensischen Kontext werden wir uns vorwiegend mit diesen Wunden auseinandersetzen.

4.4.1 Hautwunden durch stumpfe Gewalt

Unter stumpfer Gewalt versteht man das Einwirken stumpfer bzw. stumpfkantiger Flächen, die den Körper mit Druck bzw. Wucht treffen oder auf die der sich bewegende Körper auftrifft. Diese Wunden können zum Beispiel durch Schläge mit der Hand (flache Hand, Faust) verursacht werden. Die entstandenen Hautwunden durch stumpfe Gewalt sind direkt abhängig von der Intensität, der Art (durch Zug, Druck, Scherung, Torsion), der Richtung und der Dauer der Gewalteinwirkung. Zudem fließen sekundäre Faktoren, wie Alter und Gesundheitszustand sowie Bekleidung in die Ausprägung spezifischer Wundmuster ein. Sie reichen von Hautschürfungen über Blutunterlaufungen bis Risswunden und darüber hinaus zu inneren Verletzungen. Im forensischen Umfeld sucht man den Zusammenhang zwischen dem Wundmuster und der eigentlichen Ursache, um den Tathergang rekonstruieren zu können. Auch bei alltäglichen Dingen kann uns stumpfe Gewalt widerfahren. So ist eine Differenzierung von unfallbedingten Wunden, selbstbeigebrachten und fremdverursachten physischen Veränderungen eine wichtige Aufgabe der Rechtsmedizin. Die Einteilung von Wundmustern und deren Ursachen erfolgen auf den morphologischen Erscheinungsbildern. Hautschürfungen, Hautwunden, Knochenbrüche, Hirnverletzungen, intrakranielle Blutungen und Blutunterlaufungen stellen Arten stumpfer Gewalt dar. Alle Arten und Erscheinungsbilder von stumpfer Gewalt unterliegen einer zeitlichen Veränderung, welche man molekularbiologisch erklären und begründen kann (vgl. Abschn. 4.5) (Hunger et al. 1993; Madea 2015).

4.4.1.1 Hautschürfungen
Bei dieser Form der Hautwunden erfolgt eine tangentiale Einwirkung von flächenhaften oder kantenförmigen Gegenständen (evtl. rau) auf die unbekleidete Hautoberfläche. Schürfwunden können verschiedenste morphologische Erscheinungsformen zeigen. So sind Abschürfungen der Oberhaut (Erosionen) schmerzhaft, da so Luft an das Körpergewebe gelangt. Dabei tritt lediglich Wundsekret und kein Blut aus. Tiefgehende Verletzungen (Exkoriationen) können nicht nur die Oberhaut, sondern auch die darunterliegende Hautschicht (Stratum corium) betreffen. Diese Hautschicht ist mit der Ober- und Unterhaut verbunden und sorgt für eine gewisse Elastizität und Reißfestigkeit der Haut. Es befinden sich Blut- und Lymphgefäße in dieser Hautschicht, sodass bei einer Wunde selbiger Blutungen entstehen können. Dies tritt besonders bei der vollständigen Ablösung der Lederhaut ein. Eine weitere Form der Schürfwunden tritt bei der Ablösung der Unterhaut und damit der gesamten Haut von dem Fettgewebe auf. Zu einer solch starken Schürfwunde kommt es durch eine Quetschung in Folge einer Gewalteinwirkung. Dabei wird die Haut durch abscherende Kräfte auf dem Fettgewebe verschoben (Autschbach et al. 2012; Herrmann et al. 2016).

Eine Ablösung von Hautschichten, namentlich der *Cutis* von der Subcutis, ohne eine Hauteröffnung wird als Decollment bezeichnet. Diese Form der Hautwunden tritt bei Verkehrsunfällern mit überfahrenen Personen auf.

4.4.1.2 Hauteinblutungen bzw. -unterblutungen

Durch die Einwirkung stumpfer Gewalt auf den menschlichen Körper sind Blutungen der Haut, der Unterhaut und der Weichteile möglich. Diese Unterblutungen zählen zu den inneren Verletzungen, die jedoch häufig äußerlich sichtbar sind. Sie können auf weitere, nicht sichtbare innere Verletzungen, wie Hirnblutungen, hindeuten. Im forensischen Kontext treten Unterblutungen häufig im Zusammenhang mit Misshandlungen auf. Grundsätzlich werden bei diesen Blutungen Blutgefäße durch die Einwirkung von Druck oder Zerrung zerstört. Im Unterhautfettgewebe sowie in den tieferen Schichten des Weichteilgewebes breitet sich das Blut flächenhaft aus, sodass Rückschlüsse auf das oder die Tatwerkzeuge nur schwer oder nicht zu ziehen sind. Eine Zerstörung der Haut in Form von Hautschürfungen ist bei tangentialen Gewalteinwirkungen vor allem bei rauen Oberflächen zusätzlich möglich (vgl. Abschn. Hautschürfungen). Auch andere Wunden, wie Riss-Quetsch-Wunden sind möglich (Grassberger und Schmid 2009).

Bei den Unterblutungen unterscheidet man die drei Formen:

- Sugillation,
- Suffusion,
- Hämatom.

Bei einer Sugillation betrifft die Blutung lediglich die Haut. Hierbei handelt es sich um kleine Blutungen, die etwa münzgroß sind. Ein typisches Beispiel ist der „Knutschfleck". Eine Suffusion, im Volksmund auch Bluterguss genannt, betrifft zudem die Unterhaut und zeigt sich meist durch eine größere Ausdehnung der Blutung. Diese Form der Unterblutung lässt sich bei einem „Veilchen" beobachten. Erfolgt die Blutung in die Weichteilschichten unter der Haut, spricht man von einem Hämatom. Es tritt ein deutlich größeres Blutvolumen aus. Unterblutungen in die tiefen Gewebsschichten zeigen sich entweder gar nicht oder häufig erst am nächsten Tag. In Bereichen mit lockerem Bindegewebe, wie den Augenhöhlen, können Unterblutungen auch entfernt von der Gewalteinwirkung auftreten (Grassberger und Schmid 2009).

Jeder kennt die typische Änderung der Farben von Unterblutungen. Zu Beginn erscheinen sie blau bzw. blaugrau bis blaurot, später blauviolett (wenige Tage). Durch den Abbau des Hämoglobins (vgl. Abschn. 3.4) möglich sei. Leider wäre dies eine sehr grobe Schätzung. So geht man davon aus, dass bei blauen Hautregionen der Zeitpunkt der stumpfen Gewalt nicht mehr als ein Tag zurückliegt. Bei grün gefärbten Unterblutungen schätzt man das Alter auf 4 bis 5 Tage. Erscheint eine Hautregion gelblich, liegt die Entstehungen wahrscheinlich ca. 8 Tage zurück. Die Braunrote Farbe ist zu jedem Zeitpunkt möglich.

4.4.1.3 Riss-Quetsch-Wunden

Bei der Einwirkung stumpfer Gewalt mit Druck-, Zug- oder Scherkräften auf einen Bereich mit geringer Weichteildicke über knöchernen Strukturen entstehen leicht Durchtrennungen der Haut und Weichteile in Form von Riss-Quetsch-Wunden. Sie werden umgangssprachlich auch als Platzwunden bezeichnet. So entstehen zum Beispiel in der Augenbrauenregion Hautwunden, die sich durch unregelmäßige oder gezackte Wundränder sowie Gewebebrücken am Wundgrund und in den Wundwinkeln auszeichnen. Gewebebrücken können aus Nervenfasern, Bindegewebssträngen und Blutgefäßen bestehen. Diese meist sehr stark und schnell blutenden Wunden können am Wundgrund Materialrückstände des Tatwerkzeugs aufweisen. Der Wundrand liegt meist im Gegensatz zu den Wundwinkeln vertrocknet vor. Es können häufig Schürfungen und Blutunterlaufungen als Begleiterscheinungen beobachtet werden. Zudem kann eine sogenannte Wundtasche ausgebildet werden. Eine Abgrenzung zu Wunden durch eine scharfe Gewalteinwirkung ist entscheidend (vgl. Abschn. 4.4.2). Eine besondere Form der Riss-Quetsch-Wunde ist die Schusswunde (vgl. Lippert 2012; Grassberger et al. 2013; Herrmann et al. 2016; Madea 2015).

4.4.2 Hautwunden durch Scharfe bzw. halbscharfe Gewalt

Bei Gewaltphänomenen mit spitzen oder schneidenden Werkzeugen, die charakteristische Wundmuster hervorrufen, spricht man von scharfer Gewalt. Messer, Scheren, Glasscherben, wie von einer abgeschlagenen Flasche, können Stich- und Schnittwunden sowie Hiebwunden hervorrufen. Bei scharfer Gewalt erfolgt immer eine gleichmäßige Durchtrennung der Gewebe ohne Auftreten von Gewebebrücken. Der Wundrand stellt sich geradlinig und glattrandig dar. Diese Merkmale sprechen klar für eine Stich- oder Schnittwunden lassen sich so für die Abgrenzung zur Riss-Quetsch-Wunde nutzen. Bei einem Eindringen eines Messers bis zum Griff können Quetschungen um die Wunde auftreten (vgl. Abschn. 4.4.1). Eine besondere Form dieser Gewaltart ist die sogenannte halbscharfe Gewalt, die zum Beispiel durch Äxte und Hacken verursacht wird. Eine Abgrenzung zur scharfen Gewalt fällt häufig schwer, da stumpfe schneidende Werkzeuge ähnliche Wundmuster erzeugen. Auch Pfählungen, die durch stumpfe Werkzeuge erfolgen, werden zu dieser Kategorie gezählt. Dabei werden mehrerer Gewebeschichten durchstoßen (Madea 2015).

4.4.2.1 Stichwunden
Eine Stichwunde kann durch spitz zulaufende Tatwerkzeuge die orthogonal zur Körperoberfläche auf den Körper treffen, hervorgerufen werden. Es zeigt sich ein weitaus tieferer als breiter Stichkanal (Madea 2015).

4.4.2.2 Schnittwunden
Erfolgt die scharfe Gewalteinwirkung parallel bzw. tangential zur Körperoberfläche, so entstehen Schnittwunden, die in ihrer Ausdehnung breiter als tief sind. Ein Aufklaffen der Schnittwunde tritt bei Schnitten senkrecht zu den Langer'schen Hautspaltlinien, das sind die Spannungslinien der Haut, auf. Erfolgt ein Schnitt über eine Hautfalte, so verläuft er gezackt. Zudem können bei einer schrägen Einwirkung Hautlappen entstehen.

Häufig entstehen Schnittwunden durch eine Abwehr. Auch die suizidalen Schnittverletzungen, die typischerweise an den Handgelenksbeugen erfolgen, sind nicht selten (Madea 2015).

4.4.2.3 Hiebwunden

Trifft ein schweres Werkzeug mit mindestens einer schneidenden Seite (z. B. Axt) auf den Körper, entstehen Hiebwunden. Eine Verletzung der knöchernen Struktur ist bei dieser Einwirkung nicht auszuschließen. Sie zeigen die gleiche Form und Lage wie die sichtbaren Verletzungen. Die Wundwinkel zeigen, vergleichbar mit Riss-Quetsch-Wunden Wundausläufer. Eine Unterblutung des Wundgrunds und Wundränder mit Hautschürfungen zeigen sich ebenfalls häufig bei Hiebverletzungen aufgrund der Einwirkung des Schnitt-Quetschungs-Vorgangs.

4.4.3 Hautveränderungen durch thermische Gewalteinwirkung

Bei thermischen Gewalteinwirkungen unterscheidet man zwischen Verbrühungen und Verbrennungen. Die durch Hitze verursachten Veränderungen der Haut korrelieren stark mit der Temperatur, der Dauer und der Tiefe der Einwirkung. Zudem unterscheidet sich die Haut von Säuglingen und Kleinkindern erheblich von denen der Erwachsenen. So ist die Haut deutlich dünner (bei Säuglingen ein Fünftel der Hautdicke eines Erwachsenen), was unlängst bei geringerer Hitze bzw. Einwirkzeit eine Schädigung der Haut hervorruft. Dabei ist die Haut als Schutzschicht des Körpers immer unmittelbar betroffen. Wir legen deshalb den Schwerpunkt auf die Hautveränderungen bei Hitzeeinwirkungen.

Verbrennungen können grundlegend durch trockene, feuchte, elektrische oder chemische Einwirkungen sowie durch Strahlung entstehen. Besonders relevant im forensischen Umfeld sind dabei die sogenannten Kontaktverbrennungen, die ausschließlich durch eine Berührung mit der Hitzequelle erfolgen. So werden dem Opfer heiße Gegenstände wie zum Beispiel Zigaretten aufgedrückt. Die Form der Gegenstände kann häufig aufgrund spezifischer und scharfer geometrischer Muster erkannt werden. Um die Schwere von Verbrennungen der Haut zu differenzieren, existieren verschiedene Nomenklaturen die jeweils 4 Grade unterscheiden (vgl. Tab. 4.1).

Bei gewaltsamen Verbrühungen, die häufig als Form von Misshandlungen von pflegebedürftigen Menschen und Kindern auftritt, werden die Opfer mit heißen Flüssigkeiten übergossen oder in diese eingetaucht. Hierbei wird die Obhuts- und Aufsichtspflicht verletzt. Im Gegensatz zu den Verbrennungen sind die Hautanhangsgebilde, wie Haare, nicht betroffen.

▶ **Lesehinweis** Ausführlich informieren Madea (2015) sowie Grassberger und Schmid (2009) über Auswirkungen von Gewaltphänomenen auf den menschlichen Körper.

Tab. 4.1 Einteilung und Beschreibung der Schweregrade von Verbrennungen. (Nach Madea 2015; Herrmann et al. 2016)

Schweregrad	Betroffene Hautregion	Erscheinungsbild der Hautregion
Grad 1 (superficial burns)	*Epidermis*	Gerötet, schmerzhaft; Schuppen nach 5–10 Tagen
Grad 2 (full thikness burns)	*Epidermis* und *Dermis*	Feucht, gerötet, schmerzhaft; Blasenbildung
Grad 2a (oberflächlich)	*Stratum corneum, Stratum granulosum*	Stark schmerzhaft3; nach 2–3 Wochen abgeheilt; keine Narbenbildung
Grad 2b (tief)	Gesamte *Epidermis*	Weißlich, stark schmerzhaft; Wundheilung > 3 Wochen; geringe Narbenbildung
Grad 3	Gesamte *Epidermis* und *Dermis,* Hautanhangsgebilde betroffen (Haare, Schweißdrüsen)	Trocken, weißgrau, lederartig; kaum oder geringe Schmerzen; keine Spontanheilung; immer Narbenbildung
Grad 4	Zusätzlich Unterhautfettgewebe, Muskeln und Knochen	Verkohlt, trocken, schwarz; keine Schmerzen keine Spontanheilung

4.5   Prozess der Wundheilung

Bei einer Schädigung von Organen bzw. Geweben, zum Beispiel durch eine scharfe Gewalteinwirkung, werden Reparaturprozesse mit einem festen Ablauf angestoßen. Die Prozesse laufen für alle Gewebearten gleich ab. Das Ziel der Wundheilung ist die Stillung der Blutung sowie die Wiederherstellung der morphologischen und wenn möglich funktionalen Struktur des Gewebes. Aufgrund der Dynamik und Komplexität dieser Vorgänge können leicht innere Faktoren, wie Diabetes, sowie äußere Faktoren (Infektionen und Manipulationen) zu einer Störung der Wundheilung führen. Allgemein kann zwischen einer regenerativen und einer reparativen Wundheilung unterschieden werden. Eine Regeneration liegt vor, wenn das geschädigte Gewebe durch funktionell gleichartige Zellen ersetzt werden konnte. Dies tritt bei Schürfwunden (man spricht von epithelialer Wundheilung) und bei glatträndigen, nicht klaffenden Wunden von primärer Wundheilung ein. Handelt es sich um minderwertiges Ersatzgewebe, d. h., eine Narbe wurde gebildet, so handelt es sich um einen Reparaturvorgang, sprich eine sekundäre Wundheilung. Dieser Vorgang tritt immer bei einer Verletzung des *Stratum reticulare* und tieferliegenden Schichten der Haut ein. Bei der Wundheilung sind zahlreiche Zellen (z. B. Blutzellen wie Thrombozyten) und Signalmoleküle (z. B. Wachstumsfaktoren wie Epidermal Growth Factor, kurz EGF) beteiligt. Die Migration und Differenzierung der beteiligten Zellen der Wundheilung wurden mittels *in vitro* und *in silico* Experimenten, durch Simulationen, sichtbar gemacht (vgl. Safferling et al. 2013; Sütterlin et al. 2017; Autschbach et al. 2012; Madea et al. 2007; Madea 2015; Wild und Auböck 2007).

Die Phasen der Wundheilung können nicht klar voneinander abgegrenzt werden, da sie sich an vielen Stellen überlappen (vgl. Abb. 4.2). Bei einem Wundheilungsvorgang werden folgende Prozesse gestartet:

1. Exsudationsphase,
2. Resorptionsphase,
3. Proliferationsphase und Reepithelialisierung,
4. Remodellierungsphase.

4.5.1 Exsudationsphase

Im ersten Schritt, der Exsudationsphase, erfolgt die Hämostase. Sie besteht aus den beiden Teilschritten primäre Hämostase (Blutstillung) und sekundäre Hämostase (Blutgerinnung). Direkt nach der Verletzung füllt ausströmendes Blut die Wunde. Eine Gefäßkontraktion (auch Vasokonstriktion) der verletzten Lymph- und Blutgefäße führt bei kleinen Wunden zu einer Blutstillung. Diese wird durch die Vasodilation (Gefäßerweiterung), die ca. eine

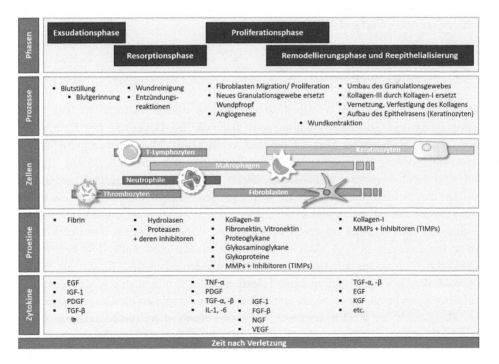

Abb. 4.2 Prozess der Wundheilung

Stunde andauert, abgelöst. Es entsteht eine Rötung oder Inflammation der Wundumgebung (Wundödem). Zudem wird die Permeabilität der beteiligten Gewebe erhöht, sodass Blutplasma austreten kann. Es erfolgt eine Anlagerung der Thrombozyten an die defekte Gefäßwand. Durch die Ausbildung feiner Pseudopodien aggregieren die Thrombozyten. Diese Blutzellen setzen Zytokine frei, die chemotaktisch und wachstumsfördern sind:

- Epidermal Growth Factor (EGF),
- Insulin-Like Growth Factor-1 (IGF-1),
- Platelet-Derived Growth Factor (PDGF),
- Transforming Growth Factor ß (TGF-β).

Diese leiten den eigentlichen Vorgang der Blutgerinnung durch die Aktivierung und Steuerung der Makrophagen, Gefäßzellen und Fibrinopeptide A und B ein. Letztere entstehen durch die Umwandlung von Fibrinogen in Fibrin und fördern die Migration von Entzündungszellen, wie Leukozyten in das Wundbett. Bei der Blutgerinnung katalysiert Thrombin die Synthese langkettiger Fibrinpolymere, die ein Fibrinnetz mit eingelagerten Blutzellen (Thrombozyten, Erythrozyten etc.) bilden. Befindet sich dieses außerhalb des Gefäßes, wird es als Koagulum bezeichnet, befindet es sich innerhalb, als Thrombus. Das Fibrinnetz verschließt provisorisch die Wunde und wird als übergangs-ECM (extrazelluläre Matrix) an den weiteren Schritten der Zellhaftung, -wanderung und -proliferation beteiligt sein. Nach der Austrocknung wird durch das Verkleben der Wunde ein gewisser Schutz wiederhergestellt (Wild und Auböck 2007).

4.5.2 Resorptionsphase

Bei der zweiten Phase der Wundheilung spricht man von der Resorptionsphase, in der Entzündungsvorgänge (auch Inflammation) ablaufen. Im Gegensatz zur Exsudationsphase, die lediglich wenige Minuten andauert, verläuft diese Phase über mehrere Stunden. Eine Einwanderung der Leukozyten in das Wundareal aus den umliegenden Blutgefäßen wird durch bestimmte Adhäsionsmoleküle (Selectine und Integrine) mediiert. So besitzen die vorbeiströmenden Leukozyten Liganden an der Zelloberfläche, die zu den Adhäsionsmolekülen passen und so den intraluminalen Zellfluss entschleunigen, wodurch Leukozyten aktiv aus den entsprechenden Gefäßen in das Wundgebiet austreten. Einige Arten von Leukozyten (vgl. Abschn. 3.1.2) spielen nun eine Rolle. Die neutrophilen Granulozyten erreichen den Höhepunkt der Einwanderung in das Gewebe am zweiten Tag nach der Verletzung. Sofern keine Infektion vorliegt, nimmt ihre Anzahl danach im verletzten Gewebe ab. Liegt jedoch eine Infektion vor, so spielen die Granulozyten durch ihre Fähigkeiten der Phagozytose und der Opsonierung, d. h., die Markierung körperfremder Strukturen mit Antikörpern, eine entscheidende Rolle bei der Immunabwehr und damit im Prozess der Wundheilung. Sie sind nicht nur für den Abbau von körperfremdem Material, sondern auch für devitales (auch nekrotisches), sprich abgestorbenes Gewebe zuständig. Für den Verdau des phagozytierten Materials produzieren und speichern die Neutrophilen zudem Proteasen. Werden nekrotisches Material und körperfremde Substanzen, wie Mikroorganismen, nicht abgebaut, so können diese zu einer Gewebeschädigung und damit unter Umständen zu einer Verlängerung der Wundheilung führen. Eine Phagozytose der nekrotischen Strukturen trägt wesentlich zu einer regelgerecht ablaufenden Wundheilung bei. Eine Aktivierung der Fibroblasten und Epithelzellen, die in den weiteren Phasen der Wundheilung eine Rolle spielen, wird über die Freisetzung von Zytokinen wie TNF-α (Tumor Necrosis Factor-α) und IL-1 (Interleukin-1) gewährleistet. Die Migration der Monozyten in das Wundgebiet erreicht zeitversetzt zu den Neutrophilen den Höhepunkt nach vier bis fünf Tagen nach der Verletzung. Sie binden an Kollagen- und Fibronektinfragmenten, um deren Phänotyp und Funktion zu ändern. Anschließend erfolgt deren Differenzierung zu Gewebsmakrophagen, die zur Phagozytose befähigt sind. Generell übernehmen die Makrophagen zwei Funktionen. Sie dienen einerseits zur Reinigung des Wundareals von Bakterien und abgestorbenen neutrophilen Granulozyten und nicht mehr teilbarem Zellmaterial. Andererseits vermitteln sie die nachfolgende Proliferation von Fibroblasten und Endothelzellen. Für die Reinigung der Wundumgebung produzieren die Makrophagen proteolytische Enzyme aus der Klasse der Hydrolasen und Proteasen wie zum Beispiel Elastase und Kollagenase. Eine Regulation der enzymatischen Abbauprozesse des Gewebes wird durch die Freisetzung von Inhibitoren dieser proteolytischen Enzyme ermöglicht. Für die Aufrechterhaltung eines antimikrobiellen Milieus setzen Makrophagen zudem Sauerstoffradikale und Stickoxide frei.

Als Mediatoren vermitteln sie den Übergang zur nachfolgenden Proliferationsphase, indem sie zahlreiche Zytokine freisetzen: TNF-α, PDGF, VEGF (Vascular Enothelial Growth Factor), TGF-α, -β, IL-1, IL-6, IGF-1 und FGF (Fibroblast Growth Factor). So wird zum Beispiel durch den Faktor FGF-β die Proliferation von Fibroblasten angeschoben. Sind Monozyten bzw. Makrophagen in ihrer Funktion gestört, so kann es zu Störungen der Wundheilung im Bereich der Bindegewebsausbildung kommen.

Eine dritte Gruppe von Leukozyten, die T-Lymphozyten, übernehmen in dieser Phase der Wundheilung die zellvermittelte Immunantwort. Sie werden durch die Makrophagen aktiviert (Madea 2015; Lippert 2012; Wild und Auböck 2007).

4.5.3 Proliferationsphase

Die Proliferationsphase, die auch als Granulationsphase bezeichnet wird, beginnt zwischen dem zweiten und vierten Tag der Verletzung und kann bis zu 3 Wochen andauern. Es erfolgt die Bildung von Granulationsgewebe und die Angiogenese, das ist die Neubildung und Ausbreitung von Blutgefäßen. Der in den ersten Minuten der Wundheilung gebildete Wundpfropf aus geronnenem Blut wird kontinuierlich von dem neuen Granulationsgewebe durchdrungen und ersetzt. Für die Einsprossung der Zellen aus der Wundumgebung übernimmt die provisorische Matrix als Anker für die Zellteilung und gleichzeitig als Schiene zur Zellmigration wichtige Aufgaben im Prozess der Wundheilung. Zudem speichert sie

Wachstumsfaktoren und Zytokine, die von beteiligten Zellen des Wundareals und der Wundumgebung produziert werden. So werden über Integrinrezeptoren an der Zellober-fläche der provisorischen Matrix die Aktivierung, Zellteilung, Migration und Differenzie-rung von Fibroblasten, Endothelzellen und Keratinozyten vermittelt. Die Zellen, die an der Bildung des frischen Bindegewebes beteiligt sind (Makrophagen und Fibroblasten) sowie Blutgefäße, wandern aus der Wundumgebung in die Wunde ein. Die gerichtete Migration der Fibroblasten wird dabei über einen Konzentrationsgradienten der chemotaktischen Faktoren (PDGF, TGF-β und FGF-β – Basic Fibroblast Growth Factor –, NFG) erreicht. Bei der aktiven Fortbewegung der Fibroblasten erfolgt die Anheftung der Fibroblasten mit einem Zellpol an den Integrinrezeptoren der Matrix sowie die Ausbildung von cyto-plasmatischen Fortsätzen an dem anderen Zellpol. Diese strecken sich nach neuen Binde-gewebszellen aus und lösen sich, sobald sie an diese angeheftet sind, enzymatisch mittels Matrixmetalloproteinasen (kurz MMPs) von alle anderen Haftstellen. Zu den MMPs, die zudem für den Ab- und Umbau der ECM im Prozess der Remodellierung verantwortlich sind, zählen:

- Kollagenasen (MMP-1), die natives Kollagen denaturieren,
- Gelatinasen (MMP-2 und -9), die partiell Kollagen (Gelatine) abbauen,
- Stromelysin (MMP-3), die zahlreiche Eiweißsubstrate (auch Proteoglykane der ECM) abbauen.

Diese Abbauprozesse werden durch MMP-Inhibitoren (kurz TIMPs) mediiert. Störungen in den Gleichgewichtszuständen der MMPs und der entsprechenden TIMPs können eine chronische Wundheilungsstörung hervorrufen. Neben den MMPs übernimmt die Gruppe der Serinproteasen (z. B. neutrophile Elastase) die Spaltung fast aller Eiweißmolekülty-pen, unter strenger Regulation durch spezifische Enzyminhibitoren.

Das aktive Strecken der Fibroblasten bei ihrer Migration in die Wundumgebung wird durch die permanente Reorganisation und Umverteilung von Aktinfilamenten im Zell-inneren erreicht. Ist die Einwanderung der Fibroblasten beendet, beginnen die Fibro-blasten mit der Produktion von Matrixproteinen, im speziellen des Kollagen-III. Bei der Kollagensynthese werden Prolin- und Lysinreste mit den Kofaktoren Sauerstoff, Eisen und Vitamin C hydrolysiert. Bei einem Mangel an diesen Kofaktoren können wiederum Wundheilungsstörungen auftreten. Für die Reißfestigkeit der entstehenden Narbe ist die Einlagerung des Kollagen-III entscheidend. Des Weiteren synthetisieren die mig-rierten Fibroblasten Adhäsionsproteine, wie Fibronektin und Vitronektin, die sich an die Matrix anlagern. Für den Aufbau der neuen ECM werden zudem Glykosaminogly-kane wie die Hyaluronsäure und Glykoproteine von den Fibroblasten bereitgestellt. Eine stetige Produktion von Wachstumsfaktoren, die für die Regulation und Stimulation der Fibroblastenproliferation und die Angiogenese eine wichtige Rolle spielen, wird von den Makrophagen übernommen. Für die Angiogenese sind das unter anderem FGF-β, TGF-β, VEGF. Stimuliert wird die Angiogenese zudem durch ein sauerstoffarmes, pH saures und einen hohen Laktatspiegel aufweisendes Wundmilieu. Eine Versorgung mit

Sauerstoff und Nährstoffen für anschließende Reparaturprozesse wird durch die neu geformten Blutgefäße, die die gesamte Matrix durchspannen, gewährleistet. Die Kapillaren wachsen aus der Wundumgebung durch eine Migration und Proliferation der Endothelzellen in den Gewebedefekt ein. Eine hohe Anzahl dieser neu gebildeten Blutgefäße führt zu einer rötlich erscheinenden Narbe und der typischen sichtbaren „Körnung" des Gewebes (Granulum entspricht Körnchen). Das entstandene Granulationsgewebe besteht nun aus proliferierten Fibroblasten, gewachsenen Kapillaren, Gewebsmakrophagen sowie der haltgebenden Matrix aus Kollagen, Glykosaminoglykanen (Hyaluronsäuren) und Glykoproteinen (Fibronektin, Tenascin). Im Verlauf der Proliferationsphase nimmt die Anzahl der Entzündungszellen stetig ab. Es füllt das Wundareal vollständig aus und bildet so die neue ECM. In dieser Phase findet eine Wundkontraktion (wenige Tage nach der Verletzung) statt, bei der sich aktiv die gesunden Wundränder annähern. Dieser Vorgang beschleunigt die Wundheilung enorm. Beteiligt sind dabei die Zellen, die ECM und stimulierende Zytokine, wie TGF-β und PDGF. Fibroblasten, die zudem zur Kontraktion fähig sind, sogenannte Myofibroblasten, durchziehen das Granulationsgewebe netzartig. Sie besitzen Aktin-haltige kontraktile Filamente, die ihnen Eigenschaften wie glatte Muskelzellen verleihen. Wechselwirkungen der Myofibroblasten untereinander und mit den Kollagenfasern sowie die Vernetzung der verzweigten Kollagenbündel sorgen für die nötige mechanische Voraussetzung der Wundkontraktion. Beeinflusst wird dieser Prozess wesentlich durch die Wundform. Klafft die Wunde, so wird diese deutlich länger für eine erfolgreiche Wundkontraktion benötigen, als eine strichförmige, d. h. schmale Wunde. Auch der Allgemein- und Ernährungszustand der betroffenen Person hat in diesem Teil der Wundheilung einen Einfluss. Ist die Wunde geschlossen, so wird die Synthese von Wachstumsfaktoren in den Fibroblasten zurückgefahren, und eine große Anzahl der Fibroblasten, vorrangig die Myofibroblasten, unterliegen der Apoptose. Alle verbleibenden Fibroblasten gehen in einen Ruhezustand über. Parallel zur Proliferationsphase findet eine Reepithelialisierung vom Wundrand aus statt (Madea 2015; Wild und Auböck 2007).

4.5.4 Remodellierungsphase

In der letzten Phase, der Remodellierungsphase, wird das gebildete Granulationsgewebe umgebaut, sodass die betroffene Hautregion annähernd ihre ursprüngliche Reißfestigkeit erhält. Dieser Prozess der Wundheilung beginnt gleichzeitig mit der Proliferationsphase und dauert bis zu einem Jahr an. Die Remodellierung betrifft dabei vorwiegend die Kollagenfasern, die einem Umbau und einer Neuausrichtung unterliegen. Das Typ-III Kollagen wird durch das stabilere Kollagen-I ersetzt. So muss ein Gleichgewichtszustand zwischen Kollagenabbau und Kollagensynthese erreicht werden. Der Abbau wird durch die MMPs stimuliert und die Synthese durch deren Inhibitoren ermöglicht. Die Aktivität der MMPs nimmt im Vergleich zu den TIMPs im Remodellierungsprozess stetig ab. Für die Reißfestigkeit der heilenden Wunde ist nicht nur die Produktion des stabilen Kollagen-III entscheidend, sondern auch dessen Vernetzung und Verfestigung über sogenannte Crosslinks und die Ausbildung von dicken Kollagenbündeln. Nach der abgeschlossenen Remodellierung beträgt das Verhältnis von Kollagen-I zu Kollagen-III 3:1. Trotz der zahlreichen Maßnahmen zur Wiederherstellung der Reißfestigkeit, erreicht diese nach ca. 60 Tagen ihren Höhepunkt und bleibt bei 80 % Reißfestigkeit der ursprünglichen Hautregion. Die betroffene Hautregion unterliegt einem inneren Wandel, der äußerlich sichtbar ist. So handelt es sich nun bei der betroffenen Hautregion um eine zell- und gefäßarme Narbe, da eine Reduktion der Makrophagen und Fibroblasten durch Apoptose stattfindet. Zudem stoppt die Angiogenese, und die Kapillaren werden allmählich entfernt. Die Hautanhangsgebilde können nicht wieder remodelliert werden. Die rötlich erscheinende gefäßreiche Narbe wird nun durch die blasse, gefäßarme Narbe ersetzt (Clusmann et al. 2012; Wild und Auböck 2007).

4.5.5 Reepithelialisierung

Für die vollständige Wiederherstellung der Integrität der Haut muss die Epithelschicht wiederaufgebaut werden. Dieser Prozess wird als Reepithelialisierung bezeichnet und verläuft parallel zur Proliferationsphase. Es erfolgt ausgehend von den Hautanhangsgebilden der Umgebung und den Wundrändern eine Ausbreitung von epidermalen Keratinozyten, die einen neuen Epithelrasen bilden. Die Einwanderung der Keratinozyten (einzeln oder im Verbund) in das Wundareal gleicht der aktiven Fortbewegung der Fibroblasten. Zunächst erfolgt eine Abflachung der Zellen und eine Ausbildung von Lamellipodien, die nun Aktin- und Myosinfilamente für eine aktive Kontraktion enthalten. Auch hier wird die Anhaftung an die provisorische Matrix über Adhäsionsmoleküle, wie Fibronektin und Kollagenrezeptoren, ermöglicht. Eine Ausrichtung der Keratinozyten wird dabei durch die Anlagerung an korrespondierende Matrixproteine erreicht. Abgelöst werden die Keratinozyten durch die Entfernung der Hemidesmosomen. Stimuliert wird die Migration und Proliferation der Keratinozyten durch lokal vorhandene Wachstumsfaktoren (z. B. EGF, TGF-α, -β und Keratinocyte Growth Factor, kurz KGF) sowie durch den nichtvorhandenen Kontakt zu Nachbarzellen (auch *free edge effect* genannt). Treffen die Epithelfronten, die in das Zentrum der Wunde wandern aufeinander, so kommt es zu einer Kontaktinhibition und damit zum Stillstand der Keratinozytenmigration. Auch die Basalmembran wird parallel zur Reepithelialisierung wiederhergestellt. Es erfolgt im letzten Schritt die Fixierung mit der Basallamina über Ankerfibrillen. Die Reepithelialisierung wird durch ein feuchtes und sauberes Wundgebiet sowie eine intakte Basallamina begünstigt. Hingegen wirkt sich das Vorhandensein von nekrotischem Gewebe bzw. Krusten nachteilig auf die Ausbreitung der Epithelfronten aus. Diese müssen sich unter diesen Schichten hindurchschieben unter einer Fibrin- und Kollagenolyse mithilfe der Aktivierung von Plasmin und MMPs. Es erfolgt eine Anregung von Nervenendigungen zum Wachstum aus den Randbereichen der Wunde. Nach der vollständigen Bedeckung der Wunde mit Epithelzellen ist diese nun verschlossen. Die Narbe erscheint weiß, da die Melanozyten nicht regeneriert werden können. Auch die typischen Felder der Haut sowie die Hautanhangsgebilde werden nicht wiederhergestellt. Die Reepithelialisierung wurde erstmalig 2017 im lebenden Organismus Maus beobachtet (vgl. Park et al. 2017; Wild und Auböck 2007).

4.6 Untersuchung von Hautwunden und Wundaltersbestimmung

Generell ist man im forensischen Kontext an der Entstehung von fremdbeigebrachten Wunden vor und nach dem Tode interessiert, um so den Tathergang zu rekonstruieren. Man betrachtet dazu die Form, eine mögliche Richtung sowie das Alter der Hautwunde. Anhand dieser zu ermittelnden Parameter können nähere Informationen zum Tathergang gewonnen werden. In der Rechtsmedizin haben sich Vorgehensweisen etabliert, die die korrekte Aufnahme und Dokumentation forensisch relevanter Parameter umfassen. So sollte bei der Untersuchung von Hautwunden bzw. Unter- und Einblutung im forensischen Kontext die Beschreibung bestimmter Faktoren berücksichtigt werden. Deshalb müssen die Vitalität und das Wundalter bestimmt und Hinweise zum verwendeten Tatwerkzeug gesammelt werden. Die Differenzialdiagnose von selbstbeigebrachten, akzidentiellen und fremdverursachten Wunden bzw. Unter- und Einblutungen ist von großer Bedeutung. Rechtserhebliche Verletzungen der Opfer sollten, um den Bestand der Befunde vor Gericht zu sichern, von Rechtsmedizinern durchgeführt werden. Zudem muss eine genaue Abgrenzung von Straftatformen (gefährliche und schwere Körperverletzung) ermöglicht werden. So sind biomechanische Auswirkungen auf den menschlichen Körper und damit physikalische Größen, wie die einwirkende Kraft um einen bestimmten Knochen zu brechen, unerlässlich für die Arbeit in der Rechtsmedizin (Madea 2015).

Bei der Dokumentation von Wunden sowie Hauteinblutungen und -unterblutungen sollte die Lokalisation unter Angabe der Körperregion in Bezug auf Fixpunkte exakt beschrieben werden. Die Größe, sprich die Ausdehnung der Verletzung, sollte mit Länge und Breite sowie einem alltäglichen bzw. körperlichen Vergleichsobjekt, wie münzgroß oder handtellergroß angegeben werden. Bei einer scharfen Gewalteinwirkung kann die Wunde klaffen, sodass die Messung des Abstandes der Wundränder voneinander unerlässlich ist. Die Wunde sollte nach medizinischem Wundschluss bzw. einer provisorischen Verschließung mit Klebeband bei Toten, erneut vermessen werden. Mögliche Färbungen bei Hauteinblutungen bzw. -unterblutungen sollten möglichst mithilfe einer Farbmetrik angegeben werden. Eine Beurteilung der Form kann mithilfe von Adjektiven wie: stichförmig, landkartenartig, bandförmig oder punktförmig aufgenommen werden. Eine Formung, die bei Abdrücken bzw. Eindrücken von verwendeten Werkzeugen zu sehen ist, sollte entsprechend beschrieben werden. Die Richtung/Orientierung der Verletzung wird im Bezug zu den Körperachsen notiert. So können Verletzungen zum Beispiel schräg, längs oder horizontal zur Körperlängsachse verlaufen. Die Wundränder an sich sollten in ihrer Beschaffenheit dokumentiert werden. Sind sie scharfrandig oder unregelmäßig bzw. gezackt? Existiert eine Schwellung oder Schürfung? Bei der Beschreibung der Wundart können unter anderem Begriffe wie tief, klaffend, oberflächlich, blutend und schorfbedeckt Verwendung finden. Auch der Wundgrund muss entsprecht dokumentiert werden. Zeigt er sich glatt und eben oder unregelmäßig? Existieren Gewebebrücken? Mit der Beschreibung der Wundwinkel schließt die morphologische Beschreibung der Wunde. So können die Wundwinkel gleich und spitz zusammenlaufend sein, oder lediglich ein Wundwinkel zeigt sich spitz, der andere stumpf bzw. winkelig eingekerbt. handelt es sich um eine versorgte Wunde, sollte die Art der Versorgung (vernäht oder geklammert) sowie die Beschaffenheit der Versorgung (chirurgische Naht, Einzelknopfnaht etc.) dokumentiert werden. Austretendes Wundsekret deutet auf eine Infektion hin. Eine Altersschätzung der Wunde wäre wünschenswert und wird visuell meist mit den Termini ganz frisch, einige Tage alt, in Abheilung begriffen angegeben. Werden mehrere Wunden bzw. Verletzungen bei dem Opfer aufgefunden, so sollte neben der morphologischen Beschreibung der Einzelverletzungen auch deren Lage zueinander detailliert aufgeführt werden. So können Wunden gruppiert oder verstreut, parallel, gekreuzt oder Muster bildend auftreten (Grassberger und Schmid 2009).

Es existieren zahlreiche Dokumentationsbögen für die klinische bzw. forensische Leichenschau (vgl. Institut für Rechtsmedizin LMU). Dabei werden neben der Beschreibung der Wunden auch die Todesursache, Leichenflecken, Leichenstarre und vieles mehr aufgenommen.

Eine Fotodokumentation der Verletzungen des Opfers ist unerlässlich. So sollte zunächst jeweils eine Übersichtsaufnahme der Körperseiten erstellt werden. Bei der Aufnahme der Einzelwunden- bzw. -Verletzungen sollten Maßstäbe angelegt werden. Für die Aufnahme der relevanten Körperregionen sollte auf eine senkrechte Kameraführung zur Körperoberfläche geachtet werden. Veränderte Kameras wie in Rost et al. (2017) erlauben die Aufnahme von Infrarotbildern. Besonderheiten wie Tattoos bei mumifizierten Leichen oder Blutunterlaufungen können so besser detektiert werden. So kann die Ausbreitung eines Hämatoms viel genauer bestimmt werden.

Außerdem können Scans der Körperoberflächen zu einer weitreichenden Dokumentation der Verletzungen beitragen. Dieses Vorgehen stellt den Einstieg zur virtuellen Autopsie dar (Ebert et al. 2016).

Wichtig ist zudem die Spurensicherung bei der Feststellung einer Fremdbeibringung der Verletzungen. Besonders bei sexuellen Übergriffen sollte biologisches Material des möglichen Täters kontaminationsfrei asserviert und gelagert werden (Grassberger und Schmid 2009).

Im forensischen Kontext ist für die Rekonstruktion des Tathergangs entscheidend zu wissen, wann eine mögliche Gewalteinwirkung zur Entstehung einer Wunde geführt hat. Bei einer toten Person ist zunächst die Frage zu klären, ob die Wunde prämortal (vor dem Tode bzw. ante mortem) oder postmortal (nach dem Tode) entstand. Hinweise können vitale Reaktionen, die den Kreislauf und die Atmung betreffen, sowie lokale vitale Reaktionen, das sind Reaktionen des Gewebes auf ein Trauma zu Lebzeiten (Blutung, Wundheilung etc.), liefern. Vitale Reaktionen sollten dabei klar von Veränderungen, während und nach der Sterbephase sowie von supravitalen Reaktionen abgegrenzt werden. Wir werden uns im Speziellen der Bestimmung des Wundalters entsprechend des Stadiums der Wundheilung widmen. So kann beispielsweise die Überlebenszeit bestimmt werden. Lokale Vitalreaktionen des betroffenen Gewebes auf ein Trauma beginnen in einem zeitlichen Intervall von 10 bis 20 min nach der Traumatisierung. Das Glykoprotein Fibronektin kann frühestens nach 10 min nach einer Gewalteinwirkung nachgewiesen werden. Ist die Gewalteinwirkung dermaßen stark, dass diese sofort zum Tode des Opfers führen, können diese lokalen Veränderungen des Gewebes nicht beobachtet werden. Einfachste vitale Reaktionen des Kreislaufs und der Atmung können auch bis kurz nach dem Tod auftreten. Stauungsblutungen oberhalb einer Strangmarke deuten auf eine vitale Entstehung hin. Auch bei der Einwirkung stumpfer Gewalt, wie bei einem Sprung aus großer Höhe auf eine Wasseroberfläche können bei vitaler Entstehung deutliche Einblutungen der Haut (sogenannte anämische Aufschlagspuren) beobachtet werden. Es können knöcherne Strukturen, wie der Oberschenkelknochen (Femur) als Hämatom sichtbar werden. Zu beachten ist, dass auch nach dem Tod erhebliche Mengen an Blut austreten können. Allerdings kann bei einem arteriellen Blutspritzmuster, von einer vitalen Entstehung ausgegangen werden (Dettmeyer und Verhoff 2011; Madea 2015).

Zudem ist die Bestimmung der Überlebensdauer des Opfers entscheidend. Die Bestimmung des Wundalters ist ein wesentlicher Punkt bei der Beurteilung von Wunden. Das Alter einer Wunde kann durch die zu beobachtende zeitabhängige Veränderung des äußeren und inneren Erscheinungsbildes einer Wundform ermittelt werden (vgl. Abschn. 4.5). Üblich ist die Einteilung in drei Stadien nach Madea (2015):

- Phänomene der Vitalität (Überlebenszeit bis ca. 30 min),
- Phänomene der kurzen Vitalität (Überlebenszeit 30 min bis 24 h),
- Phänomene der längeren Vitalität (Überlebenszeit über 24 h).

In Hinblick auf die Bestimmung des Wundalters kann das Wundareal mit verschiedenen Methoden untersucht werden. Es werden üblicherweise Routinefärbungen zur histologischen Analyse von Präparaten der Hautwunde unter dem Mikroskop durchgeführt (Grellner und Madea 2007). Die Hämatoxylin-Eosin-Färbung (kurz HE-Färbung) ist eine Standardfärbung in der Histologie. Zellkerne erscheinen blau und das Cytoplasma der Zellen sowie Kollagen erscheinen leicht rötlich. So können die mehrkernigen (polymorphkernige) Granulozyten, die als erste in das Wundareal eintreten, identifiziert werden. Der Nachweis kann dabei frühestens 15–30 min nach der Wundentstehung gelingen und sollte in einem nicht blutenden Bereich stattfinden (Betz 1999). So kann das Mindestalter der Wunde festgelegt werden. Bei der Pappenheim-Färbung zeigt sich das Cytoplasma in verschiedenen Blautönen, wohingegen der Kern verschiedene Violetttöne annimmt. Spezielle Färbungen können für die Bestimmung von Strukturveränderungen von Zellen und für die Identifikation von bestimmten Zellen eingesetzt werden. So wird beispielsweise Berliner Blau, welches Eisen nachweist, für den Nachweis von Hämosiderin (vgl. Abschn. 3.3) in Makrophagen eingesetzt. Dies zeigt sich erstmalig drei Tage nach der Entstehung der Wunde. Es existieren weitere zahlreiche Färbemethoden, die bei Interesse in *Klinische Liquordiagnose* von Zettl et al. (2005) nachgeschlagen werden können. Diese histologische Untersuchung eignet sich im Speziellen für ältere Wunden. Für die Identifikation von Zellen können deren spezifische Enzyme enzymhistochemisch nachgewiesen werden. Auch ein immunhistochemischer Nachweis antigener Substanzen lässt eine Zellidentifikation zu. Die unterschiedlichen Häufigkeiten, mit denen Zellen im Prozess der Wundheilung im Wundareal zu finden sind, kann einen Hinweis auf das Alter der Wunde liefern (Li et al. 2018; Zettl et al. 2005).

Denkbar ist nicht nur eine morphologische und quantitative Analyse der Zellen, sondern eine Suche nach spezifischen Zytokinen und Adhäsionsmolekülen, die in den verschiedenen Phasen der Wundheilung präsent sind (vgl. Abschn. 4.5). Man spricht in diesem Zusammenhang von Biomarkern. Diese können auf Proteinebene (Westernblot) oder mRNA-Ebene (Expressionsarrays) quantitativ bestimmt werden. Die Änderungen der Häufigkeiten der beteiligten Biomoleküle, wie das Antigen CD15, welches bei der Granulozytendifferentiation vermehrt exprimiert wird (Gauchotte et al. 2013), ist auf mRNA-Ebene schneller ersichtlich. Möglicherweise können auf diese Weise bereits Wunden mit wenigen Minuten Überlebenszeit nach der Gewalteinwirkung analysiert werden. Auch Metabolite könnten in diesem Zusammenhang interessant sein. Es bedarf aber mehr Untersuchungen unter diesem Gesichtspunkt. So können Daten und Analysen aus den Bereichen Genomik, Proteomik und Metabolomik für die Wundaltersbestimmung relevant werden. Eine Liste möglicher Biomarker ist in *Vitality and wound-age estimation in forensic pathology: review and future prospects* von Li et al. (2018) zu finden. Postuliert wird, dass mehrere Biomarker gleichzeitig als Parameter für die Wundaltersbestimmung herangezogen werden sollten und die Forschung in diesem Gebiet im Hinblick auf die durchzuführenden Experimente und eine gute zugrundeliegende Statistik sowie die Erstellung eines mathematischen Modells mit allen zur Verfügung stehenden Daten verbessert werden muss (Li et al. 2018).

Bei der Auswertung der vorhandenen oder nicht vorhandenen Vitalitätsparameter einer Wunde sollte beachtet werden, dass das frühestmögliche Auftreten der Faktoren durchaus bei verschiedenen Individuen unterschiedlich ausfallen kann. Weitere Kenntnisse über den jeweiligen Fall sollten zur Beurteilung hinzugezogen werden.

4.6.1 Blutunterlaufungen

Bei der Untersuchung von Hauteinblutungen bzw. -unterblutungen (wie Hämatomen) ist man an der Lokalisation und dem Verteilungsmuster sowie dem jeweiligen Erscheinungsbild und der Art der Blutung interessiert. Der Ort der Gewalteinwirkung lässt einen Hinweis auf die Art der Gewalt (z. B. stumpfe Gewalt) zu. So deutet eine Unterblutung am Auge auf einen Faustschlag hin. Unterblutungen an der Hand treten häufig bei Abwehrreaktionen des Opfers auf. Bei einer passiven Abwehr ist der Handrücken betroffen, wohingegen Wunden der Handinnenflächen durch die aktive Abwehr des Opfers entstehen. Mehrere Unterblutungen an verschiedenen Stellen des Körpers deuten auf eine Misshandlung hin. Hier ist wiederum die Differenzierung von fremdbeigebrachten und akzidentiellen Wunden entscheidend. Bei Stürzen sind häufig die knöchernen Prominenzen der Körpervorderseite, wie Kinn, Knie und Ellenbogen, betroffen. Werden die Opfer gefesselt, so entstehen charakteristische Unterblutungen an den Handgelenken und möglicherweise an den Knöcheln (Herrmann et al. 2016).

Auch die Konturen von Unterblutungen sind entscheidend für forensische Untersuchungen. So sind gruppierte Unterblutungen an den Armen und Handgelenken häufig Griffmarken. Bei Gewalteinwirkungen mit Gegenständen können Abdrücke entstehen, die Rückschlüsse auf das verwendete Werkzeug zulassen. Stockschläge rufen ein Doppelstriemenmuster hervor. Durch die Kompression der Gefäße wird das Blut seitlich verdrängt. Besondere Formungen entstehen durch Bisse. Dabei liegen zwei hufeisenförmige Unterblutungen gegenüber, wobei anhand der Ausprägung (Größe, Zahnlücken etc.) auf den Täter geschlossen werden kann. Hier besteht die Möglichkeit, eine auswertbare DNA-Probe zu entnehmen. Negativabdrücke entstehen bei massiven Gewalteinwirkungen. So kann bei einem Tritt das Schuhsohlenmuster am Opfer erkannt werden. Möglich sind außerdem Textilabdrücke bei Gewalteinwirkungen auf bekleidete Hautflächen (Madea 2015; Herrmann et al. 2016).

Die Formung und Intensität der Unterblutung hängt von sich gegenseitig bedingenden Faktoren ab (Herrmann et al. 2016):

- Intensität der Gewalteinwirkung,
- Verwendung eines Werkzeuges; Schwere und Konfiguration des Werkzeuges,
- Lokalisation der Wunde: Weichteildicke über knöchernen Strukturen,
- Beschaffenheit des Gewebes (straff oder lockeres Bindegewebe),
- Dicke der Haut (1,5–4 mm),
- Größe, Art der zerrissenen Gefäße (Vene oder Schlagader),
- Alter, Geschlecht (Frauen, Kinder und ältere Personen haben eine höhere Blutungsneigung)
- auffällige Blutungsneigung des Verletzten (Leberzirrhose, gerinnungshemmende Medikamente, Bluterkrankheit etc.),
- vorbestehende Erkrankungen (insbesondere Gerinnungsstörungen wie das von-Willebrand-Syndrom).

▶ **Hinweis** Eine besondere Form von Unterblutungen sind die sogenannten Petechien, die häufig bei Erstickungen auftreten. Diese kleinen punktförmigen Blutungen treten dann meist oberhalb der Strangmarke in Folge der Blutstauung auf, besonders im Gesicht (Mund, Augen, Augenlieder, Nase, hinter den Ohren) und in den jeweiligen Schleimhäuten. Die Stauungsblutungen können lediglich bei einem funktionierenden Kreislauf auftreten. Eine Anhäufung der Petechien wird als Purpura bezeichnet. Bei einigen Krankheiten, wie der Purpura Schönlein-Henoch, treten ebenfalls Petechien, jedoch als Folge einer Entzündung auf.

Hämoglobin befindet sich im menschlichen Körper in unterschiedlichen Abbaustadien. Ursächlich für den typischen Farbverlauf einer Blutunterlaufung ist der Vorgang des Hämoglobinabbaus. Werden Blutgefäße verletzt, so tritt Blut ins umliegende Gewebe aus. Dort neigen die Erythrozyten zu einer schnellen Lyse, sodass der rote Blutfarbstoff zu oxidieren beginnt (vgl. Abschn. 3.3). Die konjugierten Doppelbindungen der Häm-Gruppe und deren Abbauprodukte (Biliverdin, Bilirubin) führen jeweils zu den verschiedenen Farben (vgl. Abb. 4.3).

Trotz dieser festen Abbaustufen ist die Färbung der betroffenen Hautregion von zahlreichen Faktoren abhängig. Einige Untersuchungen zeigten, dass bei gesetzten Hämatomen der Heilungs- und damit Farbverlauf zwischen den Personen stark variiert (vgl. Stephenson 1997). So spielen nicht nur bei der Entstehung von Blutunterlaufungen die Fähigkeit der Hämostase eine Rolle (Alter, Geschlecht, Gesundheitszustand, Medikation), sondern auch die Schichtdicke der Blutunterlaufung, die Ausbreitung der Blutung und die Gewebeart. Große Hämatome zeigen an der Oberfläche möglicherweise eine blauviolette Färbung, wobei in den tieferen Hämatomschichten bereits der Abbau des Hämoglobins weit fortgeschritten ist. Kleine Hämatome werden sehr schnell resorbiert und sind möglicherweise nach 2 bis 3 Tagen nicht mehr sichtbar. So variiert der Farbverlauf nicht nur von Person zu Person, sondern auch an unterschiedlichen Körperregionen der gleichen Person. Ungleichgefärbte Hämatome an verschiedenen Körperregionen können so durchaus zur gleichen Zeit entstanden sein. Im Heilungsverlauf müssen nicht alle Hämatomfarben sichtbar sein.

Die Altersschätzung von Blutunterlaufungen durch eine bloße Betrachtung, ist sehr ungenau und sollte im forensischen Feld keine Anwendung mehr finden (vgl. Li et al. 2018). Allein die Benennung der Farbe kann aufgrund der individuellen Farbwahrnehmung unterschiedlich ausfallen. Durch ungleiche Hintergrundfarben bei unterschiedlichen Hauttypen können gleichgefärbte Hämatome verschiedenartig erscheinen. Werden Hämatome anhand von Fotografien begutachtet, werden die Schätzungen umso ungenauer.

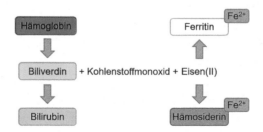

Abb. 4.3 Verschiedene Oxidationsstufen im Hämoglobinabbau und Speicherung von Eisen (II). (Nach Koolman und Röhm 2003)

Die klassische Methode zur Altersschätzung von Blutunterlaufungen ist die Bestimmung der Blutungsfarbe durch eine bloße Betrachtung. Für die Angabe der Farbe kann die Farbmetrik nach Nuzzolese und Vella (2012) eingesetzt werden. Eine automatische Farbmessung und damit Detektion von Farbwerten ist mittels Kolorimetrie (vgl. Scafide et al. 2013) bzw. Spektroskopie (vgl. Randeberg et al. 2006) möglich. Bei der Detektion der Farbe der Blutungen spielt die Hintergrundfarbe und damit Hautfarbe eine wesentliche Rolle! Postmortal ist eine histologische Untersuchung der auffälligen Hautpartie sinnvoll. Dabei wird das betroffenen Gewebe durch eine Gewebeentnahme und eine anschließende mikroskopische Analyse (vgl. Kostadinova-Petrova et al. 2017) zum Beispiel im Hinblick auf das Vorhandensein von Leukozyten untersucht. Wird mikroskopisch die Anwesenheit von Hämosiderin mittels Berliner-Blau-Färbung beobachtet, kann beispielsweise von einem Hämatomalter von 3 Tagen ausgegangen werden (vgl. Madea 2015). Neue Einblicke soll das Clinical Forensic Imaging (kurz CFI) liefern. Dabei werden im Gegensatz zu den typischen Imaging-Techniken in der Forensik nicht Tote, sondern Lebende analysiert. Ziel ist es, vitale Prozesse aufzuklären, die zum Beispiel mit einem Trauma, d. h. mit einer stumpfen Gewalteinwirkung einhergehen. Verwendet werden dabei unteranderem CT (engl. Computed Tomography, dt. Computertomografie) und MRI (engl. Magnetic Resonance Imaging, dt. Magnetresonanztomografie). Beide Techniken werden jedoch vorwiegend bei der Untersuchung von subduralen Hämatomen (engl. subdural hematomas, kurz SDH) eingesetzt, und aufgrund der Strahlung beim CT lassen sich nicht hochfrequentiert Bilder der Blutung machen (vgl. Neumayer et al. 2014). In einer Studie stellte man fest, dass sich die ermittelten Zeitintervalle für die verschiedenen Altersstufen von SDHs überschneiden, sodass die Altersschätzung auch mit diesen Techniken im Moment zu schwierig ist.

> Most time intervals of the different appearances of SDHs on CT and MRI are broad and overlapping. Therefore CT or MRI findings cannot be used to accurately date SDHs (Sieswerda-Hoogendoorn et al. 2014).

4.6.2 Riss-Quetsch-Wunden

Kopfverletzungen über einer gedachten Hutkrempenlinie, werden in aller Regel nicht durch Stürze verursacht, sondern durch stumpfe Gewalteinwirkungen. Bei Treppenstürzen gilt dies nicht. Man spricht in diesem Zusammenhang auch von der Hutkrempenlinie (Dettmeyer und Verhoff 2011).

Wunden, die sich geradlinig, ohne Schürfungen am Wundrand zeigen, deuten auf die Einwirkung stumpfer Gewalt hin. Wirkt eine stumpfe, großflächige Gewalt auf den Kopf ein, treten aufgrund der Kopfrundung rundliche Vertrocknung auf, die häufig mit sternförmigen Riss-Quetsch-Wunden einhergehen. Hinweise zu den Tatwerkzeugen können geformte Wunden liefern. Verwendete Werkzeuge, die scharf abgegrenzte Flächen besitzen, können zu geformten Vertrocknungen (rechteckig, oval, rautenförmig) führen. Bei einer Wunde mit Hautlappen lässt sich dieser in Richtung der tangentialen Gewalteinwirkung aufklappen (Madea 2015).

4.6.3 Hautschürfung

Bei Schürfwunden kann anhand der Ablöserichtung der Haut und möglicher Schleifspuren die Schürfrichtung abgeleitet werden. Eine Epithelmoräne bei frischen Hautschürfungen, das sind Fetzen der Oberhaut, die bei dem Schürfvorgang zusammengeschoben werden, zeigt die Schürfrichtung sehr genau an. Sie zeigt sich am Ende der Schürfung. Häufig sind Epitelmoränen jedoch nur bei toten Personen erhalten, da sie sich leicht ablösen. Anhand einer geformten Schürfung können mitunter Tatwerkzeuge identifiziert werden. Frische Schürfwunden zeigen meist keine Blutung und sind durch einen Lymphaustritt lediglich bei Lebenden gekennzeichnet. Es wird ein Wundschorf ausgebildet. Nach dem Tod beginnt die Vertrocknung der freiliegenden Lederhaut, die mit einer Farbänderung von gelb nach braun einhergeht. Mit fortschreitender Leichenliegezeit verfärbt sich die Wunde schwarzbraun. Aufgrund der zeitabhängigen Veränderung ist es sinnvoll, mögliche Schürferscheinungen nach einigen Stunden erneut zu betrachten (Grassberger und Schmid 2009; Madea 2015).

4.6.4 Stich- und Schnittwunden

Im forensischen Kontext ist wiederum die Differenzierung der Ursachen von Gewaltphänomenen entscheidend, da es sich bei dieser Form von Gewalttaten immer um gefährliche Körperverletzung (vgl. § 224 StGB) handelt. So muss zwischen Messerwunden, die häufig bei tätlichen Konflikten entstehen, sowie Wunden, die mit einem Suizid bzw. Suizidversuch einhergehen, und unfallbedingten Wunden, die u. a. durch Autounfällen zustandekommen, unterschieden werden. So lässt häufig die Richtung und der Ort der Stich- bzw. Schnittwunden einen Hinweis auf Suizide zu. Ein einzelner, nicht tiefer Stich in der Herzregion deutet auf eine Selbstbeibringung hin. Stich- und Schnittwunden an von dem Opfer nicht erreichbaren Lokalisationen (z. B. Rücken) deuten wiederum auf eine durch fremde beigebrachte Verletzung hin. Weitere Fakten, wie die Orientierung von Blutabrinnspuren, Probierschnitte und entblößte Haut, können auf eine Selbstverletzung hindeuten. Bei einer Bewegung das Tatwerkzeugs im Stichkanal zum Beispiel, wenn das Opfer sich seitlich wegbewegt, zeigt sich die Stichwunde nicht schlitzförmig, sondern in einer Schwalbenschwanzform. Abwehrverletzungen zeigen sich häufig an den oberen Extremitäten. Tiefe Einschnitte, die häufig fischmaulartig aufklappen, treten an den Handinnenflächen und den Fingerbeugeseiten auf. Werden Schnitt- und Stichwunden nach dem Tod zugeführt, sind keine Blutungen erkennbar (Madea 2015).

Die Zuordnung eines Tatwerkzeuges zu einer Stichwunde kann mitunter schwierig sein, da durch die Dehnung der Haut der Stichkanal breiter ist als das verwendete Werkzeug. Auch die Tiefe des Stichkanals korreliert nicht immer mit der Klingenlänge. So kann es sein, dass das Tatwerkzeug nicht bis zum Heft in den Körper gestochen wurde oder durch die Elastizität der Haut eine Kompression des Gewebes beim Einstechen bis zum Griff des Werkzeugs erfolgt. Lediglich aus den äußerlich sichtbaren Verletzungen (z. B.: Blutunterlaufungen durch das Auftreffen des Griffs) lassen sich Hinweise zum Tatwerkzeug finden (Madea 2015).

4.6.5 Thermisch bedingte Wunden

Die forensische Beurteilung des Schweregrades einer Verbrennung sollte 3 bis 6 Tage nach der Verbrennung vorgenommen werden, da erst in diesem Zeitraum das Ausmaß der Veränderung der Haut sichtbar ist. Die Flächenausdehnung, d. h. der Anteil der der betroffenen Hautregion an der Gesamtkörperfläche, wird mithilfe der „Neuner-Regel" ermittelt. Sie berücksichtigt die unterschiedlichen Körperproportionen von Säuglingen, Kindern und Erwachsenen. So nimmt beim Säugling der Kopf 21 % und beim Erwachsenen 9 % der Körperoberfläche ein. Zu untersuchen ist zudem die Lokalisation bzw. Verteilung der Verbrennung, da diese für die Rekonstruktion des Tathergangs entscheidend ist. Alltägliche Kontaktverbrennungen entstehen häufig im Bereich der Fingerkuppen, wohingegen der Handrücken selten betroffen ist. Im Übrigen liegt die Sterblichkeit bei fremdverursachten Verbrennung mit 30 % wesentlich höher als bei unfallbedingten Verbrennungen (2 %).

Forensisch relevant sind Hitzeschädigungen, die postmortal auftreten. Durch Änderung des Kondensationszustandes extra- und intrazellulär sowie von Körperflüssigkeiten kommt es zu temporären Aufblähungen, Schrumpfungen und Hitzerissen. Die Haut reißt durch das Schrumpfen ein. Charakteristisch ist die sogenannte Fechterstellung des Leichnams, d. h. eine Beugehaltung aller Gelenke, durch die Verkürzung der Sehnen und Muskeln. Bei der Untersuchung von hitzegeschädigten Leichen stellt sich die Frage nach dem Zeitpunkt der Schädigung (ante oder post mortem). Diese kann häufig lediglich durch die Begutachtung der inneren Organe geklärt werden, da eine Differenzierung von ante- oder postmortal geschädigter Haut durch die starke Verkohlung nicht möglich ist. Eindeutige Zeichen stellen hier nachweisbare Vitalreaktionen der Personen dar. So werden beispielsweise Rußpartikel eingeatmet, die sich in den Atemwegen nachweisen lassen. Achtung: Thermisch bedingte Veränderungen der Haut, wie Brandblasen, können durchaus auch postmortal hervorgerufen werden (Madea 2015).

Auch bei der forensischen Beurteilung einer Verbrühung ist eine Unterscheidung zwischen unfallbedingten und verursachten Verbrühungen vorzunehmen. Häufig ergibt sich dies aus den Angaben der beteiligten Personen und dem Vergleich mit dem Befund der Hitzeverletzung. Auch die Art des Verbrühungsmusters kann Hinweise auf das Verbrühungsgeschehen geben. So sind akzidentielle Übergießungsverbrühungen, beispielsweise durch einen heruntergezogenen mit kochendem Wasser gefüllten Topf, von unregelmäßigen Spritz- und Tropfmustern gekennzeichnet, wohingegen Immersionsverbrühungen, die durch das Eintauchen in heiße Flüssigkeiten entstehen, von einer scharfen Abgrenzung zu den nicht betroffenen Hautregionen (Handschuh- bzw. Strumpfmuster) gekennzeichnet sind. Aussparungen der Hautfaltungen und des Gesäßes, welches beispielsweise durch das aufpressen auf den kälteren Wannenboden entstehen, können deutliche Hinweise auf Misshandlungen liefern. Unfallbedingte Verbrühungen betreffen häufig die Körpervorderseite (Herrmann et al. 2016).

Fazit

Die äußerste Schutzschicht unseres Körpers ist Schichtweise aufgebaut:

- Haut *(Cutis)*
    - Oberhaut *(Epidermis)*
        Stratum corneum, Stratum lucidum, Stratum granulosum, Stratum spinosum, Stratum basale
    - Basalmembran *(Membrana basalis)*
        Lamina lucida, Lamina densa (Basallamina)
- Lederhaut *(Dermis, Corium)*
        Stratum papillare, Stratum reticulare
    - Unterhaut *(Subcutis)*.

Findet eine Einwirkung von möglicherweise fremdbeigebrachten körperlichen Gewalt auf den menschlichen Körper statt, so zeigt das größte Organ des Menschen meist eine deutliche Veränderung. Die Haut unterliegt dementsprechend einer besonderen Begutachtung. Bei der Einschätzung der körperlichen Gewalt (stumpfe Gewalt, scharfe und halbscharfe Gewalt, thermische Einwirkungen, Strangulation, Schüsse). Bei einer stumpfen Gewalteinwirkung mit stumpfen bzw. stumpfkantigen Flächen, die den Körper mit Druck bzw. Wucht treffen oder auf die der sich bewegende Körper auftrifft, treten Hautschürfungen über Blutunterlaufungen bis Risswunden und möglicherweise innere Verletzungen auf. Werden spitze oder schneidende Werkzeuge eingesetzt (scharfe bzw. halbscharfe Gewalt), ergeben sich charakteristische Wundmuster, wie Stich- und Schnittwunden sowie Hiebwunden. Der Wundrand stellt sich dabei geradlinig und glattrandig dar, wodurch eine Abgrenzung zur Riss-Quetsch-Wunde möglich ist. Thermische Gewalteinwirkungen können Verbrühungen und Verbrennungen sein.

Reparaturvorgänge der geschädigten Organe bzw. Gewebe laufen für alle Gewebearten in gleichen Schritten ab. Dabei wird die Blutung gestoppt und die Morphologie sowie möglichst die Funktion des Gewebes wiederhergestellt. Die einzelnen Prozesse der Wundheilung überlappen und stellen sich wie folgt dar:

1. Exsudationsphase (Hämostase),
2. Resorptionsphase (Entzündungsvorgänge [auch Inflammation]),
3. Proliferationsphase (Bildung von Granulationsgewebe und die Angiogenese) und Reepithelialisierung (Wiederaufbau der Epithelschicht),
4. Remodellierungsphase (Umbau des Granulationsgewebes).

Für die Rekonstruktion des Tathergangs wird von fremdbeigebrachte Wunden bzw. Hautveränderungen ihre: Lokalisation (z. B. über dem rechten Augenlied), Lage zueinander (verstreut), Größe (Länge und Breite), Richtung (schräg), Form (stichförmig), Art (klaffend), Art der Wundränder (glatt), Art des Wundgrunds (keine Gewebebrücken), Wundwinkel (spitz), Art der Versorgung (genäht) und die Färbung (rot) aufgenommen. Diese forensischen Parameter sollten photodokumentiert werden. Im besten Fall wird ein Scan der Körperoberfläche durchgeführt. Entscheidend ist das Alter der Hautveränderungen (frisch, einige Tage alt, in Abheilung begriffen) und ob die Wunde prämortal (vor dem Tode bzw. ante mortem) oder postmortal (nach dem Tode) entstand. Untersucht werden dazu die vitalen Reaktionen auf ein Trauma zu Lebzeiten (Blutung, Wundheilung etc.). Beachtet werden sollte zudem die Spurensicherung bei der Feststellung einer Fremdbeibringung der Verletzungen.

Literatur

Autschbach R, Jacobs M, Neumann UP (2012) Chirurgie in 5 Tagen, Bd 1, 1. Aufl. Springer Medizin, Heidelberg

Berg F (2016) Angewandte Physiologie, Bd 1, 4. Aufl. Thieme, Stuttgart

Betz P (1999) Histologische Kriterien zur Altersschätzung menschlicher Hautwunden. Rechtsmedizin 9:163–169

Clusmann H, Heidenreich A, Pallua N et al (2012) Chirurgie… in 5 Tagen Bd 5, 1. Aufl. Springer, Berlin

Dettmeyer R, Verhoff M (2011) Rechtsmedizin, 1. Aufl. Springer, Berlin

Ebert LC, Flach P, Schweitzer W et al (2016) Forensic 3D surface documentation at the Institute of Forensic Medicine in Zurich – Workflow and communication pipeline. J Forensic Radiol Imaging 261:1–7

Furter S, Jasch KC (2007) Crashkurs Dermatologie, 1. Aufl. Elsevier GmbH, Urban & Fischer, München

Gauchotte G, Wissler MP, Casse JM et al (2013) FVIIIra, CD15, and tryptase performance in the diagnosis of skin stab wound vitality in forensic pathology. Int J Legal Med 127(5):957–965

Grassberger M, Schmid H (2009) Todesermittlung – Befundaufnahme & Spurensicherung. Ein praktischer Leitfaden für Polizei, Juristen und Ärzte. Springer, Vienna

Grassberger M, Türk EE, Yen K (2013) Klinisch-forensische Medizin, 1. Aufl. Springer, Wien

Grellner W, Madea B (2007) Demands on scientific studies: vitality of wounds and wound age estimation. Forensic Sci. Int. 165:150–154

Heitmeyer W, Hagan J (2002) Internationales Handbuch der Gewaltforschung, 1. Aufl. Westdeutscher Verlag GmbH, Wiesbaden

Herrmann B, Saternus KS (2007) Biologische Spurenkunde – Kriminalbiologie, Bd 1, 1. Aufl. Springer, Berlin

Herrmann K, Trinkkeller U (2015) Dermatologie und medizinische Kosmetik – Leitfaden für die kosmetische Praxis, 3. Aufl. Springer, Berlin

Herrmann B, Dettmeyer R, Banaschak S et al (2016) Kindesmisshandlung – Medizinische Diagnostik, Intervention und rechtliche Grundlagen, 3. Aufl. Springer, Berlin

Hunger H, Dürwald W, Tröger HD (1993) Lexikon der Rechtsmedizin, 1. Aufl. Kriminalistik, Leipzig

Koolman J, Röhm KH (2003) Taschenatlas der Biochemie, 3. Aufl. Thieme, Stuttgart

Kostadinova-Petrova I, Mitevska E, Janeska B (2017) Histological Characteristics of Bruises with Different Age. Open Access Maced J Med Sci 5(7):813–817

Li N, Du Q, Bai R et al (2018) Vitality and wound-age estimation in forensic pathology: review and future prospects. Forensic Sci Res 3(1):1–10

Lippert H (2012) Wundatlas: Kompendium der komplexen Wundbehandlung, 3. Aufl. Thieme, Stuttgart

Madea B (2015) Rechtsmedizin: Befunderhebung, Rekonstruktion, Begutachtung, 3. Aufl. Springer Medizin, Berlin

Madea B, Dettmeyer R, Mußhoff F (2007) Basiswissen Rechtsmedizin – Befunderhebung, Rekonstruktion, Begutachtung, 2. Aufl. Springer Medizin Berlin, Heidelberg

Neumayer B, Hassler E, Petrovic A et al (2014) Age determination of soft tissue hematomas. NMR Biomed 27:1397–1402

Nuzzolese E, Vella GD (2012) The development of a colorimetric scale as a visual aid for the bruise age determination of bite marks and blunt trauma. JFOS. 30(2):1–6

Park S, Gonzalez DG, Guirao B et al (2017) Tissue-scale coordination of cellular behavior promotes epidermal wound repair in live mice. Nat Cell Biol 19(2):155–163

Popitz H (1986) Phänomene der Macht: Autorität, Herrschaft, Gewalt, Technik, 1. Aufl. Mohr, Tübingen

Randeberg LL, Haugen OA, Haaverstad R (2006) A novel approach to age determination of traumatic injuries by reflectance spectroscopy. Lasers Surg Med 38:277–289

Rost T, Kalberer N, Scheurer E (2017) A user-freindly technical set-up for infrared photography of forensic findings. FSI 278:148–155

Safferling K, Sütterlin T, Westphal K et al (2013) Wound healing revised: a novel reepithelialisation mechanism revealed by in vitro and in silico models. J Cell Biol 203(4):691–709

Scafide KRN, Sheridan DJ, Campbell J et al (2013) Evaluating change in bruise colorimetry and the effect of subject characteristics over time. Forensic Sci Med Pathol 9(3):367–376

Sieswerda-Hoogendoorn T, Postema FAM, Verbaan D et al (2014) Age determination of subdural hematomas with CT and MRI: a systematic review. Eur J Radiol 83(7):1257–1268

Stephenson T (1997) Ageing of bruising in children. J R Soc Med 90:312–314

Sterry W (2011) Kurzlehrbuch Dermatologie, 1. Aufl. Thieme, Stuttgart

Sütterlin T, Tsingos E, Bensaci J et al (2017) A 3D self-organizing multicellular epidermis model of barrier formation and hydration with realistic cell morphology based on EPISIM. Sci Rep 7:43472

Wild T, Auböck J (2007) Manual der Wundheilung – Chirurgisch-dermatologischer Leitfaden der modernen Wundbehandlung, 1. Aufl. Springer, Wien

Wörtliche T (2014) Das Mörderische neben dem Leben. Ein Wegbegleiter durch die Welt der Kriminalliteratur, 1. Aufl. CulturBooks Verlag, Hamburg

Zettl UK, Lehmitz R, Mix E (2005) Klinische Liquordiagnostik, 2. Aufl. Walter de Grutyer GmbH, Berlin

Zilles K, Tillmann BN (2010) Anatomie, 1. Aufl. Springer, Berlin

Bioinformatische Grundlagen

Neben den bisher bereitgestellten biologischen Grundlagen sollten nun die wichtigsten Elemente der Bioinformatik, die im forensischen Kontext eine Rolle spielen, erläutert werden. Wie in Abschn. 1.2.2 bereits erwähnt, nimmt die Rolle der DNA-Analyse und Analytik im Umfeld der Forensik einen immer größeren Stellenwert ein. Wie können die relevanten Abschnitte auf unserem Genom, welche eine entscheidende Rolle in der Forensik spielen, gefunden und interpretiert werden?

▶ **Hinweis zu diesem Kapitel** Die Probleme in Forschung und Anwendung der Bioinformatik, welche als Herausforderung vor mehr als einer Dekade gestellt wurden, lassen sich auf die momentanen Aufgaben der Forensik übertragen. Das ist zum einen der Umgang mit großen Datenmengen, deren Integration und Austausch sowie das Fehlen geeigneter Algorithmen und Verfahren. Sicher ist, dass nicht alle bioinformatischen Methoden einen direkten Bezug zur Forensik darstellen. Gerade das Zeitalter der Hochdurchsatzsequenzierung ermöglicht in der Zukunft eine immer strengere Vernetzung von Bioinformatik und Forensik. Neben der Detektion und Analyse von DNA-Abschnitten, die zur Identifizierung verwendet werden, spielen Fragen der Analyse von biologischen Massendaten, im Sinne der Big Data, eine herausragende Rolle. Die auch in Deutschland häufig diskutierte DNA-Phänotypisierung ist das wohl deutlichste Beispiel. Mit der Möglichkeit, anhand von DNA-Polymorphismen äußerliche Merkmale von Personen aus einer biologischen Spur, die am Tatort sichergestellt wurde, vorherzusagen, entwickelte sich eine neue Ära der DNA-Intelligence. In Fällen, in denen es kaum bis keine Augenzeugenaussagen innerhalb eines Strafverfahrens gibt, können polizeiliche Ermittlungen durch das Einbeziehen derartiger Analysen unterstützt werden. Auch für Fälle, in denen die Suche nach dem

© Springer-Verlag GmbH Deutschland, ein Teil von Springer Nature 2018
D. Labudde und M. Mohaupt, *Bioinformatik im Handlungsfeld der Forensik,*
https://doi.org/10.1007/978-3-662-57872-8_5

ermittelten DNA-Profil in der Datenbank erfolglos bleibt oder sich die Spur für die Personenidentifikation nicht eignet, können so weitere ermittlungsunterstützende Informationen erlangt werden. Zu den phänotypischen Merkmalen zählen: Körpergröße, Augenfarbe, Haarfarbe, Hautfarbe und Gesichtsmorphologie. Weitere Informationen zum Thema DNA-Phänotypisierung entnehmen Sie bitte dem Buch: *Forensik in der digitalen Welt – Moderne Methoden der forensischen Fallarbeit in der digitalen und digitalisierten realen Welt* von Dirk Labudde und Michael Spranger (2017). Neben reinen Sequenzdaten werden auch Fragen nach biologischen Mechanismen und Prozessen für neuartige forensische Methoden immer häufiger gestellt.

In Kap. 2, 3 und 4 wurden das Hämoglobin und dessen Derivate als Stützpfeiler der Analyse dargestellt. Eine exakte Interpretation der Ergebnisse ist nur mit biologischem und bioinformatischem Wissen möglich. Der Zusammenhang zwischen den Strukturvarianten eines Biomoleküls und dem Nachweis morphologischer Veränderungen stellt die eigentliche Grundlage für die Forensik dar.

Die Bioinformatik generiert den Zusammenhang zwischen sequenziellen, strukturellen und funktionellen Erscheinungsformen, welche genutzt werden können, um forensisches Wissen effizient abzuleiten. Das menschliche Genom, der Genotyp, determiniert einen wichtigen Teil des menschlichen Phänotyps. An dieser Stelle sei erneut darauf hingewiesen, dass nicht nur unsere Gene für unser (äußeres) Erscheinungsbild verantwortlich sind, sondern auch epigenetische Faktoren sowie die Expression dieser Gene (Jaenisch und Bird 2003). Variationen (Mutationen) von Sequenzen können nachweislich Auswirkungen auf die Struktur und/oder die Funktion von Biomolekülen haben. Diese Variationen können lediglich mittels Sequenzvergleich dieser Biomoleküle nachgewiesen und beurteilt werden.

5.1   Vergleich von biologischen Sequenzen

Unser menschliches Genom stellt sich aus Sicht der Bioinformatik als Zeichenfolge der vier Nukleotide, welche durch die vier Basen (Adenin A, Guanin G, Cytosin C und Thymin T) unterschieden werden können, dar. Den Unterschied im Genotyp zu suchen, bringt Hinweise auf die Unterschiede im Phänotyp. Nicht zuletzt stellt das menschliche Genom die Basis für das Proteom unter Berücksichtigung der Regulation dar. Der Phänotyp ist korreliert mit dem bioinformatischen Begriff des Proteoms, welcher die Menge aller zu einem definierten Zeitpunkt und in einem Zellkompartiment produzierten Genprodukte im Sinne der Proteine umfasst. Proteine können ihre Funktion nur ausüben, wenn sie eine vermittelnde Struktur ausbilden (vgl. Abb. 5.1a).

Das zentrale Dogma der Molekularbiologie (vgl. Abschn. 2.3) stellt neben dem Informationsfluss auch eine Basis für zu betrachtende Sequenzen dar. Neben DNA-Sequenzen spielen RNA- und Proteinsequenzen eine wichtige Rolle im Analyseprozess

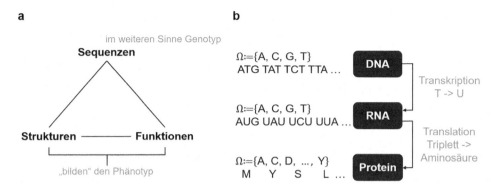

Abb. 5.1 Zusammenhang Sequenz, Struktur und Funktion und Beziehung zu den Begriffen Genotyp und Phänotyp

der Bioinformatik. Diese Analysen sind elementar für den Wissensgewinn biologischer Sachverhalte auf den folgenden Gebieten: Evolution, Krankheitsbilder und Medikamententwicklung. Eine grundlegende Aufgabe der Bioinformatik ist die Analyse und Auswertung während der Evolution aufgetretener Mutationen und deren Folgen. Die so gewonnenen statistischen Aussagen können in der modernen Forensik verwendet werden (vgl. Abschn. 9.2). Unabhängig davon, ob eine Sequenz auf DNA-, RNA- oder Proteinebene dargestellt und Analysiert werden soll, lässt sie sich als Wort über einem Alphabet verstehen. Der Prozess der Proteinbiosynthese lässt sich somit als Transformation von Sequenzen unterschiedlicher Alphabete informatisch darstellen (vgl. Abb. 5.1b).

▶ **Hinweis**
Stellen wir uns einmal folgende Situation vor:
  Bei einer Abgasuntersuchung werden an der vorderen Stoßstange Blutspuren entdeckt. Der Dekra-Angestellte gibt diese Information an zuständige Behörden weiter. Im forensischen Alltag würde man das Blut auf die Frage „Tierisch oder menschlich?" prüfen. Um die Leistungsfähigkeit der Bioinformatik darzustellen, überlegen wir uns ein Verfahren zum Nachweis auf Sequenzebene. Wir gehen in diesem Fall davon aus, dass wir Hämoglobin aus der Blutprobe extrahieren und sequenzieren können. In Tab. 5.1 sind mögliche Tiere aufgelistet, von denen das Blut stammen könnte.

Die hier vorgestellten Werkzeuge (auch Tools) können für die Sequenzen der verschiedenen Biomoleküle Anwendung finden. Ziel dieser Tools ist es, Unterschiede bzw. Gemeinsamkeiten in Sequenzen zu visualisieren, quantifizieren und analysieren. Die einfachste Form, zwei Sequenzen miteinander zu vergleichen, stellt das Dotplot (Punktediagramm) nach Gibbs und McIntry (1970) dar. Dabei werden zwei Sequenzen A und B an einer Matrix M, deren Dimensionen $m \times n$ sich aus den Längen der Sequenzen (m und n) ergibt, ausgerichtet. Im einfachsten Fall werden bei identischen Positionen definierte Zeichen in die

Tab. 5.1 Dargestellt sind die 12 Spezies mit ihren Alternativnamen und lateinischen Namen, des Weiteren die dazugehörige Taxonomie-ID sowie die Sequenz-ID des Hämoglobin alpha der zu analysierenden Organismen

Alternativer Name	Wissenschaftlicher Name	Taxonomie-ID	Sequenz-ID
Braunbrustigel	*Erinaceus europaeus*	9365	XP_007528031.1
Europäischer Maulwurf	*Talpa europaea*	9375	P01951.1
Feldhase	*Lepus europaeus*	9983	3LQD_A
Haushund	*Canis lupus familiaris*	9615	NP_001257815.1
Hauskatze	*Felis catus*	9685	XP_003999021.1
Hauspferd	*Equus caballus*	9796	NP_001078900.1
Hausrind	*Bos taurus*	9913	NP_001070890.2
Mensch	*Homo sapiens*	9606	NP_000508.1
Rotfuchs	*Vulpus vulpus*	9627	P21200.1
Stockente	*Anas platyrhynchos*	8839	ACT81100.1
Uhu	*Bubo bubo*	507945	AFI56235.1
Wildschwein	*Sus scrofa*	9823	XP_003481132.1

Matrix gesetzt. Dadurch entstehen Diagonalen bzw. Nebendiagonalen, die identische Regionen in beiden Sequenzen anzeigen. Ein Dotplot kann sowohl aus Nukleotid- als auch Proteinsequenzen erstellt werden.

Der Vergleich zweier Sequenzen führt zur Definition der Sequenzidentität, -ähnlichkeit bzw. -homologie. Unter Sequenzidentität versteht man den Anteil der identischen Positionen zwischen zwei oder mehrerer Sequenzen. Die Sequenzähnlichkeit setzt sich aus zwei Bestandteilen zusammen: den identischen und den isofunktionellen Entsprechungen (vgl. Abschn. 2.2.3). Der Begriff Homologie beschreibt lediglich die Verwandtschaft bzw. verwandtschaftliche Beziehungen zweier oder mehrerer Sequenzen.

Ausgehend von der Abb. 5.2, lässt sich feststellen, dass es in einem Dotplot Bereiche unterschiedlicher Länge auftreten. Man geht von der Hypothese aus, dass kurze Bereiche keine biologische Relevanz aufweisen, sondern zufallsbdeingt durch die Begrenztheit der Alphabete entstehen. Diese sollten für eine höhere Auswertbarkeit aus dem Dotplot entfernt werden. Für diesen Prozess existieren verschiedene Filtermethoden. Wir unterscheiden die Fenstermethode (nach Maizel und Lenk 1981) und die Wortmethode (nach Lipman et al. 1984). In der Fenstermethode werden Felder der Matrix nicht einzeln bewertet, sondern über Fenster mit einer wohldefinierten Länge. Übersteigt die Summe der Werte eines betrachteten Fensters eine bestimmte Schwelle, so wird in der Mitte des Fensters ein Punkt gesetzt. Um die gesamte Matrix zu bearbeiten, wird das Fenster um je ein Feld weitergesetzt. Der Schwellenwert wird auch als Stringenz bezeichnet. Durch die Variation des Schwellenwertes kann die Übersichtlichkeit des Doplots reguliert werden. Ein hoher Schwellenwert verfolgt das Ziel, nur identische Abschnitte darzustellen. Ein niedrigerer Schwellwert würde zu ähnlichen Abschnitten führen. Der in der Literatur

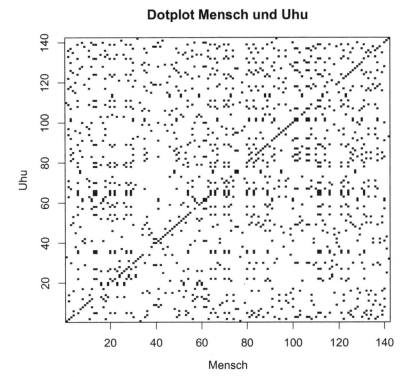

Abb. 5.2 Bezugnehmend auf Tab. 5.1 kann die Proteinsequenz des Hämoglobins eines Uhus und des Menschen in einem Dotplot dargestellt werden. Es wurde das R-Paket *seqinr* verwendet. Als Einstellungsparameter wurde Wortgröße 1 gewählt. Auf den ersten Blick fallen große Übereinstimmungen auf der Hauptdiagonalen auf. In diesem Fall spricht man von einer hohen Identität beider Sequenzen. Erstellt wurde dieser Dotplot in R mit dem R-Paket *seqinr*

als Wortmethode eingeführte Dotplotfilter basiert auf der Suche nach kurzen Abschnitten (Wörtern) mit identischen Symbolen in der Matrix. Die Länge der jeweiligen Wörter wird zu Beginn vordefiniert. In beiden Filtermethoden kann die Stringenz auch mittels Substitutionsmatrizen und deren Antworten (Summe in den Abschnitten) definiert werden. Dies ermöglicht den Übergang von identischen zu ähnlichen (isofunktionellen) Abschnitten.

Ausgehend von den Überlegungen eines Dotplots lässt sich der Begriff Alignment einführen. Um einen objektiven Vergleich zweier Sequenzen zu ermöglichen, bedient man sich in der Bioinformatik der Technik des Alignierens.

▶ **Alignment** Unter einem Alignment versteht man das Ausrichten von Sequenzen mit dem Ziel, Entsprechungen (Übereinstimmungen) in den Sequenzen zuzuordnen und numerisch zu bewerten. Somit lassen sich Gesetzmäßigkeiten der Konservierung bzw. Variabilität beobachten. Die Konservierung beschreibt die Unveränderlichkeit

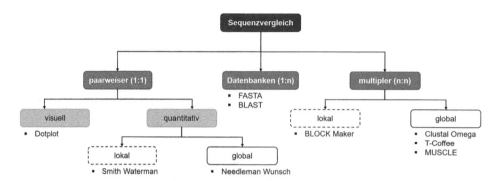

Abb. 5.3 Übersicht einer Auswahl an Sequenzvergleichsverfahren und der dazugehörigen Werkzeuge

eines Zeichens (Aminosäuren bzw. Nukleotide) an einer wohldefinierten Position im Alignment. Mithilfe des Alignments zweier oder mehrerer Sequenzen können zudem Rückschlüsse auf phylogenetische Verhältnisse gezogen werden.

Man unterscheidet im Wesentlichen zwei Arten des Alignments, das lokale und das globale Alignment, bei unterschiedlicher Anzahl von zu alignierenden Sequenzen. Abb. 5.3 gibt einen Überblick über die Sequenzverleiche und die dazugehörigen Werkzeuge.

5.2   Bewertung und Konzepte des Sequenzvergleichs

Die numerische bzw. quantitative Bewertung ergibt sich aus der Berechnung eines Scores. Man kann sich diesen Score als Editieraufwand, um eine Sequenz in eine andere umzuwandeln, vorstellen. Dieser Aufwand ergibt sich aus der Bewertung jeder einzelnen Veränderung und wird beschrieben durch ein sogenanntes Kostenmodell. Die einfachsten Maße für die Abschätzung der Sequenzähnlichkeit stellen der Hamming-Abstand und der Levenshtein-Abstand dar. Beide Abstände beruhen auf dem Auszählen von Positionen, die keine Übereinstimmungen zeigen. Der Hamming-Abstand gibt die Anzahl der Positionen mit unterschiedlichen Zeichen an. Kehren wir zu den in Abschn. 2.3.3 beschrieben SNPs zurück, so haben Personen in einem definierten Genomabschnitt den Hamming-Abstand 1, wenn sie sich an der SNP-Position unterscheiden (vgl. Abb. 5.4a). Der Hamming-Abstand setzt gleiche Sequenzlängen voraus. Der Levenshtein-Abstand kann für Sequenzen unterschiedlicher Längen verwendet werden. Er berechnet im Wesentlichen die Anzahl der Schritte, der Umformung der Sequenzen. Diese Umformungen werden auch als Abfolge von Editieroperationen bezeichnet. In Abb. 5.4b beträgt der Levenshtein-Abstand 7. In der Betrachtungsweise von Levenshtein müssen Matches, Mismatches und Lücken berücksichtigt werden. Als Match bezeichnet man die Übereinstimmung zweier Zeichen an ein und derselben Position im Alignment. Befinden

```
a                                       b
Seq. 1 GCAATCTA → SNP C                               10
Seq. 2 GCAATCTA → SNP C            Mensch DDMPN---SALSDLH
Seq. 3 GCAATATA → SNP A                   ::. .   : :::::
Seq. 4 GCAATCTA → SNP C            Uhu    DDIAGALLSKLSDLH
Seq. 5 GCAATATA → SNP A                               10
Hamming-Abstand = 1               Levenshtein-Abstand = 7
```

Abb. 5.4 Abbildung **a** zeigt Sequenzen mit SNPs. Der Hamming-Abstand zwischen der Sequenzen 1 und 3 beträgt 1. In Abbildung **b** ist ein exemplarischer Ausschnitt eines Alignments mit den Editieroperationen Match (:), Mismatch (), Substitution (.) sowie Insertion bzw. Deletion (-) angegeben. Die beiden Sequenzen (Mensch und Uhu) weisen hier durch die 7 notwendigen Editieroperationen den Levenshtein-Abstand 7 auf

sich zwei unterschiedliche Zeichen an einer Position, spricht man von einem Mismatch. Die Definition der Lücke leitet sich aus den möglichen biologischen Prozessen der Insertion (Einfügen) und Deletion (Löschen) ab. Um aus dem Sequenzabschnitt des Hämoglobins des Menschen den korrespondierenden Sequenzabschnitt des Uhus zu erhalten, sind 7 Schritte notwendig.

Um den Gesamtaufwand bestimmen zu können, werden Kosten für Insertion und Deletion, im Weiteren als Lückenkosten bezeichnet, und für den Austausch von Bausteinen in den Sequenzen benötigt. Eine Möglichkeit wäre, diese Austausche aus den physikochemischen Eigenschaften herzuleiten. Dies bedarf aber großer mathematischer Konstrukte, die in der Mehrdeutigkeit der Aminosäuren bzw. Basen auf chemischer Grundlage und variierenden natürlichen relativen Häufigkeiten beruhen. Daher bedient man sich biologischer Beobachtungen. Biologische Beobachtungen werden aus homologen und funktionsfähigen Sequenzen mittels statistischer Verfahren abgeleitet. Diese Verfahren entsprechen einem adäquaten Vorgehen bei der Bestimmung von Mutationsraten. Man erhält somit Austauschmatrizen (Substitutionsmatrizen), die die gewichtete relative Wahrscheinlichkeit angeben, mit der eine Aminosäure gegen einen andere ausgetauscht bzw. substituiert werden kann. Die am häufigsten verwendeten Matrizen sind die BLOSUM *(Blocks Substitution Matrix)* (nach Henikoff S. und Henikoff J. G. 1992) und die PAM-Matrix *(Point Accepted Mutation)* (nach Dayhoff et al. 1978). In Abb. 5.5 ist beispielhaft die BLOSUM62 dargestellt. Positive Werte in der Matrix symbolisieren positive Selektionen, die in der Natur bevorzugt werden. Der Matrixwert 0 zeigt uns einen Wert analog des Zufalls. Bei negativen Matrixelementen sprechen wir von negativer Selektion, also Austausche, die nicht bevorzugt werden. Wie Beobachtungen in der Natur zeigen, werden konservative Austausche bevorzugt. Die Elemente der Hauptdiagonalen würden die Substitution derselben Aminosäure beschreiben. Diese Elemente repräsentieren in unserem Kontext jedoch die relative Mutierbarkeit einer Aminosäure und werden ebenfalls statistisch ermittelt.

BLOSUM62

hydrophil
hydrophob
sauer
basisch
aromatisch

	C	S	T	P	A	G	N	D	E	Q	H	R	K	M	I	L	V	F	Y	W
C	9	-1	-1	-3	0	-3	-3	-3	-4	-3	-3	-3	-3	-1	-1	-1	-1	-2	-2	-2
S	-1	4	1	-1	1	0	1	0	0	0	-1	-1	0	-1	-2	-2	-2	-2	-2	-3
T	-1	1	5	-1	0	-2	0	-1	-1	-1	-2	-1	-1	-1	-1	0	-2	-2	-2
P	-3	-1	-1	7	-1	-2	-2	-1	-1	-1	-2	-2	-1	-2	-3	-3	-2	-4	-3	-4
A	0	1	0	-1	4	0	-2	-2	-1	-1	-2	-1	-1	-1	-1	-1	0	-2	-2	-3
G	-3	0	-2	-2	0	6	0	-1	-2	-2	-2	-2	-2	-3	-4	-4	-3	-3	-3	-2
N	-3	1	0	-2	-2	0	6	1	0	0	1	0	0	-2	-3	-3	-3	-3	-2	-4
D	-3	0	-1	-1	-2	-1	1	6	2	0	-1	-2	-1	-3	-3	-4	-3	-3	-3	-4
E	-4	0	-1	-1	-1	-2	0	2	5	2	0	0	1	-2	-3	-3	-2	-3	-2	-3
Q	-3	0	-1	-1	-1	-2	0	0	2	5	0	1	1	0	-3	-2	-2	-3	-1	-2
H	-3	-1	-2	-2	-2	-2	1	-1	0	0	8	0	-1	-2	-3	-3	-3	-1	2	-2
R	-3	-1	-1	-2	-1	-2	0	-2	0	1	0	5	2	-1	-3	-2	-3	-3	-2	-3
K	-3	0	-1	-1	-1	-2	0	-1	1	1	-1	2	5	-1	-3	-2	-2	-3	-2	-3
M	-1	-1	-1	-2	-1	-3	-2	-3	-2	0	-2	-1	-1	5	1	2	1	0	-1	-1
I	-1	-2	-1	-3	-1	-4	-3	-3	-3	-3	-3	-3	-3	1	4	2	3	0	-1	-3
L	-1	-2	-1	-3	-1	-4	-3	-4	-3	-2	-3	-2	-2	2	2	4	1	0	-1	-2
V	-1	-2	0	-2	0	-3	-3	-3	-2	-2	-3	-3	-2	1	3	1	4	-1	-1	-3
F	-2	-2	-2	-4	-2	-3	-3	-3	-3	-3	-1	-3	-3	0	0	0	-1	6	3	1
Y	-2	-2	-2	-3	-2	-3	-2	-3	-2	-1	2	-2	-2	-1	-1	-1	-1	3	7	2
W	-2	-3	-2	-4	-3	-2	-4	-4	-3	-2	-2	-3	-3	-1	-3	-2	-3	1	2	11

Abb. 5.5 Die Abbildung zeigt die Substitutionsmatrix BLOSUM 62, wobei die Aminosäuren nach ihren Eigenschaften gefärbt vorliegen. Häufig besitzen Aminosäuren mit ähnlichen physiko-chemischen Eigenschaften einen positiven Wert in der Matrix (Bsp.: I und V). Die Aminosäure F (Phenylalanin) ist sowohl hydrophob als auch aromatisch, sodass sie in beiden Gruppen positive Substitutionswahrscheinlichkeiten besitzt

Veränderungen auf molekularbiologischer Ebene gehen mit Deletionen und Insertionen von Sequenzabschnitten einher. Dabei stellen Deletionen und Insertionen die häufigste Form der Sequenzvariationen dar und spielen so eine wesentliche Rolle bei der Evolution (Gu und Li 1995). Was für die eine Sequenz in einem Alignment eine Deletion ist, stellt in der anderen eine Insertion dar. Beide werden in der Umsetzung und Bewertung von Alignments als Lücken bezeichnet und bedürfen einer gesonderten Kostenbehandlung. Neben dem sogenannten linearen Lückenkostenmodell, welches konstante Kosten für Lücken vorsieht (vgl. Gl. 5.1), wird das affine Lückenkostenmodell angewandt (Gotoh 1982; Altschul und Erickson 1986; Altschul 1998). Das Vorhandensein vieler kleiner Lücken im Vergleich zu einer großen Lücke ist unwahrscheinlich, sodass das affine Lücken-kostenmodell zu einem Alignment mit weniger Lücken führt, wodurch die Qualität des Alignments gesteigert werden kann. Die Gl. 5.2 beschreibt die Berechnung der affinen Lückenkosten für eine Lücke der Größe *n*. Das Eröffnen einer Lücke *(g – gap opening penalty)* ist dabei „teurer" als das Erweitern der bestehenden Lücke *(x – gap extension penalty)*. Dies stellt ein realistischeres Modell dar. Übliche Werte bei der Verwendung einer BLOSUM62 sind −*12* für das Öffnen und −*1* für das Erweitern einer Lücke.

$$G = -g \cdot n \tag{5.1}$$

$$G = g + x \cdot (n - 1) \tag{5.2}$$

Für das Beispiel in Abb. 5.4b bedeutet dies, dass für die Lücke der Länge drei Kosten im Wert von −14 anfallen:

$$G = -12 + (-1) \cdot (3 - 1) = -14 \tag{5.3}$$

In der Praxis müssen die Lückenkosten an die jeweils verwendete Substitutionsmatrix angepasst werden. Wir werden im weiteren Verlauf, aus Gründen der Einfachheit, auf das lineare Lückenkostenmodell zurückgreifen.

5.3 Ausgewählte Methoden zum Sequenzalignment

Wie in Abb. 5.3 zu sehen ist, können je nach Anwendungsbereich und Anzahl der verwendeten Sequenzen verschiedene grundlegende Methoden zum Sequenzalignment angewendet werden. In den Sequenzen, die verglichen werden sollen, lassen sich Mutationen und Deletionen sowie Insertionen beobachten. Eine Mutation wird auch als Substitution bezeichnet und beschreibt den Austausche von Sequenzbausteinen. Bei einer Deletion bzw. Insertion hingegen meint man das Löschen oder Einfügen von Sequenzbausteinen. Die Bewertung dieser Änderungen in einer oder mehreren Sequenzen erfolgt mit den bereits vorgestellten Substitutionsmatrizen und dem linearen Lückenkostenmodell. Für die Identifizierung der Änderungen nutzt jede der Sequenzalignmentmethoden Editieroperationen, die verwendet werden, um eine Sequenz in eine andere zu überführen. In Abb. 5.6 sind die Editieroperationen Match, Mismatch bzw. Substitution sowie Insertion/Deletion ersichtlich.

5.3.1 Methoden des paarweisen Sequenzalignments

Kehren wir zu unserem Beispiel aus Tab. 5.1 zurück. Die Sequenz des Hämoglobins des Menschen und die dazu homologe Sequenz des Uhus sollen nun exakt aligniert werden. Wie wir im Dotplot gesehen haben, stimmen beide Sequenzen in großen Abschnitten auf der Hauptdiagonale überein. In einem solchen Fall sollte man ein globales paarweises Alignment für zwei Sequenzen verwenden, welches von Needleman und Wunsch (1970) vorgeschlagen wurde.

Der Algorithmus von Needleman und Wunsch (vgl. Abb. 5.7) basiert im Wesentlichen auf dem Verfahren der dynamischen Programmierung (nach Bellman 1952). Beim dynamischen Programmieren unterteilt man das Problem in Einzelentscheidungen und

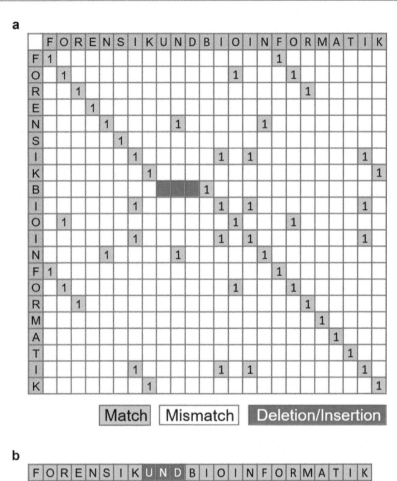

Abb. 5.6 In der Darstellung werden die Editieroperationen für den Sequenzvergleich zweier konstruierter Sequenzen gezeigt. **a** In diesem Dotplot der beiden Sequenzen „FORENSIKUND-BIOINFORMATIK" und „FORENSIKBIOINFORMATIK" sind mögliche Editieroperationen eingezeichnet, die für die Überführung einer Sequenz in die andere notwendig sind. Bei Übereinstimmungen spricht man von einem Match (orange). Eine Nichtübereinstimmung (Mismatch) ist weiß hinterlegt. Das „UND" wurde entweder in der einen Sequenz gelöscht (Deletion – blau) oder in die andere Sequenz eingefügt (Insertion – blau). Das Ergebnis kann als Alignment dargestellt werden (**b**)

kleiner dimensionierte Probleme. Die Lösung des Gesamtproblems ergibt sich am Ende durch alle getroffenen Einzelentscheidungen. Stellen wir uns einen Wanderer in einem für ihn fremden Territorium vor. Er möchte möglichst schnell dieses Gebiet durchqueren, aber auf den vorgegebenen Wegen bleiben. Theoretisch müsste er jede mögliche Kombination der einzelnen Wege testen, damit er den optimalen Pfad zum Ziel finden kann. Als Entscheidungskriterien hat er Kenntnisse über die Länge einzelner Wege und

Initialisierung

Seq. 1 MFLSFP
Seq. 2 MFMFP

✓ Festsetzen der Kostenmodelle
   Substitutionsmatrix: BLOSUM62
   Lückenkosten: linear -10

✓ Matrixränder aufsteigende Lückenkosten

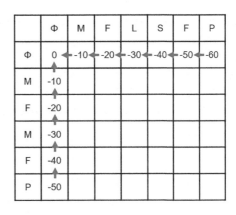

Auffüllen der Matrix
✓ Berechnung der Matrixelemente (Rekursionsformel):

Lücke   Match/Mismatch   Lücke

$$D(i,j) = \max\{D(i-1,j) + d(a_i,\Phi), D(i-1,j-1) + d(a_i,b_j), D(i,j-1) + d(\Phi,b_j)\}$$

$$D(i,j) = \max\{\quad 11 \quad + \quad -10, \quad -5 \quad + \quad 0, \quad -15 \quad + (-10)\ \} = 1$$

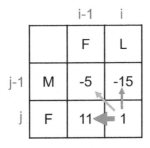

	Φ	M	F	L	S	F	P
Φ	0	-10	-20	-30	-40	-50	-60
M	-10	5	-5	-15	-25	-35	-45
F	-20	-5	11	1	-9	-19	-29
M	-30	-15	1	13	3	-7	-17
F	-40	-25	-9	3	11	9	-1
P	-50	-35	-19	-7	2	7	16

Traceback
✓ Zurückverfolgen des optimalen Weges
✓ Start bei M(n+1,m+1)
✓ Ende bei M(1,1)

M	F	L	S	F	P
M	F	-	M	F	P

	Φ	M	F	L	S	F	P
Φ	0	-10	-20	-30	-40	-50	-60
M	-10	5	-5	-15	-25	-35	-45
F	-20	-5	11	1	-9	-19	-29
M	-30	-15	1	13	3	-7	-17
F	-40	-25	-9	3	11	9	-1
P	-50	-35	-19	-7	2	7	16

Abb. 5.7 Die Abbildung zeigt den Ablauf des globalen paarweisen Alignment-Algorithmus nach Needleman und Wunsch. Die Berechnung in diesem Beispiel kann unter Berücksichtigung der Substitutionsmatrix in der Abb. 10.5 nachvollzogen werden

deren Schwierigkeitsgrad. Mithilfe dieser sogenannten Kosten kann er alle möglichen Wege abschätzen. Dazu zerlegt er das Netzwerk der Wege In alle möglichen Pfade und bewertet diese. Am Ende kann er den Weg mit den geringsten Kosten (optimaler Weg) einschlagen. Dieses Beispiel soll das Prinzip der dynamischen Programmierung verdeutlichen.

Für das Durchführen von Sequenzalignments werden die Sequenzen auf ihre einzelnen Bausteine und deren Alignierungsmöglichkeiten reduziert. Den Alignierungsmöglichkeiten entsprechen die bereits erwähnten Editieroperationen. Die Bewertung dieser Editieroperationen erfolgt mittels Substitutionsmatrizen und des korrespondierenden Lückenmodells. Dabei werden die Sequenzen an eine Matrix M der Größe $n \times m$ angetragen. Jedes mögliche Alignment entspricht einem Pfad in dieser Matrix. Der Algorithmus kann wie folgt verallgemeinert werden: Es seien zwei möglicherweise unterschiedlich lange Sequenzen gegeben: $A = a_1 a_2 \ldots a_n$ und $B = b_1 b_2 \ldots b_m$, wobei a_i und b_j Elemente einer Alphabetmenge Ω sind. Um die Deletion und Insertion abbilden zu können, wird die Alphabetmenge der 20 vorkommenden kanonischen Aminosäuren um das Element Φ erweitert. Wobei Φ einer Lücke (Nullzeichen) entspricht. Die Editieroperationen, um Sequenz A in Sequenz B umzuwandeln können, wie folgt formalisiert werden:

- Substitution von a_i durch b_j – dargestellt als (a_i, b_j),
- Deletion von a_i aus der Sequenz A – dargestellt als (a_i, Φ),
- Deletion von b_j aus der Sequenz B – dargestellt als (Φ, b_j).

Eine Kostenfunktion d ist durch die Editieroperationen definiert

- $d(a_i, b_j) =$ Kosten einer Substitution
- $d(a_i, \Phi)$ und $d(\Phi, b_j) =$ Kosten einer Deletion oder Insertion

Die minimale, gewichtete Distanz zwischen den Sequenzen A und B ist definiert als:

$$D(A, B) = \min \sum d(x, y) \qquad (5.4)$$

und ergibt sich aus der Berechnung der in x- und y-Richtung durch Φ erweiterten Matrix M $(n + 1 \times m + 1)$.

Aus diesem Vorgehen resultieren die folgenden Schritte:

1. Initialisierung (festsetzen der Kostenmodelle und befüllen der Matrixränder mit steigenden Lückenkosten),
2. Auffüllen der Matrix (Berechnung der Matrixelemente mithilfe der Rekursionsformel Gl. 5.5),
3. Traceback (Zurückverfolgen des optimalen Weges vom Matrixelement M(m + 1, n + 1) bis M(1,1)).

Aufgrund der gewählten Substitutionsmatrizen, welche aus biologischen Beobachtungen wahrer Mutationen abgeleitet wurden, sucht der Algorithmus nach dem Optimum der betreffenden Editieroperationen. In der Literatur wird oftmals der Begriff Gap-Penalty im Sinne einer Strafe verwendet. Die isofunktionellen Austausche, welche in den Substitutionsmatrizen enthalten sind, entsprechen einer positiven Selektion. Somit ergibt sich für die Rekursion folgende Formel:

$$D(i,j) = \max\{D(i-1,j) + d(a_i, \Phi), D(i-1,j-1) + d(a_i, b_j), D(i,j-1) + d(\Phi, b_j)\}$$

$$(5.5)$$

Ist man an Sequenzabschnitten interessiert, die eine hohe Ähnlichkeit besitzen, sich aber an unterschiedlichen Positionen in den Sequenzen befinden, sollte man sich für das lokale paarweise Sequenzalignment nach Smith und Waterman (1981a, b) entscheiden (vgl. Abb. 5.8). Das lokale Alignment spielt eine wesentlich größere Rolle im Vergleich zum globalen Alignment. Aus Sicht des modularen Aufbaus von Biomolekülen werden Abschnitte dupliziert, modifiziert und an die nächste Generation weitergegeben. Damit erhöht sich das Antreffen von ähnlichen Abschnitten in unterschiedlichen Bereichen homologer Biomolekülen deutlich.

Der Algorithmus von Smith und Waterman (vgl. Abb. 5.9) basiert in wesentlichen Zügen auf den Arbeiten von Needleman und Wunsch. Lediglich drei Änderungen in der Durchführung erzielen ein lokales Alignment.

- Die Matrixränder werden auf 0 statt auf ansteigende Lückenkosten gesetzt.
- Der maximale Wert sinkt nie unter 0. Zeiger werden nur für Werte größer als 0 eingezeichnet.
- Traceback beginnt beim größten Wert der Matrix und endet bei dem Wert 0.

Die Rekursionsformel zur Berechnung der Matrixelemente muss nur geringfügig geändert werden:

$$D(i,j) = \max\{D(i-1,j) + d(a_i, \Phi), D(i-1,j-1) + d(a_i, b_j), D(i,j-1) + d(\Phi, b_j), 0\}$$

$$(5.6)$$

Beide Algorithmen werden in der Literatur als paarweises Alignment beschrieben.

▶ **Hinweis** Aus Gründen der Einfachheit wurde auf die Einführung des semi-globalen Alignments, welches ebenfalls durch die Anpassung des Needleman und Wunsch Algorithmus erzeugt werden kann, verzichtet. Informationen zum Algorithmus finden Sie in *Intrusion detection: a bioinformatics approach* von Coull et al. (2003).

Wie in den Wissenschaften üblich sollte eine Bewertung über die Qualität eines Ergebnisses erfolgen. Mathematisch gesehen erhält man für alle Alignments eine Score, ohne die Möglichkeit, biologische Relevanz zu beurteilen. Dieser Score ergibt sich bei den

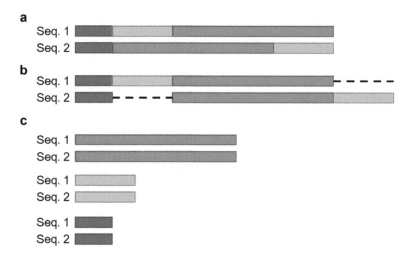

Abb. 5.8 Schematisch wird hier das Globale dem lokalen paarweisen Alignment gegenübergestellt. Die beiden Sequenzen 1 und 2 weisen 3 ähnliche Bereiche auf (**a**). In Abbildung **b** ist das globale Alignment der beiden Sequenzen zu sehen. Um einen möglichst hohen Score zu erzielen, werden Lücken so eingefügt, dass die orange gefärbten Bereiche untereinanderstehen. Dabei wird die Ähnlichkeit der grünen Region nicht im Alignment repräsentiert. **c** zeigt die lokalen Alignments der beiden Sequenzen. Alle ähnlichen Bereiche stehen nun untereinander

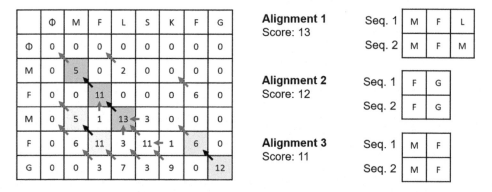

Abb. 5.9 Dieses exemplarische Ergebnis der Durchführung des Smith und Waterman-Algorithmus für das lokale paarweise Sequenzalignment von zwei Sequenzen zeigt die Auswirkung der drei Änderungen im Ablauf des Verfahrens. So werden die Matrixränder mit null initialisiert. Bei negativen Ergebnissen der drei möglichen Editieroperationen wird das Matrixelement auf null gesetzt und kein Zeiger (Pfeil) eingezeichnet. Das Traceback beginnt beim größten Wert der Matrix (13) und endet bei der ersten Null. Danach werden alle Matrixelemente dieses optimalen Pfades auf null gesetzt, und das Traceback beginnt erneut (bei 12). So ergeben sich diese drei Alignments

beiden Algorithmen (Needleman und Wunsch sowie Smith und Waterman) durch die Berechnung der Matrixelemente. Bei dem Needleman und Wunsch-Algorithmus korrespondiert der Score mit dem Matrixelement $M(m + 1, n + 1)$. Im Gegensatz dazu entspricht der Score beim Smith und Waterman-Algorithmus dem größten Wert der Matrix.

In der Biologie ist es üblich, die Frage nach der Zufälligkeit eines Ereignisses zu stellen. In diesem Zusammenhang spricht man von statistischer Signifikanz und daraus evtl. folgender biologischer Signifikanz. Im weiteren Verlauf des Kapitels werden drei Maße für die Signifikanz vorgestellt. Übertragen auf ein Alignment bedeutet dies: Ist der Score eines Alignments signifikant größer als der zu erwartende Scoer zufällig gewählter bzw. randomisierte Sequenzen, und folgt daraus eine signifikante Ähnlichkeit der verglichenen Biomoleküle in Hinblick auf die molekulare Funktion? Aus diesem Grund wird der ermittelte Score S mit Werten aus einer zufälligen Verteilung von Score-Werten verglichen. Man definiert sich daraus den sogenannten Z-Wert auch Z-Score genannt (Gl. 5.7) (Comet et al. 1999).

Anhand einer Menge von Alignment-Scores, welche mit zufällig erzeugten Sequenzen gleicher Länge und Basen- bzw. Aminosäurehäufigkeiten wie die zu vergleichenden Sequenzen erzeugt wurden, wird der zu erwartende Score $\bar{S}$ anhand des arithmetischen Mittels geschätzt (Lipman et al. 1984). Bei dieser Form des Permutationstest spricht man von einer Squenzrandomisierung. Daraus bestimmt man den Mittelwert $\bar{S}$ der jeweiligen Scores und die damit korrespondierende Standardabweichung σ_S.

$$Z = (S - \bar{S})/\sigma_s \tag{5.7}$$

Ein Z-Wert gilt als signifikant, wenn der beobachtete Score deutlich höher ist als der Mittelwert der zufällig erstellten Alignments, d. h. je höher der Z-Score ist, desto geringer ist die Wahrscheinlichkeit, dass der berechnete Score und die zugrunde liegende Sequenzähnlichkeit als nicht zufallsbedingt angenommen werden kann. Ein Z-Score von 0 bedeutet, dass der beobachtete Score nicht größer ist als der eines „zufälligen Alignments". Ab einem Score von größer 2 geht man von einem „nicht zufälligen Alignment" bzw. erhaltenen Score aus. Zu beachten ist dabei das, auch bei hinreichend großem Z-Score die abgeleitete Ähnlichkeit trotz alledem zufallsbedingt hervorgehen kann. In diesem Fall spricht man von falsch-positiven Ergebnissen. So beträgt die Wahrscheinlichkeit einen Z-Score >2 für zwei zufällig erzeugte Sequenzen zu beobachten immerhin 2,5 %. Wird eine hinreichend große Datendomäne betrachtet, sind somit falsch-positive Ergebnisse zufallsbedingt zu erwarten. Um dies zu umgehen muss in diesem Fall ein höherer Z-Score Schwellwert angenommen werden. So folgt, dass biologisch relevante Alignments rigoros gefiltert werden können. Im Falle eines hinreichend hohen Z-Scores, zum Bespiel größer 8 bei Genomanalysen, reden wir von einem statistisch signifikanten Ergebnis (Bastien et al. 2004).

Um diese Probleme zu adressieren bedarfs es somit komplexere Ansätze zur Bewertung der statistischen Signifikanz. Diese werden in den folgenden Abschnitten besprochen.

5.3.2 Multiples Sequenzalignment

Wie in Abschn. 2.2.3 beschrieben, lokalisiert sich die Funktion eines Biomoleküls in einer geringen Anzahl von Resten, welche erst durch die Faltung in eine wohldefinierte Nähe gelangen. In diesem Zusammenhang wird oft vom aktiven Zentrum gesprochen. Für das hier vorgestellte Hämoglobin des Menschen sind es die Reste H 59, K 62, V 63, L 87, H 88, F 99 und L 102. Am Ende eines globalen multiplen Sequenzalignments (MSA) sollten diese Reste in all unseren verwendeten Organismen (vgl. Tab. 5.1) hoch konserviert sein. Ein MSA verwendet man, um ganze Gruppen von verwandten Genen oder Proteinen im Sinne eines Alignments zu analysieren.

> One or two homologous sequences whisper [...] a full multiple alignment shouts out loud (A. M. Lesk).

In der Literatur findet man eine Vielzahl von Werkzeugen, die sich mit der Erstellung von MSAs beschäftigen. Auf den Seiten des EMBL-EBI (European Molecular Biology Laboratory – European Bioinformatics Institute) finden man ausführbare Programme zum praktischen Erstellen von MSAs (http://www.ebi.ac.uk/Tools/msa/), wie Custal Omega, Kalign, MUSCLE und T-Coffee.

Auch an dieser Stelle sei darauf hingewiesen, dass die Auswahl des jeweiligen Werkzeuges eng mit der biologischen Fragestellung erfolgen sollte. So eignet sich zum Beispiel MUSCLE für das Alignment von Proteinsequenzen. Sollen lokale Ähnlichkeiten zwischen mehr als 2 Sequenzen gefunden werden, so sollte Kalign verwendet werden.

Das optimale paarweise Alignment von Proteinsequenzen (Abschn. 5.3.1) wird mit einer zweidimensionalen Matrix schnell ermittelt. Bei k Sequenzen ($k > 2$) bedarf die Bestimmung des optimalen Alignments, mit Hilfe der dynamischen Programmierung, einer n-dimensionalen Matrix. Das Auffüllen dieser Matrix sowie das Auffinden des optimalen Pfades durch diese Matrix erfordert einen großen Rechenaufwand. So haben sich Methoden mit einem hierarchischen Ansatz etabliert. Eines der ältesten und wohl auch bekanntesten Werkzeuge stellt Clustal W dar. Dieses Programm wurde 1994 von Thompson et al. entwickelt. Auch wenn es durch leistungsfähigere Werkzeuge in der täglichen Arbeit abgelöst wurde (siehe Aufzählung), lässt sich das Prinzip der Berechnung MSA sehr gut an diesem Programm und dessen Ablauf erläutern. Clustal W (Higgins et al. 1996) beinhaltet im Wesentlichen drei Schritte:

1. Paarweises Alignment aller möglichen Sequenzpaare mit dem Ziel der Berechnung einer Distanzmatrix.
2. Überführung der Distanzmatrix in einen *guide tree* (oder Initialbaum bzw. Hilfsbaum).
3. Progressives Alignment auf der Grundlage des *guide tree* (wesentlicher Schritt).

Für die Berechnung der Distanzmatrix können verschiedene Verfahren benutzt werden. In der Literatur spricht man von *slow* und *fast*. Das schnelle Verfahren beruht auf einem heuristischen Ansatz. (Auf heuristische Ansätze wird in Abschn. 5.3.3 eingegangen.) Das langsamere Verfahren erstellt ein optimales paarweises Alignment basierend auf den Ansätzen von Needleman und Wunsch. Auch hier wird das Prinzip der abgestuften Ähnlichkeit verwendet. Somit lässt sich sicherstellen, dass divergente Sequenzen durch das Prinzip des progressiven Alignments zu einem späteren Zeitpunkt dem Alignment hinzugefügt werden. In einem weiteren Schritt wird aus der Ähnlichkeit eine Distanz der beiden zu untersuchenden Sequenzen berechnet. Man geht auch hier davon aus, dass zwei ähnliche Sequenzen einen geringeren Abstand besitzen als Sequenzen mit einer geringen Ähnlichkeit. Die Einzelähnlichkeiten der Sequenzpaare werden in einer Distanzmatrix der Größe $k \times k$ eingetragen.

Es existieren verschiedenste Ansätze für die Berechnung der (Identitäts-)Distanzen (D_{ident}) aus den globalen paarweisen Alignments. Eine recht einfache Form stellt die Ermittlung der relativen Häufigkeiten von identischen Positionen S_{ident} (vgl. Gl. 5.8) in den Alignments dar (nach Thompson et al. 1994). Abb. 5.10c zeigt die Distanzmatrix für das in Abb. 5.10a und b dargestellte Beispiel.

$$S_{ident} = \text{Anzahl identischer Positionen}/\text{Länge der kürzeren Sequenz} \qquad (5.8)$$

$$D_{ident} = 1 - S_{ident} \qquad (5.9)$$

Feng und Doolittle beschreiben in ihrer Veröffentlichung im Jahr 1987 ein weiteres Verfahren zur Ermittlung des korrigierten Ähnlichkeitsscores S_{eff} (vgl. Gl. 5.10) und der sich daraus ergebenden Berechnung des Unähnlichkeitsscores D_{eff} (vgl. Gl. 5.11). S_{real} gibt dabei den Score des globalen paarweisen Alignments von zwei Sequenzen A und B an. In unserem Fall (vgl. Abb. 5.10) handelt es sich um einen Ähnlichkeitsscore. Für die Korrektur des Ähnlichkeitsscores permutiert man Sequenzen mit gleicher Länge und Aminosäurezusammensetzung und ermittelt so den zu erwartenden Ähnlichkeitsscore S_{rand} für das Alignment der Sequenzen A und B (vgl. Abschn. 5.3.1). Der Mittelwert aus dem Alignment von A und A sowie B und B ist S_{max}.

$$S_{eff} = \frac{S_{real} - S_{rand}}{S_{AABB} - S_{rand}} \qquad (5.10)$$

$$D_{eff} = -\ln S_{eff} \qquad (5.11)$$

Wir sprechen an dieser Stelle explizit nicht von einer Distanz, sondern von einem Unähnlichkeitsscore. Eine Distanz bzw. Metrik liegt vor, sofern für alle Elemente (Sequenzen) des Raumes die Axiome des metrischen Raumes (vgl. Definition metrischer Raum) erfüllt sind.

a

>A	>B	>C	>D	>E
RTHPLCTVA	RTHPLCTIA	RQCPLCTVA	KHPLTVA	KTHPCTVS

b

A RTHPLCTVA   A RTHPLCTVA   A RTHPLCTVA   A RTHPLCTVA   B RTHPLCTIA
B RTHPLCTIA   C RQCPLCTVA   D K-HPL-TVA   E KTHP-CTVS   C RQCPLCTVA

$S_{ident} = {}^8/_9$ $S_{ident} = {}^7/_9$ $S_{ident} = {}^6/_9$ $S_{ident} = {}^6/_9$ $S_{ident} = {}^6/_9$

$S_{real} = 50$ $S_{real} = 34$ $S_{real} = 2$ $S_{real} = 25$ $S_{real} = 33$

B RTHPLCTIA   B RTHPLCTIA   C RQCPLCTVA   C RQCPLCTVA   D K-HPLTVA
D K-HPL-TVA   E KTHP-CTVS   D KH-PL-TVA   E KTHP-CTVS   E KTHPCTVS

$S_{ident} = {}^5/_9$ $S_{ident} = {}^5/_9$ $S_{ident} = {}^5/_9$ $S_{ident} = {}^4/_9$ $S_{ident} = {}^5/_8$

$S_{real} = 1$ $S_{real} = 24$ $S_{real} = -6$ $S_{real} = 8$ $S_{real} = 13$

c

	A	B	C	D	E
A	0	$1/_9$	$2/_9$	$3/_9$	$3/_9$
B	$1/_9$	0	$3/_9$	$4/_9$	$4/_9$
C	$2/_9$	$3/_9$	0	$4/_9$	$5/_9$
D	$3/_9$	$4/_9$	$4/_9$	0	$3/_8$
E	$3/_9$	$4/_9$	$5/_9$	$3/_8$	0

d

	A	B	C	D
B	$1/_9$			
C	$2/_9$	$3/_9$		
D	$3/_9$	$4/_9$	$4/_9$	
E	$3/_9$	$4/_9$	$5/_9$	$3/_8$

Abb. 5.10 1. und 2. Schritt der Berechnung des multiplen Sequenzalignments (nach Thompson *et al.* 1994). In der Abbildung **a** sind die zu vergleichenden Sequenzen (A–E) im FASTA-Format aufgelistet. **b** Mit dem Algorithmus nach Needleman und Wunsch (1970) wurden die globalen paarweisen Alignments aller möglichen Sequenzkombinationen ermittelt. Für den nächsten Schritt im MSA wurde die relative Sequenzidentität S_{ident} ermittelt. Zudem sind die ermittelten Scores (BLOSUM62, Lückenkosten −12) der Alignments (S_{real}) angegeben. Die Berechnung der Distanzen aus der relativen Sequenzidentität (vgl. Gl. 5.9) und die Überführung in eine Distanzmatrix ist in **c** dargestellt. Die Werte der Diagonalen dieser Matrix sind null, da eine Sequenz zu sich selbst die Distanz null hat. Es handelt sich um eine symmetrische Matrix, da der Abstand von A zu B und B zu A gleich ist. Eine verkürzte Schreibweise der Matrix ist in **d** gezeigt

▶ **Metrischer Raum** Eine Menge X von Elementen $x, y, \ldots \in X$ heißt metrischer Raum, wenn zu jedem Paar $x, y \in X$ eine reelle Zahl $d(x, y)$ existiert mit den Eigenschaften:

1. $d(x, y) \geq 0, d(x, y) = 0 \Leftrightarrow x = y$
2. $d(x, y) = d(y, x)$
3. $d(x, y) \leq d(x, z) + d(z, y), (\forall z \in X)$

Dabei ist $d(x, y)$ die Distanz bzw. Metrik der Elemente x, y im Raum X.

Für D_{eff} ist sowohl die positive Definitheit (1) als auch die Symmetrie (2) erfüllt. Die Dreiecksungleichung (3) ist jedoch nicht erfüllt, sodass D_{eff} nicht als Distanz, sondern als Unähnlichkeitsscore bezeichnet werden sollte.

Die Distanzmatrix oder besser Unähnlichkeitsmatrix bildet die Grundlage für den zu erstellenden *guide tree*. Heutige Clustal-Programme verwenden Unweighted Pair Group Method with Arithmetic mean (UPGMA) (vgl. Sokal und Michener 1958) oder die Neighbor-Joining-Methode (NJ-Methode) (vgl. Saitou und Nei 1987). In beiden Methoden orientieren sich die Astlängen des entstandenen *guide tree* an den paarweisen Distanzen bzw. Unähnlichkeitsscores der Sequenzen. Dabei wird angenommen, dass die Sequenzen regelmäßig mit konstanten Mutationsraten evolvieren. Man spricht von der molekularen Uhr (nach Zuckerkandl und Pauling 1965; Kimura 1983). Für die erste Methode lassen sich die folgenden Schritte formulieren:

1. Suche die beiden Sequenzen (bzw. Taxa) i und j, die die geringste Distanz bzw. den kleinsten Unähnlichkeitsscore (D_{ij}) besitzen.
2. Führe einen neuen Knoten (i, j) aus $n_{(ij)} = n_i + n_j$. Taxa ein.
3. Erstelle den neuen Knoten (i, j), indem i und j verbunden werden. Die Zweige von den Taxa i zu (i, j) und j zu (i, j) besitzen mit $D_{ij}/2$ die gleiche Länge. Bestimme die Distanz zwischen der erstellten Gruppe (i, j) und den verbleibenden Taxa k mit:

$$D_{k,(i,j)} = D_{ki} \cdot \left(\frac{n_i}{n_i + n_j} \right) + D_{kj} \cdot \left(\frac{n_j}{n_i + n_j} \right) = \left(\frac{D_{ki \cdot n_i} + D_{kj \cdot n_j}}{n_i + n_j} \right) \quad (5.12)$$

4. Berechne die Distanzmatrix neu:
   – Spalten und Zeilen des Taxons i und j in der Matrix löschen
   – Einfügen der Gruppe (i, j) und der mit Formel Gl. 5.12 berechneten Distanzen.
5. Ist die Zahl der Zellen der Matrix größer eins, verfahre weiter mit Schritt 1. Andernfalls beende das Verfahren.

Es bleibt zu beachten, dass die Taxa i und j im weiteren Verlauf neue Gruppen bzw. neue Cluster bezeichnen.

Der NJ-Algorithmus (nach Saitou und Nei 1987) konstruiert ebenfalls Bäume auf der Grundlage einer distanzbasierten Methode. Der Unterschied zum UPGMA-Algorithmus besteht in der Bestimmung der mittleren Distanz zu allen anderen Sequenzen und nicht nur auf dem minimalen Abstand wie bei UPGMA. Ausgehend von einem sternförmigen Baum erfolgt mittels eines iterativen Verfahrens die Optimierung der Abstände (Astlängen) aller Sequenzen zueinander (vgl. Abb. 5.11).

Die Schritte dieses Verfahrens lassen sich wie folgt formulieren:

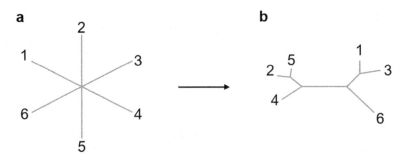

Abb. 5.11 Baumtopologien im NJ-Algorithmus. **a** Ein sternförmiger Baum bildet den Startpunkt des NJ-Verfahrens. **b** Über mehrere Schritte entwickelt sich aus diesem der fertige, ungewurzelte Baum

1. Berechne für alle Knoten i (n Blätter des sternförmigen Baumes) die Distanz zu allen anderen Knoten mit:

$$u_i = \sum_{j,j \neq i} \frac{D_{ij}}{n-2} \tag{5.13}$$

2. Wähle Taxon i und j, sodass

$$M_{ij} = D_{ij} - u_i - u_j \tag{5.14}$$

   minimal ist.
3. Füge einen neuen Knoten v ein. Bestimme die Längen v_i und v_j der Zweige von Knoten i zu v und von j zu v mit:

$$v_i = \frac{1}{2}D_{ij} + \frac{1}{2}(u_i - u_j) \tag{5.3}$$

$$v_j = \frac{1}{2}D_{ij} + \frac{1}{2}(u_j - u_i) \tag{5.16}$$

4. Ermittle die Distanzen zwischen dem neuen Knoten (ij) und den verbleibenden Taxa k mit:

$$D_{k,(ij)} = \frac{D_{ki} + D_{kj} - D_{ij}}{2} \tag{5.17}$$

5. Berechne die Distanzmatrix neu:
   – Spalten und Zeilen des Taxons i und j löschen.
   – Einfügen der Gruppe (i, j) und der mit Gl. 5.17 berechneten Distanzen.
6. Prüfe die Anzahl der Zellen in der Distanzmatrix. Ist diese größer eins, so verfahre weiter mit Schritt 1. Dabei wird die Diagonale nicht beachtet.

Hinter dem Begriff progressives Alignment verbirgt sich das Erstellen eines MSA auf Grundlage des *guide tree* von dessen Spitze zur Wurzel. Somit beginnt man den Prozess des Alignierens mit den beiden ähnlichsten Sequenzen. Dieses Alignmentpaar wird dann als fest definiert. Kommen zu einem späteren Zeitpunkt Lücken hinzu, werden diese in beiden Sequenzen an den gleichen Positionen eingefügt, somit bleibt das relative Alignment der beiden Sequenzen erhalten. Beim iterativen Vorgehen für die Auswahl der nächsten Sequenz zum entstandenen relativen Alignment müssen die Abstände im gesamten Baum beachtet werden, um eine erfolgreiche Schrittfolge zu erzielen (vgl. Abb. 5.12).

Das so entstandene Alignment wird als globales multiples Sequenzalignment bezeichnet. Eines der wichtigsten Ergebnisse stellt die Konsensussequenz dar. Üblicherweise stellt die Konsensussequenz die Sequenz dar, die in allen Sequenzen enthalten ist. Die inhaltliche Interpretation führt zur Angabe von konservierten Resten bzw. Gruppen ähnlicher physikochemischer Eigenschaften. Viele Methoden der Rekonstruktion von (phylogenetischen)Stammbäumen (phylogenetischen Bäumen) verwenden das erhaltene MSA als Startpunkt für phylogenetische Analysen.

▶   **Lesehinweis** An dieser Stelle sei das Buch *Gene und Stammbäume – Ein Handbuch zur molekularen Phylogenetik* von Knoop und Müller (2009) erwähnt, welches umfassend über die Phylogenie informiert.

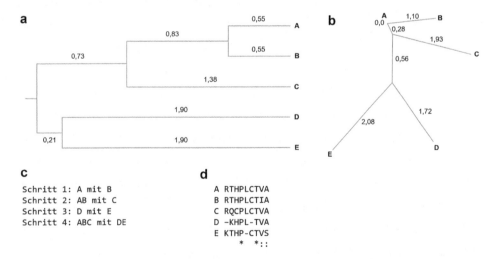

Abb. 5.12 Dritter Schritt des multiplen Alignments (nach Thompson et al. 1994). Die Abbildung zeigt zwei Initialbäume, die sich aus UPGMA **a** und mit dem NJ-Algorithmus (nach Saitou und Nei 1987) **b** aus der Distanzmatrix aus Abb. 5.10 ergaben. Diese wurden mit dem Werkzeug MEGA X (vgl. Kumar et al. 2018). Die durchzuführenden Schritte beim progressiven Alignment sind in **c** aufgelistet. Das multiple Sequenzalignments ist in **d** dargestellt. Zwei Alignmentspalten sind dabei sehr konserviert (*) und zwei weitere Spalten besitzen eine hohe Konservierung (:)

Für die Visualisierung eines MSAs wurde eine Vielzahl von Werkzeugen entwickelt. Durch seine Mächtigkeit hat sich das Programm JalView (http://www.jalview.org/) (vgl. Waterhouse et al. 2009) in den letzten Jahren durchgesetzt. Eine typische Ausgabe, die eine weitere Analyse zulässt, ist in Abb. 5.13 zu sehen.

Analog zum paarweisen Alignment unterscheiden wir auch beim MSA zwischen dem globalen und lokalem multiplen Sequenzalignment (vgl. Abb. 5.14). Gerade im Prozess der Suche nach Domänen in mehreren Proteinsequenzen sollte man auf lokale Techniken zurückgreifen. So ermitteln Tools mit ihrer Suche nach Sequenzmustern Sequenzblöcke lokaler Ähnlichkeit. Zudem werden Techniken aus dem Bereich des klassischen Textmining, wie Zeichen-N-Gramme, verwendet.

Eine weitere Möglichkeit, MSAs auszuwerten, stellt das Sequenzlogo dar (Schneider und Stephens 1990). Sequenzlogos verwenden zur Darstellung den Informationsgehalt (Shannon-Entropie) (Shannon 1948). An jeder Position des Alignments werden die mög-

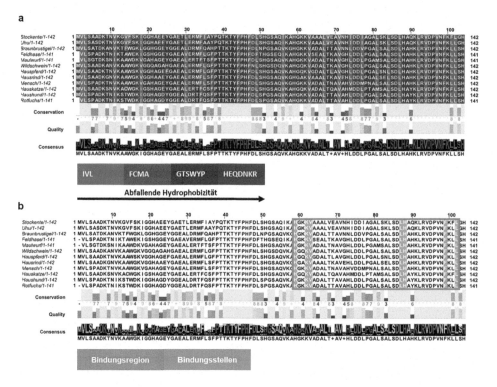

Abb. 5.13 Die Abbildung zeigt das mit Clustal Omega erstellte MSA der ausgewählten Hämoglobine verschiedenster Organismen. Das MSA wurde zur besseren Übersichtlichkeit und Auswertung in JalView überführt. In **a** sind die Aminosäuren entsprechend ihrer Hydrophobizität nach Kyte und Doolittle (1982) gefärbt. Die drei Histogramme unter den Sequenzen zeigen die Konservierung, die Qualität und die Häufigkeit der in der Konsensussequenz (Sequenz unten) vorkommenden Aminosäure für jede Alignmentposition. An vielen Positionen im Alignment lassen sich Übereinstimmungen in allen Sequenzen feststellen. Dies lässt sich mit der organismenübergreifenden wohldefinierten Struktur und Funktion des Hämoglobins erläutern. Die Bindungsstellen des Hämoglobin alpha mit der Häm-Gruppe sind in **b** hervorgehoben

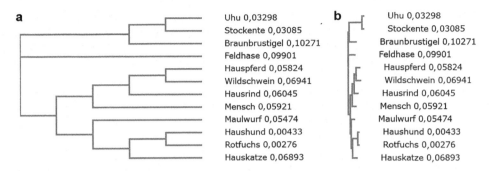

Abb. 5.14 Phylogenetische Betrachtung der untersuchten Hämoglobine – **a** zeigt das aus dem zuvor entwickelten MSA erstellte Kladogramm der 12 Hämoglobine. **b** zeigt den phylogenetischen Baum, bei dem die Astlängen den Distanzen (Wert hinter den Bezeichnern) entsprechen

lichen Buchstaben (Symbole der Nukleotide oder Aminosäuren) gezeichnet, wobei deren Gesamthöhe mit dem Informationsgehalt korreliert. Der Informationsgehalt R an einer Position ergibt sich aus der Differenz der maximalen Entropie S_{max} und der beobachteten Entropie S_{obs} an dieser Position:

$$R = S_{max} - S_{obs} \tag{5.18}$$

Für die beobachtete Shannon-Entropie einer Position gilt:

$$S_{obs} = -\sum\nolimits_{i\in\sum} p_i \log_2 p_i \tag{5.19}$$

Mit p_i wird die Wahrscheinlichkeit (Häufigkeit) des Symbols i aus der betrachteten Spalte des MSAs bestimmt. Die maximale Konserviertheit eines Symbols entspricht dem Wert p = 1. Für Proteinsequenzen, bei einem Alphabet aus 20 kanonischen Aminosäuren, erhält man S_{max} in folgender Form:

$$S_{max} = \log_2 20 \approx 4,32 \tag{5.20}$$

Im Gegensatz dazu ergibt sich ein Wert $S_{max} = 2$ für Nukleinsäuresequenzen, durch die Begrenztheit des Alphabetes auf vier Elemente. Die Symbolhöhe eines Zeichens *H* a entspricht dem Produkt der relativen Häufigkeit *p* des Symbols *a* an der Alignmentposition und dem Informationsgehalt *R* an der entsprechenden Alignmentposition:

$$H_a = p_a \cdot R \tag{5.21}$$

Aus dem MSA der Region in Hämoglobin alpha (vgl. Abb. 5.13b oranger Rahmen), welche für die Bindung der Häm-Gruppe zuständig ist, wurde das in Abb. 5.15 dargestellte Sequenzlogo erzeugt.

Hämoglobin bindet an der Stelle 59 (Histidin) das für die Funktion essentielle Eisenatom. Das hier gezeigte WebLogo stellt eine Visualisierung des erzeugten MSAs dar. Positionen, an denen der Buchstabe bzw. die Buchstaben hoch sind, sind entsprechend konserviert. Sie besitzen damit einen hohen Informationsgehalt. Positionen mit vielen Buchstaben sind variabel und besitzen deshalb einen geringeren Informationsgehalt.

Abb. 5.15 Das dargestellte Sequenzlogo zeigt die Bindungsregion des Proteins Hämoglobin alpha, wobei die Bindungsstellen mit der Hämgruppe blau gekennzeichnet sind. Es wurde mit dem Tool WebLogo 3 erstellt

Aufgabe

Verwenden Sie die oben angegebenen Sequenzen des Hämoglobins a und berechnen Sie ein MSA mit mit Hilfe des Tools Clustal Omega. Exportieren Sie das Ergebnis und fügen Sie dieses in JalView ein. Versuchen Sie, die evolutionären Veränderungen anhand des Konservierungsgrades zu verstehen. Um diese Aufgabe zu lösen, machen Sie sich mit den Einstellungsmöglichkeiten vertraut. Bestimmen Sie für einen selbstgewählten Alignmentabschnitt die korrespondierenden Shannon-Entropien. Zur Überprüfung nutzen Sie das Tool WebLogo (http://weblogo.berkeley.edu/logo.cgi) und stellen Sie das Ergebnis in einer geeigneten Form dar.

5.3.3 Sequenzähnlichkeitssuchen in Datenbanken

In der Praxis steht man häufig vor der Herausforderung für eine „unbekannte" Sequenz valide Daten zu erhalten. In solchen Fällen müssen große Datenmengen, die in öffentlichen Datenbanken gespeichert sind, durchsucht werden. Die bis hierhin vorgestellten Methoden bedürfen einer hohen Rechenkapazität (Zeit- und Speicheraufwand). Für einen effektiven Umgang mit derartigen Fragestellungen bedarf es einer Reihe von heuristischen Methoden. Unter heuristischen Methoden versteht man Verfahren, die zur näherungsweisen Lösung von komplexen Entscheidungs- bzw. Optimierungsproblemen dienen. In unserem Fall werden heuristische Methoden eingesetzt, um eine Annäherung an die bereits vorgestellten paarweisen Alignmentverfahren (Needleman und Wunsch sowie Smith und Waterman) zu erreichen. Sie ermöglichen, innerhalb einer kurzen Zeit ganze Datenbanken nach ähnlichen Sequenzen zu durchsuchen. Die wohl am häufigsten eingesetzten Methoden im Bereich der Bioinformatik sind *Fast all* (FASTA) und Basic Local Alignment Search Tool (BLAST). Beide basieren im Wesentlichen auf den vorgestellten Filtermethoden eines Dotplots. FASTA in seiner ersten Version wurde 1985 von Lipman und Pearson vorgestellt (vgl. Lipman und Pearson 1985; Pearson und Lipman 1988).

Zum gegenwärtigen Zeitpunkt kann man beobachten, dass der Algorithmus BLAST häufiger in wissenschaftlichen Arbeiten verwendet wird. Dies liegt nicht in erster Linie an der Performance des Algorithmus, sondern vielmehr an der fortschreitenden Entwicklung der verschiedensten BLAST-Varianten und BLAST-Programme. Aus den genannten Gründen beziehen wir uns im folgenden Abschnitt nur auf Suchen mithilfe von BLAST. Alle Weiterentwicklungen basieren auf dem ursprünglichen BLAST-Algorithmen nach Altschul et al. (1990) für die Suche nach ähnlichen Nukleotid- (BLASTn) und Proteinsequenzen (BLASTp). Mögliche Varianten von BLAST-Suchen ist die Suche mit einer Proteinsequenz, die in alle möglichen Nukleotidsequenzen übersetzt wird und umgekehrt. Somit vergrößert sich der Suchraum für die jeweilige Sequenz.

> The central idea of the BLAST algorithm is to confine attention to segment pairs that contain a word pair of length w with a score of at least T (Altschul et al. 1990).

Die grundlegende Idee für den ursprünglichen BLAST-Algorithmus basiert auf der Zerlegung der Eingabesequenz in Worte und ihrer Bewertung. Exakter ausgeführt ergeben sich vier aufeinanderfolgende Schritte:

1. Zerlegung der Eingabesequenz (Query) in Worte wohldefinierter Länge. Bei Proteinsequenzen werden Teilsequenzen der Länge 2 bis 6 gebildet, wohingegen bei Nukleotidsequenzen deutlich längere Abschnitte der Sequenz als Worte extrahiert werden. Dies lässt sich mit dem deutlich kleineren Alphabet der Sequenzbausteine von Nukleotidsequenzen erklären.
2. Die so entstandenen Worte werden mithilfe einer Substitutionsmatrix bewertet. Parallel dazu werden umliegende Worte generiert und mit Datenbankeinträgen verglichen. Liegt die Antwort über einem definierten Schwellenwert, der mit der Stringenz (vgl. Abschn. 5.1) vergleichbar ist, definieren wir die Worte der Datenbankeinträge als Hit.
3. Befinden sich zwei Hits in einem festgelegten Abstand (Fenster), werden beide Hits in die Liste der High-Scoring-Pairs (kurs HSPs) aufgenommen.
4. Dieses High-Scoring-Pairs dienen als Ausgangsposition für eine bewertete bidirektionale Erweiterung und stellen am Ende das lokale Alignment dar.

Für die Analyse eines BLAST-Laufes verwenden wir die Sequenz des menschlichen Hämoglobins (NP_000.508.1) als Eingabe. Auf der Startseite von BLAST (https://blast.ncbi.nlm.nih.gov/Blast.cgi) wählen wir Protein BLAST und weiter BLASTp. Änderungen der BLAST-Parameter werden in diesem Beispiel nicht vorgenommen, dies hat nicht immer Gültigkeit. Über die einzustellenden Parameter erfahren Sie mehr auf den Tutorialseiten des BLAST-Programms am NCBI. Wir wählen die spezifische Datenbank Model Organismus *(landmark)*. Unsere Suchanfrage lautet nun: Welche Sequenzen aus der Model Organisms *(landmark)* Datenbank weisen hinreichend große Ähnlichkeiten zu der Sequenz NP_000.508.1 auf?

Die Anzeige des Ergebnisses eines BLAST-Laufes lässt sich wie folgt unterteilen (vgl. Abb. 5.16):

- Allgemeine Informationen (Datum, Uhrzeit, Suchparameter, weitere Ergebnisausgaben) (vgl. Abb. 5.16a),
- Grafische Zusammenfassung des Ergebnisses (Domänenarchitektur, Ergebnis als Grafik) (vgl. Abb. 5.16b),
- Tabelle mit Informationen zu den gefundenen Sequenzen (Sequenzbezeichnung, Alignmentparameter) (vgl. Abb. 5.16c),

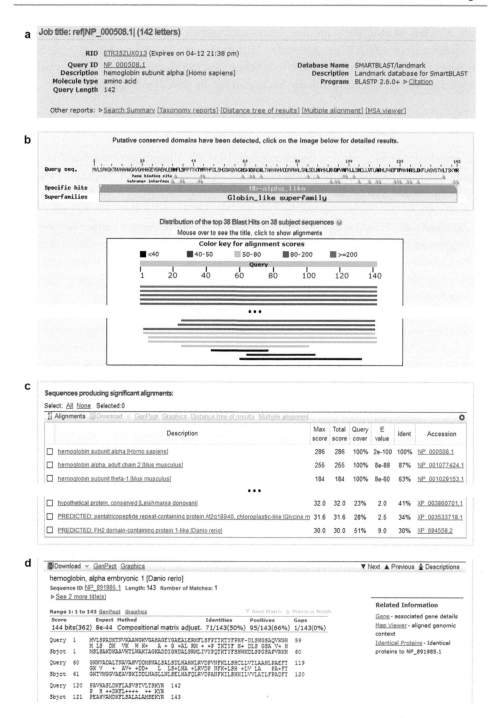

Abb. 5.16 Die Abbildung zeigt das Ergebnis der BLAST-Suche. Zur besseren Übersicht, wurden einige BLAST-Treffer aus der Abbildung entfernt

Paarweise Alignments der Eingabesequenz mit jeweils einer gefundenen Datenbank-sequenz (Alignments) (vgl. Abb. 5.16d).

Der Score (auch *raw Score*) S eines Alignments gibt dessen Qualität an. Für die Berechnung des Scores eines Alignments wird die folgende Formel angewandt:

$$S = \sum \text{identische Position} + \sum \text{Substitution} - \sum \text{Lückenkosten} \qquad (5.22)$$

Für die Bewertung der Substitutionen wird eine der Substitutionsmatrizen verwendet. Die Lückenkosten ergeben sich aus dem verwendeten Lückenkostenmodell. Die Höhe des Scores hängt damit von der Ähnlichkeit der zu vergleichenden Sequenzen sowie von dem verwendeten Bewertungssystem ab. Scores von verschiedenen Alignments lassen sich demnach nicht vergleichen. Aus diesem Grund wurden der normierte Score, der als Bit-Score S' bezeichnet wird, eingeführt. Formel Gl. 5.23 zeigt die Normierung des *raw Scores* für die Ermittlung des Bit-Scores.

$$S' = \frac{\lambda \cdot S - \ln K}{\ln 2} \qquad (5.23)$$

λ und K sind statistische Parameter, die für die Normierung auf das Bewertungssystem und für die Normierung auf den Suchraum genutzt werden. Aufgrund der Normierung können Bit-Scores für den Vergleich von Alignments genutzt werden.

Die Query Cover gibt die Sequenzabdeckung an, d. h. wie groß der Anteil der alignierten Positionen an der Länge der Eingabesequenz ist.

Für die Evaluierung eines BLAST-Laufes und der damit einhergehenden Signi-fikanzbetrachtung der erhaltenen Alignments ist es notwendig, einen neuen Parameter einzuführen. So gibt der P-Wert P die Wahrscheinlichkeit dafür an, dass das ermittelte Alignment auch zufällig entstanden sein kann. Die durch das Alignment der betrachten Sequenzen erhaltene Ähnlichkeit ist demnach nicht dem Zufall zuzuschreiben, son-dern ergibt sich aus der Abstammung von einem gemeinsamen Vorfahren. Aus dem ermittelten Bit-Score zu der erwarteten (Poisson-)Verteilung der HSPs-Scores eines Alignments (vgl. Karlin und Altschul 1990; Dembo et al. 1994) mit zufällig erstellten Sequenzen gleicher Länge und Zusammensetzung wie die des zu bewertenden Align-ments kann der P-Wert wie folgt berechnet werden:

$$P = 2^{-S'}. \qquad (5.24)$$

Ein anderer Parameter, der ebenso für die Aussage der Signifikanz eines Alignments genutzt werden kann, ist der E-Wert E. Er gibt den Erwartungswert für die statistsich zufallsbedingte Anzahl an Alignments mit einem Score $\geq$ S an (vgl. Gl. 5.25).

$$E = m \cdot n \cdot 2^{-S'} \qquad (5.25)$$

Dabei entspricht m der Sequenzlänge der Eingabesequenz, und n gibt die Gesamt-länge aller Sequenzen in der zu durchsuchenden Datenbank an. Aufgrund der Berücksichtigung der Sequenzlänge wird der E-Wert häufiger als der P-Wert für signi-fikanzaussagen verwendet.

Die Begriffe Identität und Ähnlichkeit dürften aus den Abschnitten zuvor bekannt sein. Für unser Beispiel ergibt sich nun folgende Aussage:

Zu der Eingabesequenz konnten 33 ähnliche Sequenzen in der Datenbank Model Organsims *(landmark)* gefunden werden. Die eingegebene Sequenz wurde in der Datenbank gefunden (erster Treffer). Es existieren Sequenzen, die eine hohe Sequenzabdeckung erreichen, jedoch einen niedrigen Score für diesen Bereich erzielen. Da der E-Wert bei den ersten Treffern sehr niedrig ist, sind erhaltenen Alignments signifikant. Bei den Treffern weiter unten in der Ergebnistabelle kann man nicht von einem signifikanten Ergebnis sprechen. Für das Alignment lässt sich feststellen, dass globale Ähnlichkeiten zwischen den beiden Sequenzen NP_000508.1 (Mensch) und NP_891985 (Zebrafisch) bestehen.

Um biologische Fragestellungen effizienter zu beantworten, wurden in der letzten Dekade Spezialisierungen des BLAST-Algorithmus durch das NCBI bereitgestellt (vgl. https://blast.ncbi.nlm.nih.gov/Blast.cgi). Dazu zählen unter anderem PSI-, DELTA-, RPS-, PHI- und Primer BLAST. Zudem besteht die Möglichkeit ein MSA aus dem BLAST-Ergebnis mit Multiple Alignment zu berechnen.

5.3.3.1 PSI (Position-Specific Iterated)-BLAST

Mithilfe von PSI-BLAST (nach Altschul et al. 1997) werden homologe Sequenzen in Proteinsequenzdatenbanken zu einer Eingabesequenz gesucht. In Abb. 5.17 ist der Ablauf dieses Verfahrens dargestellt. Ziel ist es dabei, weit entfernte Sequenzen zu finden, wie es mit einer normalen BLAST-Suche nur bedingt möglich ist.

Zunächst wird eine normale BLAST-Suche mit der Eingabesequenz durchgeführt. Die gefundenen Sequenzen aus der initialen BLAST-Suche werden zunächst bewertet und anschließend gefiltert. Erstmalig gefundene Sequenzen mit einem kleinen E-Wert werden weiterverwendet. Sie werden in ein globales multiples Sequenzalignment der Länge L überführt. Aus diesem Alignment wird ein Profil oder besser eine positionsspezifische Substitutionsmatrix (kurz PSSM) erzeugt. Für jedes Residuum r in den Alignmentspalten c wird eine Bewertung ermittelt. Die Matrix hat entsprechend die Dimension $L \times 20$. Hohe positive Scores erhalten Residuen, die an der entsprechenden Alignmentposition konserviert vorliegen. Dementsprechend erhalten alle anderen Residuen hohe negative Scores. Handelt es sich um eine variable Alignmentposition, erhalten alle Residuen einen Wert nahe null. Die Matrix wird als neue Eingabe (Query) für eine Datenbanksuche verwendet. Bei dieser iterativen Suche wird in jedem Suchlauf die Matrix neu berechnet. Neu hinzugekommene Sequenzen fließen somit in die Matrixerstellung ein. Das Profil wird in jedem Schritt verfeinert, sodass eine hohe Sensitivität bei der Suche nach verwandten Sequenzen erreicht wird. Die Iterationen werden bei einer Konvergenz, d. h. wenn keine neuen Sequenzen hinzukommen, abgebrochen. Als Ergebnis erhält man ein Profil, welches die Konservierung der Residuen an den Positionen widerspiegelt und eine Anzahl an Proteinsequenzen, die zu einer Proteinfamilie gehören. Eine Suche mit einer bereits bestehenden PSSM ist möglich.

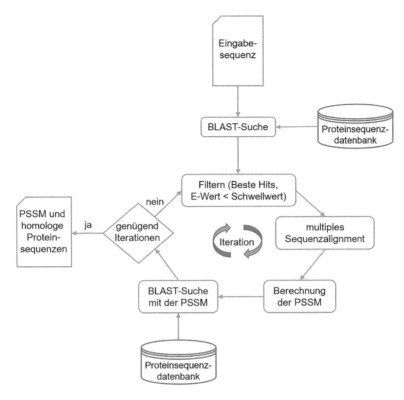

Abb. 5.17 Ablauf der Suche nach entfernt verwandten Sequenzen mit PSI-BLAST

Für die Bestimmung der Matrixelemente wäre die Berechnung der relativen Häufigkeit (auch Frequenz) der Residuuen f_{cr} denkbar (vgl. Gl. 5.26).

$$f_{cr} = \frac{N_{cr}}{N_c} \tag{5.26}$$

Tritt ein bestimmtes Residuum nicht in einer Alignmentspalte auf, würde eine relative Häufigkeit von Null bestimmt werden. Dies würde bedeuten, dass dieses Residuum niemals an dieser Alignmentposition vorkommen kann bzw. darf. Aus diesem Grund werden sogenannte Pseudocounts eingeführt (vgl. Tatusov et al. 1994; Altschul et al. 1997). Es werden so künstliche Sequenzen dem multiplen Alignment hinzugefügt. So ergibt sich eine geschätzte Häufigkeit q_{cr} mit hinzugefügten Pseudocounts b_{cr} zu dem Residuum r (vgl. Gl. 5.27). Die Pseudocounts können in einem einfachen Modell konstant zum Beispiel auf 10 gesetzt werden. Komplexere Modelle finden sich in Henikoff und Henikoff (1996).

$$q_{cr} = \frac{N_{cr} + b_{cr}}{N_c + B_c} \tag{5.27}$$

Wie in der Bioinformatik üblich, sollten die geschätzte Häufigkeit mithilfe von *Log odds* bzw. *Likelihood ratio* in einen Score überführt werden (vgl. Stormo 1990). Das Odds-Ratio (auch Chancenverhältnis) dient der Normierung der geschätzten Häufigkeit mit der erwarteten Häufigkeit p_{cr} für das Residuum r. Durch die Verwendung des Logarithmus können die Matrixwerte m_{cr} addiert werden. Es ergibt sich.

$$m_{cr} = \log_2 \frac{q_{cr}}{p_{cr}} \tag{5.28}$$

In dem nachfolgenden Beispiel wurden DNA-Sequenzen eingesetzt, um die Berechnung zu vereinfachen.

Hinweis: Auch Lücken treten positionsspezifisch auf. So werden in einigen Matrizen ein oder zwei Extrareihen für positionsabhängige Lückenkosten reserviert. Bei der Verwendung einer Matrix ohne positionsspezifische Lückenkosten nutzt man konstante Lückenkosten.

5.3.3.2 RPS (Reversed Position Specific)-BLAST

Derartige Profile, die explizit Proteinfamilien (im Sinne von Proteindomänen) repräsentieren, werden in Datenbanken, wie der cdd *(Conserved Domain Database)*, abgelegt und ermöglich so eine Suche nach vorhandenen Proteindomänen in einer Eingabesequenz. Das Suchverfahren nennt man RPS–BLAST. Diese BLAST-Variante wird direkt bei einer normalen BLAST-Suche durchgeführt, und die gefundenen Domänen werden im oberen Teil der Ergebnisseite angezeigt (vgl. Abb. 5.18). Der wohl bekanntere Service CD-Search nutzt RPS-BLAST für die Suche nach konservierten Proteindomänen (Marchler-Bauer und Bryant 2004).

5.3.3.3 DELTA (Domain enhanced lookup time accelerated)-BLAST

Diese BLAST-Form hat wie PSI-BLAST das Ziel homologe Sequenzen zu einer Eingabesequenz zu finden. Dabei wird statt einer normalen BLAST-Suche zu Beginn ein RPS-BLAST, d. h. eine Suche nach konservierten Proteindomänen durchgeführt (vgl. Abb. 5.19) (Boratyn et al. 2012).

5.3.3.4 PHI (Pattern-Hit Initiated)-BLAST

Mithilfe des Sequenzlogos aus dem Hämoglobinbeispiel lässt sich das folgende Muster entsprechend der PROSITE-Syntax der Bindungsregion des Eisenatoms im Hämoglobin definieren:

Q-[VI]-K-[AG]-H-G-[KQA]-K-V.

Dies stellt einen regulären Ausdruck dar, mit dem in einer Proteinsequenzdatenbank nach Sequenzen gesucht werden kann, die diesem Muster entsprechen (nach Altschul et al. 1997). Die Syntax dieser Muster lässt sich wie folgt notieren:

Alignment der Sequenzen 1 – 5

	1	2	3	4	5	6
Seq 1	T	A	G	A	C	G
Seq 2	C	A	G	G	C	T
Seq 3	T	A	C	A	C	A
Seq 4	T	C	T	G	C	C
Seq 5	G	A	T	A	C	A

absolute Häufigkeiten der Basen

$$N_{cr}$$

	1	2	3	4	5	6
A	0	4	0	3	0	2
C	1	1	1	0	5	1
G	1	0	2	2	0	1
T	3	0	2	0	0	1

relative Häufigkeiten der Basen

$$f_{cr} = \frac{N_{cr}}{N_c}$$

$$f_{2A} = \frac{N_{2A}}{N_2} = \frac{4}{5} = 0{,}8$$

	1	2	3	4	5	6
A	0	0,8	0	0,6	0	0,4
C	0,2	0,2	0,2	0	1	0,2
G	0,2	0	0,4	0,4	0	0,2
T	0,6	0	0,4	0	0	0,2

geschätzte Häufigkeit der Basen

$$q_{cr} = \frac{N_{cr} + b_{cr}}{N_c + B_c}$$

$$q_{2A} = \frac{N_{2A} + b_{2A}}{N_2 + B_2} = \frac{4+1}{5+4} = 0{,}55$$

	1	2	3	4	5	6
A	0,11	0,55	0,11	0,44	0,11	0,33
C	0,22	0,22	0,22	0,11	0,66	0,22
G	0,22	0,11	0,33	0,33	0,11	0,22
T	0,44	0,11	0,33	0,11	0,11	0,22

Log Odds Ratio der Basen

$$m_{cr} = \log_2 \frac{q_{cr}}{p_{cr}}$$

$$m_{2A} = \log_2 \frac{q_{2A}}{p_{2A}} = \log_2 \frac{0,55}{0,25} = 1{,}15$$

$$m_{1A} = \log_2 \frac{q_{1A}}{p_{1A}} = \log_2 \frac{0,11}{0,25} = -1{,}18$$

	1	2	3	4	5	6
A	-1,18	1,15	-1,18	0,82	-1,18	0,40
C	-0.18	-0.18	-0.18	-1,18	1,4	-0.18
G	-0.18	-1,18	0,40	0,40	-1,18	-0.18
T	0,82	-1,18	0,40	-1,18	-1,18	-0.18

Abb. 5.18 Beispiel der Berechnung einer PSSM

- „[ACD]" die Buchstaben A, C und D können an dieser Position auftreten.
- X jeder Buchstabe kann an dieser Position auftreten.
- A(2,5) der Buchstabe A kann 2 bis 5 Mal auftreten.
- Ein Bindestrich steht für eine neue Position.

Abb. 5.19 Ablauf des
DELTA-BLAST

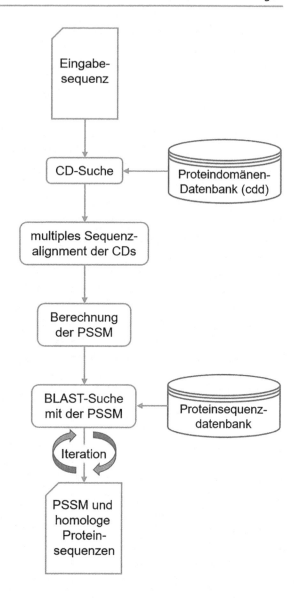

Um die Signifikanz der Ergebnisse zu erhöhen, wird um das Muster ein lokales paarweises Sequenzalignment durchgeführt (Zhang et al. 1998).

5.3.3.5 Primer BLAST

In der medizinischen Forschung und auch in der Forensik spielen Biomarker und im Speziellen die forensischen Marker (STRs und SNPs) eine entscheidende Rolle. Um diese mit einer PCR auswerten zu können (vgl. Abschn. 8.1), benötigt man die erforderlichen Primer. Als Primer bezeichnet man in der Molekularbiologie ein Oligonukleotid, welches als Start- und/oder Endpunkt für die Vervielfältigung von Nukleotidsequenzabschnitten dient. Man spricht von den Forward und Reverse Primern. Ein Primer muss komplementär zum Matrizenstrang sein. Wichtig ist jedoch, dass diese keine Dimere bilden. Zudem sollte sich der Primer nicht auf sich selbst zurückfalten, sprich eine Haarnadelstruktur bilden. Auch die Bindungs *(Annealings)*- und Schmelztemperatur sollte Beachtung finden. Informationen zum Primer-Design finden sich in Dieffenbach et al. (1993) und Basu (2015). Eine automatische Generierung von Primern wird angestrebt. Somit spielt Primer-BLAST auch eine entscheidende Rolle in der forensischen DNA-Analytik. Mit Primer3 (vgl. Untergasser et al. 2012) werden die Primer entsprechend der experimentellen Parameter entworfen. Es schließt sich eine BLAST-Suche, d. h. ein Screening gegen die Sequenzdatenbanken, an, um mögliche weitere Bindungsregionen im Matrizenstrang aufzudecken. Somit kann die Sensitivität und Spezifität der entworfenen Primer ermittelt werden. Es können zudem bereits vorhandene Primer in Hinblick auf ihre Spezifität überprüft werden (Ye et al. 2012).

Mithilfe von Primer-BLAST stellt die Bioinformatik ein grundlegendes Werkzeug für die Aufnahme von genetischen Fingerabdrücken (Kap. 8) dar.

Fazit

In der Bioinformatik fassen wir eine DNA-/RNA-/Proteinsequenz als Wort eines bestimmten Alphabets auf. Bei einem Vergleich von Sequenzen, können Identitäten und Ähnlichkeiten festgestellt werden. Unter Sequenzidentität versteht man den Anteil der identischen Positionen zwischen zwei oder mehrerer Sequenzen. Die Sequenzähnlichkeit setzt sich aus zwei Bestandteilen zusammen: den identischen und den isofunktionellen Entsprechungen. Daraus kann geschlossen werden, ob die Sequenzen homolog sind, d. h. ob sie einen gemeinsamen Vorfahren besitzen. Für die Visualisierung, Quantifizierung und Analyse der Unterschiede (Variabilität) bzw. Gemeinsamkeiten (Konservierung) werden verschiedenste Verfahren verwendet. Dabei stellt das Dotplot (Punktediagramm) die einfachste Form des Sequenzvergleiches dar. Für einen objektiven Vergleich werden Alignments angewandt, bei denen die Sequenzen so aneinander ausgerichtet werden, dass die Gemeinsamkeiten gefunden und entsprechend bewertet werden können. Für die Ausrichtung der Sequenzen im Alignment sind Editieroperationen: Match (identisch bzw. ähnlich), Mismatch (unähnlich) und Lücke (Deletion/Löschen bzw. Insertion/Einfügen) notwendig. Diese Operationen werden mittels eines Kostenmodels bewertet. Für die Bewertung einer Lücke werden unterschiedliche Kosten für das Einfügen (höher) und das Erweitern (niedriger) der Lücke gesetzt. Ob es sich um einen Match oder Mismatch in einem Proteinsequenzalignment handeln muss, verraten die Substitutionsmatrizen, die die Kosten für den Austausch von einer Aminosäure zu einer anderen angeben. Bestimmt wurden die PAM-Matrix und die BLOSUM mittels statistischer Verfahren. Für die quantitative Bewertung eines Alignements wird der Score aus den einzelnen Kosten für die angewandten Editieroperationen berechnet. Er zeigt den Aufwand an, eine Sequenz in die andere Sequenz zu überführen. Zudem existieren Metriken, namentlich der Hamming- und der Levenshtein-Abstand, die für die Bewertung der Sequenzähnlichkeit eingesetzt werden.

Das Alignment zweier Sequenzen kann global oder lokal erfolgen. Bei einem globalen Alignment, nach Needleman und Wunsch, wird die Ähnlichkeit der Sequenzen über die gesamte Sequenz ermittelt. Mit einem lokalen Alignment, nach Smith und Waterman, hingegen werden Bereiche der Sequenzen mit den meisten Übereinstimmungen bestimmt. Beide Algorithmen basieren auf dem Verfahren der dynamischen Programmierung. Bei einem Alignment von zwei Sequenzen können strukturell bzw. funktionell bedeutende Regionen, die in funktionell oder strukturell ähnlichen Sequenzen konserviert vorliegen, nicht von randotypischen Übereinstimmung unterschieden werden. Es muss ein Alignment mit mehreren Sequenzen, das multiple Sequenzalignment durchgeführt werden. Ein Tool zur Durchführung eines multiplen Alignments ist Clustal Omega. Für die Auswertung eines MSA's eignen sich das Werkzeug WebLogo, welches mittels der Shannon-Entropie den Informationsgehalt für jede Alignmentposition angibt.

Häufig ist eine Analyse einer unbekannten Sequenz notwendig. Dazu können bereits vorhandene Informationen (Annotationen) von Sequenzen, die Ähnlichkeiten zu der Unbekannten aufweisen, genutzt werden. Um diese Informationen, sprich die ähnlichen Sequenzen, aufzufinden, werden Methoden zu einer Ähnlichkeitssuche in Sequenzdatenbanken angewandt. Diese Algorithmen sind heuristischer Natur, da nur so eine Suche in einem angemessenen Zeitrahmen ermöglicht werden kann. Zu den Verfahren zählen FASTA und BLAST. Wobei BLAST weitere Derivate zur Analyse von Proteinsequenzen hinsichtlich Homologie (PSI- und DELTA-BLAST), zum Auffinden von Proteindomänen (RPS-BLAST jetzt CDD-Search) und des Vorhandenseins eines bestimmten Musters (PHI-BLAST). Zudem kann mit Hilfe von Primer-BLAST ein automatisiertes Primer-Design durchgeführt werden. Hinsichtlich der Signifikanz der erhaltenen Ergebnisse wird der E-Wert verwendet.

Literatur

Altschul SF (1998) Generalized affine gap costs for protein sequence alignment. Proteins 32(1):88–96

Altschul SF, Erickson BW (1986) Optimal sequence alignment using affine gap costs. Bull Math Biol 48(5–6):603–616

Altschul SF, Warren G, Webb M et al (1990) Basic local alignment search tool. J Mol Bio 215(3):403–410

Altschul SF, Madden TL, Schäffer AA et al (1997) Gapped BLAST and PSI-BLAST: a new generation of protein database search programs. Nucleic Acids Res 25(17):3389–3402

Bastien O, Audec JC, Maréchal E (2004) Fundamentals of massive automatic pairwise alignments of protein sequences: theoretical significance of Z-value statistics. Bioinformatics 20(4):534–537

Basu C (2015) PCR Primer Design, 2. Aufl. Humana Press, Springer, New York

Bellman RE (1952) On the theory of dynamic programming. PNAS 38(8):716–719

Boratyn GM, Schäffer AA, Agarwala R et al (2012) Domain enhanced lookup time accelerated BLAST. Biol Direct 7:12

Comet JP, Aude JC, Glémet E et al (1999) Significance of Z-value statistics of Smith-Waterman scores for protein alignments. Comput Chem 23(3–4):317–331

Coull S, Branch J, Szymanski B et al (2003) Intrusion detection: a bioinformatics approach. In: Proceedings of the 19th annual computer security applications conference

Dayhoff MO, Schwartz RM, Orcutt BC (1978) A model of evolutionary change in proteins. In: Atlas of protein sequence and structure. Atlas of protein sequence and structure, 345–352

Dembo A, Karlin S, Zeitouni O (1994) Limit distribution of maximal non-aligned two-sequence segmental score. Ann Prob 22:2022–2039

Dieffenbach CW, Lowe TM, Dveksler GS (1993) General concepts for PCR primer design. PCR Methods Appl. 3(3):30–37

Feng DF, Doolittle RF (1987) Progressive sequence alignment as a prerequisite to correct phylogenetic trees. J Mol Evol 25:351–360

Gibbs AJ, McIntyre GA (1970) The diagram, a method for comparing sequences. Its use with amino acid and nucleotide sequences. Eur J Biochem 16(1):1–11

Gotoh O (1982) An improved algorithm for matching biological sequences. J Mol Biol 162(3):705–708

Gu X, Li WH (1995) The size distribution of insertions and deletions in human and rodent pseudogenes suggests the logarithmic gap penalty for sequence alignment. J Mol Evol 40:464–473

Henikoff S, Henikoff JG (1992) Amino acid substitution matrices from protein blocks. Proc Natl Acad Sci USA 89:10915–10919

Henikoff JG, Henikoff S (1996) Using substitution probabilities to improve position-specific scoring matrices. Comput Appl Biosci 12(2):135–143

Higgins DG, Thompson JD, Gibson TJ (1996) Using CLUSTAL for multiple sequence alignments. Methods Enzymol 266:383–402

Jaenisch R, Bird A (2003) Epigenetic regulation of gene expression: how the genome integrates intrinsic and environmental signals. Nat Genet 33:245–254

Karlin S, Altschul SF (1990) Methods for assessing the statistical significance of molecular sequence features by using general scoring schemes. Proc Natl Acad Sci 87:2264–2268

Kimura M (1983) The neutral theory of molecular evolution, 1. Aufl. Cambridge Univiversity Press, New York

Knoop V, Müller K (2009) Gene und Stammbäume – Ein Handbuch zur molekularen Phylogenetik, 1. Aufl. Spektrum, Heidelberg

Kumar S, Stecher G, Li M et al (2018) MEGA X: Molecular Evolutionary Genetics Analysis across computing platforms. Mol Biol Evol 35:1547–1549

Kyte J, Doolittle RF (1982) A simple method for displaying the hydropathic character of a protein. J Mol Biol 157(1):105–132

Labudde D, Spranger M (2017) Forensik in der digitalen Welt – Moderne Methoden der forensischen Fallarbeit in der digitalen und digitalisierten realen Welt, 1. Aufl. Springer, Berlin

Lipman DJ, Pearson WR (1985) Rapid and sensitive protein similarity searches. Science 227(4693):1435–1441

Lipman DJ, Wilbur WJ, Smith TF et al (1984) On the statistical significance of nucleic acid similarities. Nucleic Acids Res 12(1):215–226

Maizel JV, Lenk RP (1981) Enhanced graphic matrix analysis of nucleic acid and protein sequences. Proc Natl Acad Sci USA 78(12):7665–7669

Marchler-Bauer A, Bryant SH (2004) CD-Search: protein domain annotations on the fly. Nucleic Acids Res 32:W327–331

Needleman SB, Wunsch CD (1970) A general method applicable to the search for similarities in the amino acid sequence of two proteins. J Mol Biol 48:443–453

Pearson WR, Lipman DJ (1988) Improved tools for biological sequence comparison. Proc Natl Acad Sci USA 85:2444–2448

Saitou N, Nei M (1987) The neighbor-joining method: a new method for reconstructing phyloge-
   netic trees. Mol Biol Evol 4(4):406–425
Schneider TD, Stephens RM (1990) Sequence logos – a new way to display consensus sequences.
   Nucleic Acids Res 18:6097–6100
Shannon CE (1948) A mathematical theory of communication. Bell Syst Tech J 27(3):379–423
Smith T, Waterman MS (1981a) Comparison of biosequences. Adv Appl Math 2(4):482–489
Smith T, Waterman MS (1981b) Identification of common molecular subsequences. J Mol Biol
   147(1):195–197
Sokal RR, Michener CD (1958) A statistical method for evaluating systematic relationships. Univ
   of Kans 38(22):1409–1438
Stormo GD (1990) Consensus patterns in DNA. Methods Enzymol 183:211–221
Tatusov RL, Altschul SF, Koonin EV (1994) Detection of conserved segments in proteins:
   iterative scanning of sequence databases with alignment blocks. Proc Natl Acad Sci USA
   91(25):12091–12095
Thompson JD, Higgins DG, Gibson TJ (1994) CLUSTAL W: improving the sensitivity of progres-
   sive multiple sequence alignment through sequence weighting, position-specific gap penalties
   and weight matrix choice. Nucleic Acid Res 22(22):4673–4680
Untergasser A, Cutcutache I, Koressaar T et al (2012) Primer3 – new capabilities and interfaces.
   Nucleic Acids Res 40(15):e115
Waterhouse AM, Procter JB, Martin DMA et al (2009) Jalview Version 2 – a multiple sequence
   alignment editor and analysis workbench. Bioinformatics 25:1189–1191
Ye J, Coulouris G, Zaretskaya I et al (2012) Primer-BLAST: a tool to design target-specific primers
   for polymerase chain reaction. BMC Bioinformatics 13:134
Zhang Z, Schäffer AA, Miller W et al (1998) Protein sequence similarity searches using patterns as
   seeds. Nucleic Acids Res 26(17):3986–3990
Zuckerkandl E, Pauling L (1965) Molecules as documents of evolutionary history. J Theor Biol
   8:357–366

Datenbanken in den Life Sciences und der Forensik

6

In diesem Kapitel werden relevante Datenbanken der Bioinformatik, die durchaus eine Berechtigung in der Forensik besitzen, vorgestellt und mit Anwendungsbeispielen dem Leser nähergebracht. Dabei wird der Schwerpunkt auf Sequenzdatenbanken und Datenbanken, die Mutationen beinhalten sowie Phänotypen bzw. Krankheitsbilder beschreiben, liegen.

Durch die Einführung moderner Hochdurchsatzmethoden ist die Anzahl an biologischen Daten aus dem Genom, Transkriptom, Proteom, Interaktom und Metabolom deutlich gestiegen. Gleichzeitig erlaubt dies auch die Beantwortung komplexer biologischer Fragestellungen. Zur Beantwortung dieser Fragestellungen sind neben den reinen Daten auch Zusammenhänge unterschiedlicher Datenquellen erforderlich. Jedoch setzt dies ein hohes Maß an Strukturierung der Daten und deren Relationen voraus. Somit haben auch Datenbanken und deren Werkzeuge Einzug in die Bioinformatik und nicht zuletzt in die Forensik gehalten. Neben der strukturierten Ablage der Daten spielt deren Sicherung und längerfristige Aufbewahrung eine wesentliche Rolle. Um allen Wissenschaftlern der verschiedensten Fachrichtungen eine optimale Forschung zu gewährleisten, finden wir in den Life Sciences öffentlich zugängliche Datenbanken. In dem Gebiet der Forensik müssen andere Sicherheitsanforderungen an Datenbanken bzw. Datenbanksysteme gestellt werden. Schließlich müssen unter Beachtung der spezifischen Aufgaben von Datenbanken und Datenbanksystemen Administrations- und Zugriffsrechte festgelegt und definiert werden. Die Zusammenfassung der biologischen und forensischen Daten erfolgt dabei möglichst redundanzfrei, unabhängig von den Anforderungen der einzelnen Anwendungen und unabhängig von der physikalischen Speicherung. Das heißt, die Anwendung greift nicht direkt auf die Daten zu, sondern bedient sich der Dienste eines Datenbankmanagementsystems (DBMS). Das DBMS selbst ist dann für die Ablage der Daten auf dem Dateisystem des Rechners zuständig, auf dem es läuft. In Abb. 6.1 sind der Aufbau einer Datenbank und reale Anwendungsfälle dargestellt (vgl. Kleuker 2013).

© Springer-Verlag GmbH Deutschland, ein Teil von Springer Nature 2018
D. Labudde und M. Mohaupt, *Bioinformatik im Handlungsfeld der Forensik*,
https://doi.org/10.1007/978-3-662-57872-8_6

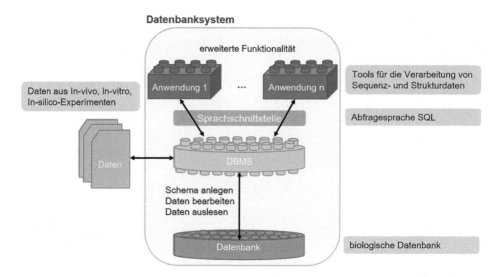

Abb. 6.1 Das Schema zeigt den Aufbau eines Datenbanksystems. Die erste Ebene stellt die Datenbank selbst dar. Für die Kommunikation zwischen den Anwendungen und der Datenbank selbst wird ein Datenbankmanagementsystem (kurz DBMS) eingesetzt. Der Begriff Datenbank wird häufig für die tatsächliche Datenbank und das DBMS verwendet. Daten werden in die Datenbank eingefügt und stehen dann über eine Sprachschnittstelle den Anwendungen zur Verfügung. In den Life Sciences werden häufig annotierte, auf verschiedene Weise experimentell ermittelte Daten bzw. Informationen strukturiert in Datenbanken abgelegt. Anwendungen wie Werkzeuge (Tools) und Suchmaschinen sind in der Lage, über eine Abfragesprache (häufig SQL) mit dem DBMS zu kommunizieren

Dem Wissenschaftler stehen zahlreiche Datenbanken für seine tägliche Arbeit und Recherche zur Verfügung. Die Auswahl einer geeigneten Datenbank sollte sich an den folgenden Kriterien orientieren:

- Benötigt man generelle bzw. verallgemeinerte Daten (Genomdaten aller Organismen) oder spezielle Daten (Genomdaten des Menschen)?
- Benötigt man rohe (nicht überarbeiteten) Daten oder interpretierte und überprüfte Daten?
- Wie sind meine Daten hinterlegt? Wie erfolgen die Integration, der Zugriff und der Datenaustausch?

Jede Datenbank hat Vor- und Nachteile. Wichtig ist, dass Sie mit den richtigen Daten für Ihre biologische Fragestellung weiterarbeiten. Neben der biologischen Fragestellung sollte bei der Auswahl einer Datenbank auf Aktualität und mögliche Qualitätsmängel, die häufig durch eine fehlende Standardisierung zustande kommen, geachtet werden. Eine Sammlung von Datenbanken in den Life Sciences wird im Januar jeden Jahres im *Nucleic Acids Research* (kurz NAR) als *database issue* veröffentlicht (vgl. Galperin et al. 2017).

6.1   Datenbanken in den Life Sciences

Aufgrund der Komplexität der zu analysierenden biologischen Prozesse und Phänomene ist man bestrebt, eine Vernetzung von Datenbanken voranzutreiben. Zum Gegenwärtigen Zeitpunkt gibt es drei große Datenressourcen, welche ihre Daten gegenseitig bereitstellen:

1. das NCBI (The National Center for Biotechnology Information),
2. das EMBL-EBI (The European Bioinformatics Institute),
3. ExPASy (SIB Bioinformatics Resource Portal).

Die Datenressourcen unterliegen sowohl dynamischen Veränderungen in den Datenvolumen als auch in der Anzahl der spezifischen Datenbanken. Zum gegenwärtigen Zeitpunkt (Juni 2018) werden über 209.775.348 Nukleotidsequenzen (vgl. https://www.ncbi.nlm.nih.gov/genbank/statistics/) allein durch die Datenressource GenBank bereitgestellt.

6.1.1   NAR – eine Sammlung relevanter Datenbanken aus den Life Sciences

Im NAR werden Kategorien für Datenbanken aus den Life-Science-Bereichen verwendet. Dies ermöglicht es, die für den Nutzer passende Datenbank zu finden:

- Nucleotide Sequence Databases (Nukleotidsequenzen),
- RNA sequence databases (RNA-Sequenzen),
- Protein sequence databases (Proteinsequenzen),
- Structure Databases (Proteinstrukturdaten),
- Genomics Databases (non-vertebrate) (Genome von nicht Vertebraten),
- Metabolic and Signaling Pathways (Stoffwechsel- und Signalwege),
- Human and other Vertebrate Genomes (Genome des Menschen und von Vertebraten),
- Human Genes and Diseases (Humane Gene und Krankheiten),
- Microarray Data and other Gene Expression Databases (Microarry-Daten und Genexpressionsdaten),
- usw.

Mithilfe des auf den Seiten des NAR-Journals abgelegten Onlinekataloges ist es möglich, sich Kurzbeschreibungen der jeweiligen Datenbanken zu verschaffen. Auf der Seite der aktuellen *database issue* des NAR-Journals kann durch die Kategorien *(Category List)* navigiert oder in allen je veröffentlichten Datenbanken *(Search Summary Papers)* gesucht werden. Eine Suche mit dem Schlüsselwort Mittweida ergibt den Eintrag der *eProS*-Datenbank (vgl. Abb. 6.2).

Abb. 6.2 Informationsseite zur Datenbank *eProS* auf den Seiten des NAR-Journals. Dargestellt ist die Kurzbeschreibung zu der *eProS*-DB. So kann mit dem Autor Kontakt aufgenommen werden (Autor und Kontakt), die Datenbank besucht (Link zur Datenbank) oder die zugehörige Veröffentlichung gelesen werden (Link zur Veröffentlichung)

In ausgewählter Fachliteratur wird oftmals eine Einteilung der Datenbanken in primäre und sekundäre (abgeleitete) Datenbanken vorgenommen (vgl. Hansen 2004; Merkl und Waack 2009). Primäre Datenbanken enthalten im Wesentlichen Nukleotid- und Proteinsequenzen. Ihre Integration in die jeweiligen Datenbanken erfolgt mit einer Annotation mit einem wohldefinierten Format. Sekundäre Datenbanken enthalten Daten, die durch Interpretation bzw. Filterprozesse aus primären Daten hervorgegangen sind. In diesem Zusammenhang wird die GenBank® (vgl. Benson et al. 2017) als primäre Datenbank aufgeführt und die PROSITE (vgl. Sigrist et al. 2012) als sekundäre Datenbank. Diese klassische Einteilung sollte heute nicht mehr als Standard dienen, da viele Methoden aus den Life Sciences eigene Datenbanken und Datenbanksysteme bedingen, somit existiert die Grenze zwischen Rohdaten und abgeleiteter Information nicht mehr in vollem Umfang.

Wie bereits erwähnt ist die Datenintegration und der Datenaustausch für eine erfolgreiche Beantwortung einer biologischen Fragestellung sehr wichtig. Um dies zu gewährleisten, hat sich die Community auf Standards, zum Beispiel auf sogenannte Sequenzformate, geeinigt. Zu diesen gehören das FASTA-Format, GenBank-Format und EMBL-Flatfile.

Aufgabe Sequenzformate

Informieren Sie sich auf den Seiten des NCBI (https://www.ncbi.nlm.nih.gov/) und des EMBL-EBI (http://www.ebi.ac.uk/) zu den folgenden Formaten: FASTA-Format, GenBank-Format und EMBL-Flatfile. Machen Sie sich den generellen Aufbau dieser Formate deutlich.

6.1.2 Ausgewählte Datenbanken in den Life Sciences

Am Beispiel des NCBI soll die Verknüpfung der Datenbanken mit ihren unterschiedlichen Datenspezifika erläutert werden. Das Datenportal des NCBI besteht aus 66 verschiedenen Datenbanken. Diese werden in sechs Kategorien eingeteilt (https://www.ncbi.nlm.nih.gov/gquery/):

- Literatur (z. B. PubMed, PMC),
- Gesundheit (z. B. OMIM, dbGaP),
- Genome (z. B. Nukleotide, Taxonomy, dbSNP),
- Gene (z. B. NCBI Gene, HomoloGene),
- Proteine (z. B. NCBI Protein, Structure),
- Chemikalien (z. B. BioSystems).

Mithilfe der Suchmaschine GQuery (*Global Cross-database NCBI search*) wird analog zu Internetsuchmaschinen durch Nutzung von Schlüsselworten, Molekülidentifikationsnummern (Identifier) und deren Verknüpfungen in allen Kategorien und damit parallel zu den Datenbanken nach Treffern und somit nach biologischen Daten gesucht. So ergibt zum Beispiel die Suche mit dem Term „hemoglobin chain A" Treffer in 31 Datenbanken und speziell 123 Einträge in der SNP-Datenbank. Mithilfe von Filtern, zum Beispiel *Function Class,* lassen sich die 123 Treffer nach funktionellen Kriterien verfeinern. Mit der *Function Class – frame shift* lässt sich das Ergebnis auf drei Einträge reduzieren. Abb. 6.3 zeigt die Darstellung beim näheren Betrachten des Eintrages rs63749858 [Homo sapiens].

Um die biologische Frage zu klären, ob diese Variation mit einem Krankheitsbild korreliert ist, verwendet man direkt den SNP-Identifier als Link zum tatsächlichen SNP-Eintrag. Auf dieser Seite wird die OMIM-Datenbank mit dem dazugehörigen OMIM-Identifier (140700) gelistet. Der analysierte SNP ist mit dem Krankheitsbild *Heinz body anemias* in Verbindung zu bringen. Dieser Phänotyp bedingt durch rs63749858 *[Homo sapiens]*

GCTGGTGTGGCTAATGCCCTGGCCC[-/A]CAAGTATCACTAAGCTCGCTTTCTT

Chromosome:	11:5225611
Gene:	HBB (GeneView)
Functional Consequence:	frameshift variant
Allele Origin:	A(germline)/+.-----(germline)
Clinical significance:	other
Validated:	by cluster
HGVS:	NC_000011.10:g.5225611delT, NC_000011.9:g.5246841delT, NG_000007.3:g.72005delA,
	NM_000518.4:c.431delA, NP_000509.1:p.His144Profs

PubMed   Varview   Protein3D

Abb. 6.3 Dieser Eintrag mit der SNP-Identifikationsnummer (rs63749858) in der dbSNP enthält Annotationen zum Locus und zum Allel sowie Links zur zugehörigen Literatur, zu einem Viewer und zur Struktur des eigentlichen Genproduktes. Zudem ist die Nomenklatur über die HGVS (Human Genom Variation Society) abgebildet

eine Mutation (Position 144 H [His] ->P [Pro]) in der Proteinkette *Hämoglobin beta* eine veränderte Blutanatomie. Diese Veränderung führt zur Bildung von sogenannten Heinz-Körpern (oder Heinz-Innenkörperchen). Dies sind kugelförmige denaturierte Hämoglobinaggregate, die zur Diagnose sichtbar gemacht werden können. Heinz-Körper führen zu einer direkten Schädigung der Erythrozyten und senken ihre Lebensdauer, da die veränderten Erythrozyten in der Milz ausgesondert und abgebaut werden (vgl. Kap. 3). Betroffene leiden deshalb unter einer besonderen Form der Blutanämie. Einige ältere Arbeiten (vgl. Martin et al. 1964; Rentsch 1968; Beutler 1969; Winterbourn und Carrell 1973) gehen davon aus, dass Methämoglobin für die Entstehung von Heinz-Innenkörperchen Voraussetzung ist. Dies steht jedoch im Gegensatz zu der Beobachtung, dass einige Wirkstoffe, die die Bildung von Heinz-Körpern hervorrufen, keinen messbaren Einfluss auf die Methämoglobinproduktion besitzen.

Um spezifischer zu suchen, empfiehlt es sich, eine Verknüpfung von Schlüsselworten anzuwenden bzw. direkt mit bekannten IDs in den entsprechenden Datenbanken zu arbeiten. An diesem Beispiel wird deutlich, dass das Suchen nach Informationen in Datenbanken Analogien zwischen den Life Sciences und der Forensik aufweist. So spielen SNPs eine genauso bedeutende Rolle in der Forensik (vgl. Abschn. 8.1) wie in der Bioinformatik.

Das vorgestellte Szenario hat lediglich einen exemplarischen Charakter. Durch die Verwendung von Datenbanken aus den Life Sciences können Suchen auf unterschiedlichen Ebenen der Biomoleküle durchgeführt werden. Ein Vorgehen, durch welches die Omics-Fachgebiete abgearbeitet werden, ist ebenfalls denkbar.

Durch die Kombination der Datenbanken und der in Abschn. 5.3 vorgestellten Suchwerkzeuge können Fragen wie Homologie bzw. die Suche nach ähnlichen Sequenzen beantwortet werden. Auf den Seiten des NCBI lassen sich diese und weitere Strategien verfolgen. Zum Beispiel ermöglicht der Einsatz des Suchwerkzeuges pBLAST die

Suche nach ähnlichen Sequenzen in der Datenbank *Protein*. Zusätzlich zur Liste der ähnlichen Sequenzen erhält der Nutzer Informationen über mögliche Domänen auf seiner Suchsequenz. Detaillierte und ausführliche Beschreibungen der Derivate und spezieller BLAST-Varianten können Abschn. 5.3.3 entnommen werden.

6.2 Ausgewählte Datenbanken in der Forensik

Die Zahl an forensisch relevanten Datenbanken ist in den letzten Jahren enorm angewachsen. So lassen sich Datenbanken, die Informationen zu den STR-Systemen enthalten, von denen unterscheiden, die die mitochondriale DNA im Fokus haben. Zudem existieren Datenbanken, in denen die SNPs abgelegt sind. Sogenannte Identifikations- und Verifikationsdatenbanken, die für die Personenüberprüfung genutzt werden, schließen das Angebot forensisch relevanter Datenbanken ab.

6.2.1 STR-und SNP-Datenbanken für forensische Anwendungen

Wir werden uns nachfolgend mit einigen Vertretern dieser speziellen Informationssysteme auseinandersetzen (vgl. Abb. 6.4):

6.2.1.1 ALFRED (the ALlele FREquency) Database

In dieser Datenbank finden sich die Allelfrequenzen (auch Allelhäufigkeiten) der DNA-Sequenzpolymorphismen eingeteilt nach Menschpopulationen. Diese werden zur Evaluation der Identifikation von Personen mithilfe von DNA-Profilen benötigt (vgl. Abschn. 8.4). Zu den Daten werden mögliche Publikationen und Links zu anderen Datenbanken angegeben. Da ALFRED von der U.S. *National Science Foundation* gefördert wird, sind alle enthaltenen Daten und Informationen frei zugänglich.

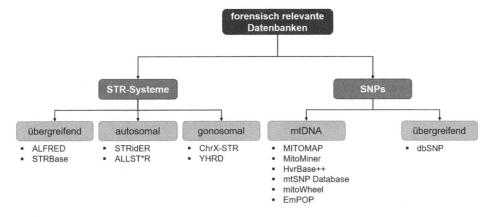

Abb. 6.4 Diese Übersicht zeigt die wichtigsten Vertreter forensisch relevanter Datenbanken

Angefangen mit 40 Populationen und 2000 Allelfrequenztabellen (vgl. Cheung et al. 2000) finden sich nun 760 Populationen mit über 58.897.266 Allelfrequenztabellen (vgl. https://alfred.med.yale.edu/) in diesem Informationssystem (Rajeevan et al. 2011).

6.2.1.2 Short Tandem Repeat DNA Internet DataBase (kurz STRBase)

Für die Suche nach Informationen über STR-Systeme, die bei der Identifikation von Personen eine wichtige Rolle spielen, eignet sich in besonderem Maße die STRBase. Seit 1997 besuchten über 500.000 User dieses Informationssystem. Zu jedem STR-System sind Publikationen, allgemeine Informationen und Sequenzinformationen zu gespeichert. Zudem finden sich Populationsdaten, die am häufigsten genutzten Multiplex-STR-Systeme sowie Angaben zu den PCR-Konditionen und verwendeten Primern. Für die DNA-Typisierung ist dies wohl die erste Anlaufstelle bei der Suche nach Informationen. Diese Datenressource kann über https://strbase.nist.gov// erreicht werden (Ruitberg et al. 2001).

6.2.1.3 Autosomal Database for short tandem repeats (kurz ALLST*R)

In der Datenbank ALLST*R finden sich Allelfrequenzen für zahlreiche autosomale STR-Systeme und Populationen. Zudem sind allgemeine Informationen zu Markern, Populationen, Mutationsraten und Publikationen abgelegt. Unter der URL: http://allstr. de/allstr/home.seam können Anfragen an die Datenbank gestellt werden.

6.2.1.4 ChrX (Chromosom-X) – STR database und Y-Chromosome STR Haplotype Reference Database (kurz YHRD)

Es existieren Datenbanken, die explizit Informationen zu den gonosomalen STR-Systemen enthalten. ChrX-STR (http://www.chrx-str.org/) wird von der Firma Qualitype bereitgestellt. Es werden X-chromosomale STR-Systeme sowie und X-chromosomale STR Haplotypen bereitgestellt. Die Daten umfassen aktuell (Stand Juni 2018) 78 verschiedene Populationen und 6102 Allelfrequenzen.

Für die biostatistische Bewertung der Übereinstimmung von Profilen zwischen Personen werden zudem die Y-chromosomalen Haplotyphäufigkeiten benötigt. Diese und weitere Informationen zu den Y-STR-Systemen sind in der YHRD (*Y Chromosome Haplotype Reference Database*) bereitgestellt. Diese Datenbank ist unter der URL: https://yhrd.org/ zu erreichen (Roewer et al. 2001).

6.2.1.5 Human Mitochondrial Genome Database (kurz MITOMAP)

Für die Suche nach Polymorphismen in der menschlichen mitochondrialen DNA eignet sich die Datenbank MITOMAP. Hier sind Informationen allgemeiner Natur über die mitochondriale DNA des Menschen sowie Variationen in der mtDNA hinterlegt. Mit dem Tool MITOMASTER ist es zudem möglich, in Sequenzen (als Sequenzfile oder Accessionnumber) Variationen zu ermitteln. Die URL https://www.mitomap.org/ MITOMAP führt zu dieser Datenressource (Lott et al. 2013).

6.2.1.6 EDNAP Mitochondrial DNA population database (kurz EmPOP)

Eine weitere mtDNA-Datenbank stellt EmPOP (https://empop.online/) dar. Hier werden mtDNA-Haplotypen aus vielen Teilen der Welt bereitgestellt. Interessant ist dabei, dass Qualitätsstandards wie die der *International Society for Forensic Genetics* (ISFG) bei der Analyse der mtDNA berücksichtigt werden. Ein Login ist erforderlich (Parson und Dür 2007).

6.2.1.7 mitoWheel

Eine grafische Repräsentation der menschlichen mtDNA bietet mitoWheel (http://mitowheel.org/mitowheel.html). Für die Benutzer ist es möglich, in der Visualisierung zu einer bestimmten Nukleotidposition der mtDNA zu navigieren. Direkt ersichtlich ist die Mutationshäufigkeit an den jeweiligen Positionen. Mit einer Suche über das Textfeld kann nach Positionen und Mutationen gesucht werden.

6.2.2 Identifikations- und Verifikationsdatenbanken für die forensische Fallarbeit

Im Abschn. 1.2.3 wurden biometrische Verfahren besprochen. Der Übergang von einem biometrischen Verfahren zu einem funktionsfähigen und den Anforderungen entsprechenden biometrischen System wird durch die Suche und den Vergleich mit in Datenbanken abgelegten Datensätzen erst möglich. Hier wird das Grundprinzip der Forensik noch einmal deutlich. Die Zuordnung einer analysierten Spur zu einer Person erfolgt durch einen nachvollziehbaren Vergleich.

Es soll hier auf ausgewählte Datenbanken und Datenbanksysteme nachfolgend eingegangen werden. Im Gegensatz zu Datenbanken aus den Life Sciences haben Datenbanken, die den Strafverfolgungsbehörden zuzurechnen sind, einen internen Charakter und sind der Öffentlichkeit nicht zugänglich. Dies ist entspricht den Grundsätzen des Datenschutzes und anderen Gesetzen. Das beim Bundeskriminalamt (kurz BKA) betriebene elektronische Informationssystem der Polizei (INPOL) dient als informationstechnisches Verbundsystem von Bund und Ländern. Zugriffsberechtigt sind neben dem Bundeskriminalamt die Landespolizeidienststellen, die Bundespolizei und die Zollbehörden. INPOL besteht zum einen aus Personen- und Sachfahndungsdateien (Stand 2014: 382.597 Festnahmeersuchen, 181.794 Ausschreibungen zur Aufenthaltsermittlung und 10,6 Mio. gelistete Gegenstände), zum anderen ist es in zahlreiche Teildatenbanken aufgeteilt, die jeweils eigene Errichtungsanordnungen, d. h. Verfahrensverzeichnisse, die u. a. die Erhebung und Weiterverwendung personenbezogener Daten regeln, besitzen. Beispiele solcher Teildatenbanken sind die DNA-Analysedatei (kurz DAD) und das Analysesystem zur Serienzusammenführung bei Gewaltverbrechen (ViCLAS).

6.2.2.1 DAD

Die DNA-Analysedatei (vgl. Hohoff und Brinkmann 2003) ist eine zur Speicherung von DNA-Profilen (vgl. Abschn. 8.3) eingerichtete Datenbank, die seit dem 17. April 1998 vom BKA betrieben wird. In der DAD werden genetische Fingerabdrücke von bekannten Personen sowie Tatortspuren von unbekannten Personen (sogenannte Spurendatensätze) eingestellt und abgeglichen. Durch die Vernetzung und den automatisierten Abgleich der DNA-Datenbanken vieler europäischer Staaten können zudem wertvolle Ermittlungshinweise bei grenzüberschreitender Kriminalität erhalten werden. Die DAD umfasste mit Ablauf des zweiten Quartals 2015 insgesamt 1.111.833 Datensätze, die sich aus 839.875 Personendatensätzen und 271.958 Spurendatensätzen zusammensetzen. Seit Errichtung der Datei wurden 198.644 Treffer erzielt (http://www.bka.de/DE/ThemenABisZ).

6.2.2.2 Violent Crime Linkage Analysis System (kurz ViCLAS)

ViCLAS (vgl. Johnson 1994; Martineau und Corey 2008) ist ein Analysesystem zur Serienzusammenführung bei Gewaltverbrechen. Es handelt sich also insbesondere um eine Falldatenbank, die speziell für den Bereich der besonders schwerwiegenden Gewaltkriminalität entwickelt wurde und bei Tötungs- und Sexualdelikten zum Einsatz kommt, bei denen keine familiären oder sonstigen bekanntschaftlichen Vorbeziehungen zwischen Opfer und Täter bestanden. Die ViCLAS-Datenbank basiert auf der in den 1980er-Jahren durch das FBI entwickelten Falldatei *Violent Criminal Apprehension Program* (kurz ViCAP) und wird durch die *Royal Canadian Mounted Police* (kurz RCMP) verwaltet. ViCLAS wird neben Kanada in zehn weiteren weltweiten Staaten, wie Deutschland, Dänemark und Großbritannien, eingesetzt. Die Datenbank ist dazu geeignet, Rückfall-, Wiederholungs- und Serientäter anhand ihrer Taten (Begehungsmuster) zu erkennen sowie Einzeltaten schnellstmöglich zusammenzuführen und bezüglich Übereinstimmungen zu anderen Fällen zu prüfen. In ViCLAS werden ausführliche Fallinformationen zu Tötungsdelikten, sexuellen Gewaltdelikten, Vermisstenfällen und verdächtigem Ansprechen von Kindern und Jugendlichen erfasst. Gerade mit dem Blick auf neuartigen Technologien aus den Computerwissenschaften ist es vorstellbar, dass alle besprochenen biometrischen Merkmale und die daraus extrahierten biometrischen Daten gespeichert und verglichen werden können. Geeignete Datenbanktechnologien stehen Entwicklern und Nutzern im ausreichenden Maße zur Verfügung.

6.2.2.3 Automatisches Fingerabdruck-Identifizierungssystem (kurz AFIS)

Bei AFIS (vgl. Khanna und Shen 1994; Komarinski 2005) handelt es sich um eine in Deutschland seit dem Jahr 1993 genutzte Datenbank über Fingerabdrücke (vgl. Sektion Der Fingerabdruck). Die Datenbank basiert auf der Codierung sogenannter Minuzien, wie die Gabelung einer Papillarleiste oder der Beginn bzw. das Ende einer Papillarleiste. Nach dem Einscannen und der Digitalisierung der Fingerabdrücke ermöglicht AFIS eine automatische Featureberechnung basierend auf den Minuzien und dem Abgleich mit in der Datenbank bereits hinterlegten Fingerabdrücken. Zurzeit umfasst AFIS laut BKA ca. 2.800.000 Fingerabruckblätter, ca. 1.900.000 Handflächenabdrücke und ca. 400.000 offene (ungelöste) Spuren. Durchschnittlich werden pro Jahr etwa 350.000 Fingerabdruckblätter, ca. 200.000 handflächenpaare und ca. 180.000 Spuren bearbeitet. Die Zahl der Identifizierungen pro Jahr liegt bei ca. 20.000 Personen- und ca. 24.000 Spurenidentifizierungen.

6.2.2.4 Eurodac-System

Das Eurodac-System (vgl. Schröder 2001; Brouwer 2002) dient Mitgliedstaaten der Europäischen Union seit dem Jahr 2000 zur Identifizierung von Asylbewerbern und Personen, die beim illegalen Überschreiten einer EU-Außengrenze aufgegriffen wurden. Die Grundlage bilden unter anderem wie bei AFIS Fingerabdrücke der jeweiligen Personen. Bei Aufgreifen eines Verdächtigen kann überprüft werden, ob dieser in einem anderen EU-Mitgliedsstaat Asyl beantragt hat oder womöglich bereits zum wiederholten Male illegal eingereist ist, d. h., es soll verhindert werden, dass Asylbewerber in mehreren Mitgliedsstaaten zeitgleich mehrere Asylverwahren betreiben können. Neben Fingerabdrücken werden in der Datenbank zusätzliche Informationen, wie Geschlecht der Person, Herkunftsland und der Zeitpunkt der Abnahme der Fingerabdrücke, gespeichert.

▶   **Lesehinweis** Viele nützliche Informationen in Bezug auf Begriffe und aktuelle Statistiken bieten die Seiten des Bundeskriminalamtes (http://www.bka.de/DE/ThemenABisZ).

Fazit

Datenbanken dienen der strukturierten Ablage von Daten bzw. Informationen. Dabei ermöglichen Datenbankmanagementsysteme den Zugriff auf die Daten mit Hilfe von Sprachschnittstellen. Der Nutzer kennt meist die genaue Strukturierung der Daten nicht. Für die Speicherung der Daten auf dem Rechner ist das DBMS zuständig. Im Kontext der Life Sciences werden in den Sequenzdatenbanken (bspw. des NCBI) Sequenzen, mit eindeutigen IDs (Bsp. accession number) und einer Annotation abgespeichert. Für den Austausch dieser Sequenzdaten werden Sequenzformate, wie das FASTA-Format oder der EMBL-Flat-File verwendet. Es werden unter anderem Mutationen (dbSNP), Strukturen von Biomolekülen (PDB) und Phänotypen (OMIM) in Datenbanken abgelegt. Entsprechend der biologischen Fragestellung sollten biologische Datenbanken für deren Beantwortung außerdem auf Aktualität und Qualität geprüft werden. Dabei kann das NAR-Journal helfen, welches in der Database Issue in jedem Jahr Neuerungen/Updates bekannter Datenbanken bzw. neue Datenbanken aus dem Gebiet der Life Sciences vorstellt. Die in der Literatur vorgenommene Einteilung in primäre und sekundäre Datenbanken ist längst überholt. Die strukturierte Ablage von Daten und Informationen erfolgt in allen Bereichen des täglichen Lebens. Auch im Handlungsfeld der Forensik ist eine entsprechende Speicherung von Informationen unerlässlich. Datenbanken wie die AFIS, in der Fingerabdrücke und dazugehörige Personendaten gespeichert werden, werden für die Personenidentifikation benötigt. Zudem werden für die Beurteilung des genetischen Fingerabdrucks die Häufigkeiten genetischer Ausprägungen in Populationen benötigt, die in ALFRED abgelegt sind.

Literatur

Benson DA, Cavanaugh M, Clark K (2017) GenBank. Nucleic Acids Res 45(Database issue): D37–D42

Beutler E (1969) Drug-induced hemolytic anemia. Pharmacol Rev 21(1):73–103

Brouwer E (2002) Eurodac: its limitations and temptations. Eur J Migr Law 4(2):231–247

Cheung KH, Miller PL, Kidd JR et al (2000) ALFRED: a web-accessible allele frequency database. Pac Symp Biocomput 28(1):639–650

Galperin MY, Fernández-Suárez XM, Rigden DJ (2017) The 24th annual nucleic acids research database issue: a look back and upcoming changes. Nucleic Acids Res 45(Database issue):D1–D11

Hansen A (2004) Bioinformatik: Ein Leitfaden für Naturwissenschaftler, 2. Aufl. Birkhäuser, Basel

Hohoff C, Brinkmann B (2003) Trends in der forensischen Molekulargenetik. Rechtsmedizin 13(4):183–189

Johnson G (1994) VICLAS: violent crime linkage analysis system. RCMP Gaz 56(10):9–13

Khanna R, Shen W (1994) Automated fingerprint identification system (AFIS) benchmarking using the National Institute of Standards and Technology (NIST) Special Database 4. In: IEEE, S 188–194

Kleuker S (2013) Grundkurs Datenbankentwicklung – Von der Anforderungsanalyse zur komplexen Datenbankanfrage, 3. Aufl. Springer Vieweg, Wiesbaden

Komarinski P (2005) Automated fingerprint identification systems (AFIS), 1. Aufl. Academic Press, Burlington

Lott MT, Leipzig JN, Derbeneva O et al (2013) mtDNA variation and analysis using MITOMAP and MITOMASTER. Curr Protoc Bioinform 1(123):1.23.1–1.23.26

Martin H, Wörner W, Rittmeister B (1964) Hämolytische Anämie durch Inhalation von Hydroxylaminen Zugleich ein Beitrag zur Frage der Heinz-Körper-Bildung. Klin Wochenschr 42(15): 725–731

Martineau MM, Corey S (2008) Investigating the reliability of the violent crime linkage analysis system (ViCLAS) crime report. J Police Crim Psychol 23(2):51–60

Merkl R, Waack S (2009) Bioinformatik interaktiv: Grundlagen, Algorithmen, Anwendungen, 2. Aufl. Wiley-VCH, Weinheim

Parson W, Dür A (2007) EMPOP – a forensic mtDNA database. Forensic Sci Int Genet 1(2):88–92

Rajeevan H, Soundararajan U, Kidd JR et al (2011) ALFRED: an allele frequency resource for research and teaching. Nucleic Acids Res. 1–6

Rentsch G (1968) Genesis of Heinz Bodies and methemoglobin formation. Biochem Pharmacol 17(3):423–427

Roewer L, Krawczak M, Willuweit S (2001) Online reference database of European Y-chromosomal short tandem repeat (STR) haplotypes. Forensic Sci Int 118(2–3):106–113

Ruitberg CM, Reeder DJ, Butler JM (2001) STRBase: a short tandem repeat DNA database fort he human identity testing community. Nucleic Acids Res 29(1):320–322

Schröder B (2001) Das Fingerabdruckvergleichssystem EURODAC. ZAR 2:71–75

Sigrist CJA, Castro E de, Cerutti L (2012) New and continuing developments at PROSITE. Nucleic Acids Res 41(Database issue):D344–D347

Winterbourn CC, Carrell RW (1973) The attachment of Heinz bodies to the red cell membrane. Brit J Haematol 25(5):585–592

Fingerabdruck

7

In diesem Kapitel wird die wohl bekannteste aller Spuren in der Forensik, der individuelle Fingerabdruck, thematisiert. Dabei wird die Entstehung, Analyse und Einteilung des Fingerabdrucks schrittweise erläutert. Die Unveränderlichkeit und damit die enorme Bedeutung für die Forensik wird im Weiteren dargestellt.

7.1 Einführung

Wer einen neuen Reisepass *(ePass)* beantragt, muss zumindest in Deutschland einen digitalisierten Fingerabdruck hinterlassen und hat damit eine gewisse erkennungsdienstliche Behandlung hinter sich. Der klassische Fingerabdruck ist also Teil der biometrischen Daten, welche in unseren Reisedokumenten gespeichert werden. Neben dem klassischen Fingerabdruck enthält der elektronische Reisepass ein biometrisches Passbild. Beide biometrischen Merkmale werden elektronisch auf dem Chip gespeichert. Der Fingerabdruck gilt als einzigartiges Erkennungsmerkmal einer Person. Somit ist ein Vergleich, im Sinne der Identifizierung des Reisenden mit den Daten aus dem Reisepass, möglich. Hieraus ergibt sich, ob Pass und Person wirklich zusammengehören. In Deutschland wurde der *ePass* 2007 eingeführt.

7.2 Fingerbeere und die Entstehung der Papillarleisten

Nachfolgend werden die physiologischen und anatomischen Grundlagen des Fingerabdrucks erarbeitet. Dabei soll die Entstehung der Papillarleisten während der Embryonalentwicklung thematisiert werden. Ein entscheidendes Merkmal der Fingerbeere ist die Individualität der Papillarleisten, die als Abbild dem Fingerabdruck (Papillarlinien) entsprechen.

© Springer-Verlag GmbH Deutschland, ein Teil von Springer Nature 2018
D. Labudde und M. Mohaupt, *Bioinformatik im Handlungsfeld der Forensik*,
https://doi.org/10.1007/978-3-662-57872-8_7

Als Fingerbeere bezeichnet man die abgerundete fleischige Vorwölbung an jedem Fingerendglied unterhalb des Fingernagels auf der Handinnenseite. Während des 3. bis 4. Schwangerschaftsmonats bilden sich nicht vererbbare, individuelle Papillarleisten heraus. Eine Reihe von Bedingungen sind für diesen zufälligen Prozess mitverantwortlich. In der Literatur spricht man von nicht genau definierbaren Einflüssen, wie zum Beispiel: mütterlicher Stress, körperliches Wohlergehen und Ernährungszustand der Mutter. Diese Zufälligkeit ist vergleichbar mit dem Verpacken eines Heißluftballons. Man stelle sich einen gefüllten Heißluftballon vor, aus dem der gasförmige Inhalt entweicht. Der Ballon fällt in sich zusammen und bildet dabei am Boden ein zufälliges Faltungsmuster, welches analysierbar ist. Wiederholt man den Vorgang mit dem gleichen Ballon, wird ein anderes, zufälliges Faltungsmuster entstehen. Diesen nicht kausalen Zusammenhang könnte man auf den Entstehungsvorgang des individuellen Papillarleistensystems eines Menschen übertragen.

Der Entstehungsvorgang des menschlichen Papillarleistensystems lässt sich vereinfacht wie folgt beschreiben: Der Prozess wird eingeleitet, wenn sich kurze Zeit davor die Tastballen an Händen und Füßen durch eine starke Blutzufuhr aufblähen und dadurch die Oberhaut (vgl. Abschn. 4.2) stark gespannt wird. Während dieser Zeit vermehrt sich die darunterliegende Keimschicht, vor allem in den Ballenzonen durch Zellteilung. Wenn dann die erhöhte Blutzufuhr nachlässt, wird die Vermehrung der Zellen und der Zellfläche insgesamt gegenüber der Ausdehnung der *Epidermisoberseite* durch Faltung ausgeglichen. Dabei bildet sich eine zufällige Anordnung. Jeder Embryo hat zu diesem Zeitpunkt im Mutterleib eigene Bedingungen. Das trifft auch für eineiige Zwillinge zu, da sie zu diesem Zeitpunkt als unabhängig voneinander existierende Embryonen bestehen (Maltoni et al. 2009).

Auch wenn dieser Vorgang zufällig erscheint, finden wir auf dem menschlichen Genom Gene, welche für die grundsätzliche Entstehung der Hautleisten verantwortlich sind. Bis zum heutigen Zeitpunkt gibt es keinen Hinweis, dass die Musterentstehung genetisch bedingt ist (Maltoni et al. 2009).

▷   **Lesehinweis** Um die Inhalte dieser Kapitel nachvollziehen zu können, sollten Sie Abschn. 4.2 hinreichend studiert haben.

Anatomisch gesehen stellt die Haut das größte Organ des Menschen dar. Es werden im Wesentlichen zwei Hautarten unterschieden. Der größte Teil des Körpers (ca. 90 %) ist mit der sogenannten Felderhaut bedeckt. Diese Felderhaut spielt für daktyloskopische Untersuchungen keine Rolle, wird im Umfeld von Gewalteinwirkungen auf den menschlichen Körper analysiert (Abschn. 4.6) und liefert dafür wichtige Informationen und Hinweise.

▷ **Definition** Die Daktyloskopie (altgriech. dáktylos „Finger" und skopiá „Spähen") beschäftigt sich mit den Papillarleisten in den Handinnen- und Fußunterseiten.

Die Verzahnung der *Dermis* und *Epidermis,* die mit der Höhe und Anzahl der Papillar-körper einhergeht, ist bei starker mechanischer Beanspruchung des betreffenden Körper-teils besonders ausgeprägt. Wir unterscheiden die beiden morphologischen Hautformen Leisten- und Felderhaut. Bei der Leistenhaut, die sich an den Handinnenflächen (palmar) und den Fußsohlen (plantar) befindet, werden wir höhere Papillarkörper finden als in der sogenannten Felderhaut. Diese unterscheidet sich deutlich von der Leistenhaut durch die charakteristische Felderung (Polygone) durch Furchen und die Abwesenheit des Reliefs (Papillarleistensystem). Sie ist auf dem Handrücken besonders gut zu erkennen und bedeckt den größten Teil des Körpers. Haare sowie Talg- und Duftdrüsen münden in den Furchen während die Schweißdrüsenöffnungen auf den Feldern selbst liegen. Durch die erhöhten und vermehrten Papillarkörper in der Leistenhaut entstehen die charakte-ristischen Leisten, die an der Oberfläche der Haut sichtbar sind und durch furchenartige Vertiefungen voneinander getrennt vorliegen. Das entstehende Muster der Papillarleisten wird als Papillarleistensystems bezeichnet und geht auf die Anordnung der Papillar-körper zurück (Herrmann und Trinkkeller 2015).

▶ **Hinweis** Das Muster des Papillarleistensystems (Fingerabdruck) ist einzig-artig und unterliegt nicht einer altersbedingten Veränderung. Mehr zu dieser Thematik und dem Anwendungsgebiet in der Forensik (Daktyloskopie) ist in Abschn. 7.3.2 und 7.3.3 nachzulesen.

Für die Einsenkung des Epithels zwischen den Papillarkörpern haben sich die Begriffe Epithel- oder Reteleisten durchgesetzt. Diese Leisten bilden die Furchen des Papillar-leistensystems. Die an der Hautoberfläche zu sehenden Aufwerfungen werden als Cris-tae cutis und die Einsenkungen als Sulci cutis bezeichnet. Diese Struktur verbessert das Tasten, Greifen und Fühlen. Es wurde festgestellt, dass die Leistenhaut eine hohe Dichte an Tastkörperchen und Nervenenden besitzt. Von besonderer Bedeutung für das menschliche Greifen ist das Vorhandensein von Schweißporen in diesen Regionen. In der Leistenhaut finden wir die Schweißdrüsenöffnungen auf den Leisten. Im Gegensatz zur Felderhaut besitzt die Leistenhaut keine Haare und keine Talg- und Duftdrüsenöffnungen (vgl. Abb. 7.1; Zilles und Tillmann 2010).

Die Leistenhaut besitzt einige Besonderheiten im Vergleich zur Felderhaut. So ist die Schicht des *Stratum corneum* wesentlich dicker als in der Felderhaut. Zudem existiert hier eine weitere Schicht das *Stratum lucidum,* die zwischen dem *Stratum corneum* und dem *Stratum granulosum* liegt. (vgl. Abschn. 4.2). Von besonderer Bedeutung ist, dass Wunden, die nicht in die Keimschicht einwirken, ohne Folgen ausheilen, sodass das Papillarleistensystem wiederhergestellt wird. Veränderungen der Haut, die zur Narben-bildung führen, verändern zwar das Erscheinungsbild der Papillarleisten, machen aber eine Identifizierung weiterhin möglich. Veränderungen der Haut, die mit einer Ver-dickung der Epidermis (Oberhaut) einhergehen, können zu einer Vertiefung des Papillar-liniensystems führen. Man spricht dabei von einer Lichenifikation (Herrmann und Trinkkeller 2015).

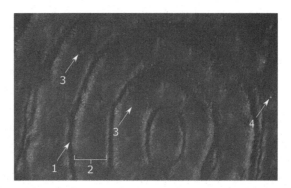

Abb. 7.1 Die Abbildung zeigt einen mikroskopischen Ausschnitt der Fingerbeere mit 100-facher Vergrößerung. Zu sehen sind die Papillarrillen (1) und die Papillarleisten (2). Auf den Leisten sind die Öffnungen der Schweißdrüsen zu sehen (3). In einigen der Schweißdrüsenöffnungen befinden sich Schweißtropfen (4)

John Dillingers „unauslöschbare" Fingerabdrücke

John Dillinger wurde 1903 in Indiana geboren. Den Spitznamen „Staatsfeind Nummer 1" bekam er aufgrund seiner zahlreichen Delikte vom FBI. Diese setzten dann auf ihn das bis dahin höchste Kopfgeld in der Geschichte der USA von 25.000 US$ aus. In seiner Jugend beging er als erste Straftat einen Autodiebstahl. Nachdem er einen Kaufmann überfiel, wurde er zu 10 bis 20 Jahren Haft verurteilt. Nach seiner Entlassung 1924 spezialisierte er sich mit seiner Bande auf Banküberfälle und wurde 1933 erneut verhaftet, jedoch gelang ihm durch einen spektakulären Ausbruch die Flucht. Um den staatlichen Behörden nicht wieder in die Fänge zu geraten, unterzog er sich einer Gesichtsoperation und verätzte seine Fingerbeeren. Am 21. Juli 1934 kontaktierte eine Bekannte von Dillingers Freundin das FBI und teilte den Ermittlern seinen Aufenthaltsort mit. Daraufhin wurde er vor einem Chicagoer Kino erschossen. Kurze Zeit später kamen Gerüchte auf, dass es sich bei dem Opfer nicht um Dillinger handeln könnte. Narben und Augenfarbe seien bei der Leiche ganz anders gewesen. Jedoch konnte man diese Gerüchte sehr schnell ausräumen. Trotz seiner Bemühungen stimmten die im Leichenschauhaus abgenommenen Fingerabdrücke (Papillarlinien) mit denen in der Kartei abgelegten und registrierten überein. Dillinger wurde mithilfe von Fingerabdrücken eindeutig identifiziert.

7.3   Daktyloskopie

Auf der Daktyloskopie basiert das biometrische Verfahren des daktyloskopischen Identitätsnachweises – Fingerabdruckverfahren –, das auf den biologischen Unregelmäßigkeiten menschlicher Papillarleisten in den Handinnenseiten und Fußunterseiten beruht.

7.3.1 Historische Entwicklung der Daktyloskopie

Die Identifikation einer Person (vgl. Abschn. 1.2.2) anhand ihres Fingerabdrucks wird als Daktyloskopie bezeichnet. Archäologische Funde der Chinesen und Assyrer zeigen, dass Töpfer ihren Fingerabdruck im Ton als Markenzeichen hinterließen. Der Fingerabdruck wurde dann zur Verifikation von Verträgen in der Tang Dynastie (längste Dynastie von 618–907 in der chinesischen Geschichte) verwendet. 1684 präsentierte Dr. Nehemian Grew einen Bericht vor der London Royal Society, in dem er die Papillarleisten und -rillen der Hände und Füße darstellte. Marcello Malpighi, ein italienischer Arzt, beschrieb zwei Jahre später neben dem dänischen Anatom Govard Bidloo als Erster die Papillarleisten, die er als Tastorgane erkannte und in Schleifen und Wirbel einteilte. Der deutsche Anatom J. C. A. Mayer veröffentlichte eine Darstellung der Papillarleisten, welche zeigen sollte, dass zwei Personen keine identischen Fingerabdrücke besitzen (vgl. Nickell und Fischer 1999; Wiedemann 2012).

Die Klassifizierung der Fingerabdrücke nach Grundtypen bzw. Grundmustern wurde erstmalig 1823 von dem tschechischen Physiologen Jan Evangelista Purkinje (1787–1869) vorgenommen. Die neun verschiedenen Muster der Fingerabdrücke bilden die plain arch, tended arch, oblique stria, loops, whorl, spiral whorl, elliptical whorl, circular whorl und twinned loop (vgl. Nickell und Fischer 1999; Wiedemann 2012).

Erstmals wurde 1858 in England (ist belegbar) der Fingerabdruck zur Identifikation im Bereich der Kriminalistik eingesetzt. William Herschel verwendete den Fingerabdruck zur Authentifikation von Verträgen in Indien. Dort kam es in dieser Zeit vermehrt zu Betrügen beim Bezug der Rente und Pension. Gleichzeitig entdeckte auch der Arzt Dr. Henry Faulds, dass auf Oberflächen hinterlassene Fingerabdrücke aufgrund des in den Papillarrillen befindlichen Schweißes mit einem Pulver sichtbar gemacht werden können. Er konnte so einen Einbrecher überführen, der einen Fingerabdruck auf einer Scheibe hinterließ. Seine Entdeckungen und Erkenntnisse veröffentlichte er in der Zeitung *Nature,* was zu einem Disput mit Herschel führte. Der dadurch auf dieses Feld aufmerksam gewordene Sir Francis Galton veröffentlichte das Buch *Finger Prints* im Jahre 1892. Dort nannte er Herschel den Begründer der Personenidentifikation mittels Fingerabdruck. Herschels Nachfolger in Indien, Sir Edward Henry (1850–1931), entwickelte ein eigenes Klassifizierungssystem, welches durch seine Einfachheit ein praktisches funktionsfähiges System darstellte. Nach der Veröffentlichung dieses neuen Klassifizierungssystems in einem Buch, kam dieses System erstmals 1901 in England und Wales zum Einsatz. Mit einigen wenigen Modifikationen wurde es außerdem beim *FBI (Federal Bureau of Investigation)* übernommen. Das modifizierte Henry-System wird noch heute so angewandt. Das Ende der Bertillonage und der endgültige Siegeszug des Fingerabdrucks wurden durch den Fall „The Two Will Wests" im Jahr 1903 besiegelt. Dabei wurden bei der Aufnahme des Straftäters Will West in das Gefängnis Leavenworth durch die Bertillonage-Vermessungen des Körpers (Körpermaße wie Größe, Kopflänge und -breite) Übereinstimmungen mit den Gefängnisdaten festgestellt. Der andere Straftäter William West war noch Insasse in diesem Gefängnis, sodass eine

Gegenüberstellung erfolgte. Dabei zeigte sich, dass die beiden Gefangenen einander sehr ähnelten und die Fingerabdruckmethode als einzige Methode zur Identifikation der Straftäter infrage kam. Man stellte fest, dass die beiden Straftäter tatsächlich Zwillinge waren. Damit konnte gezeigt werden, dass der Fingerabdruck nicht gänzlich genetisch festgelegt ist (vgl. Nickell und Fischer 1999; Wiedemann 2012).

Die Unveränderlichkeit des Fingerabdrucks bewies der deutsche Forscher Herman Welcker in dem Zeitraum von 1856 bis 1897. Er erstellte einen Fingerabdruck und verglich ihn mit einem, den er 41 Jahre später anfertigte. Dabei konnte er keine Veränderungen der Papillarleisten feststellen. Die Daktyloskopie ist mit diesen drei Besonderheiten des Papillarleistensystems des Menschen (individuell, keine Veränderung mit dem Alter und eineindeutig) bis zum jetzigen Zeitpunkt eines der besten biometrischen Verfahren. An der Automatisierung der Fingerabdruckerkennung wurde ab den 1960er-Jahren gearbeitet (vgl. Nickell und Fischer 1999; Wiedemann 2012).

7.3.2 Analyse und Einteilung

Allein das Vorhandensein der Besonderheiten und anatomischen Merkmale in den Papillarleisten ist nicht der einzige Grund, daraus eines der wichtigsten Teilgebiete der modernen Forensik (Daktyloskopie) werden zu lassen. Dass die Daktyloskopie einen hohen Stellenwert bei der Identifikation und Verifikation von Personen erlangte, ist auf zwei Grundtatsachen zurückzuführen, die sie von den anderen Möglichkeiten der Identifizierung unterscheidet: die *Einmaligkeit u*nd die *natürliche Unveränderlichkeit* der Papillarleistengebilde (vgl. Abschn. 1.2.3). Bei beiden Grundtatsachen handelt es sich um Axiome, d. h. um feststehende Grundsätze, die keines Beweises bedürfen. Als empirisch nachgewiesen steht fest, dass sich in der Natur keine individuelle Erscheinungsform wiederholt. Dieses wird u. a. mit dem unbegrenzten Formenreichtum und der unendlichen Formengestaltung der Natur begründet (z. B. keine identischen Blätter am Baum, verschiedene Fellzeichnungen im Tierreich). Die Papillarleisten eines jeden Menschen sind von Natur aus unveränderlich. Es steht fest, dass keine Papillarleiste und anatomisches Merkmal verschwindet oder hinzukommt. Im Verhältnis zum Gesamtbild wird keine der Papillarleisten länger oder kürzer. Ebenfalls ist ausgeschlossen, dass anatomische Merkmale sich in Form und/oder Lage ändern. Der Mensch unterliegt einem natürlichen Wachstums- und Alterungsprozess. So ist die Fingerbeere eines Kindes selbstredend kleiner als die eines Erwachsenen. Durch das Wachstum des Menschen bedingte Ausdehnungen der Fingerbeere beeinträchtigen nicht das individuelle Papillarleistenbild. Der Alterungsprozess der menschlichen Haut oder berufsbedingte Alterungserscheinungen bleiben ebenfalls ohne Konsequenzen für die Individualität der Papillarleisten. Somit ergibt sich, dass sich Erscheinungsbilder immer wieder auf gemeinsame Grundformen zurückführen lassen können, sodass die deshalb als solche identifizierbar sind. Diese Phänomene wurden durch zahlreiche Studien bestätigt und können heute in historischen Sammlungen eingesehen werden. Des Weiteren wurde

durch langjährige Beobachtung von Zwillingen und Drillingen festgestellt, dass die Entstehung des Papillarleistensystems weitestgehend zufällig und somit nicht ausschließlich
genetisch manifestiert ist. Das Erscheinungsbild der Papillarleisten, welches für eine
weitere Analyse abgenommen wird, bezeichnet man als Fingerabdruck, welcher aus
Papillarlinien und weiteren anatomischen Merkmalen aufgebaut ist.

▶ **Hinweis**
Der Fingerabdruck ist:
- einmalig – nicht zwei Finger auf der ganzen Welt haben identische Papillarlinien;
- zufällig – das Muster bildet sich erst während der Embryonalentwicklung in
  einem Zufallsprozess, aus, eineiige Zwillinge haben unterschiedliche Papillar-
  linienverläufe;
- konstant – das Muster bleibt ein Leben lang unverändert.

Aus dem individuellen Papillarlinienverlauf und dem Vorhandensein weiterer ana-
tomischer Merkmale kann der resultierende Fingerabdruck für Vergleichs- und Identi-
fizierungszwecke genutzt werden. Anatomische Merkmale sind charakteristische
Besonderheiten, die sich als Abweichungen vom normalerweise parallelen, unter-
brechungsfreien Papillarleistenverlauf darstellen. Sie werden beispielsweise als Beginn
oder Ende einer Papillarlinie, Gabelung oder Insel bezeichnet. Der Verlauf und die
Merkmale werden zur Klassifizierung der Fingerabdrücke verwendet. Ziel jedes Klassifizierungssystems ist es, eine Ordnung im Sinne einer Gruppierung von Elementen zu
erreichen. Ein Klassifizierungssystem, welches sich für die Identifizierung von Personen
eignet, setzt Systeme für die Speicherung und Werkzeuge für den Vergleich voraus.

Erfolglose Klassifikation

Das berühmte Gemälde Mona Lisa von Leonardo Da Vinci wurde am 21. August
1911 aus dem Louvre in Paris gestohlen. Man fand auf der Glasscheibe, die zum
Schutz des Gemäldes angebracht wurde, einen Fingerabdruck des Diebes. Zu diesem
Zeitpunkt gab es das von Alphonse Bertillon aufgestellte Profil bereits ergänzt durch
Informationen des Fingerabdrucks (jedoch nur der rechten Hand), jedoch ohne Klassifikationssystem. So mussten sich die Ermittler monatelang durch Karteikästen arbeiten, jedoch blieb diese Aktion ohne Erfolg. Zwei Jahre später nahmen Ermittler den
Dieb fest, weil sein Fingerabdruck mit dem am Tatort gefundenen übereinstimmte. Es
stellte sich heraus, dass sich die Fingerabdrücke die gesamte Zeit im Bestand der Kar-
teien von Bertillon befanden. Doch man konnte keine Übereinstimmung erzielen, da
es sich um den linken Daumen handelte. Ein solches Klassifizierungs- und Speicher-
system wie es zu der damaligen Zeit war, ist somit nicht erfolgsversprechend.

Der klassische Fingerabdruck ist ein sehr gutes Beispiel, dass es bei der Identifizierung
nicht um Daten, sondern um Informationen, welche aus Verläufen und Mustern abgeleitet

werden, geht. So unterscheidet man in der Literatur verschiedene Informationsebenen des daktyloskopischen Identitätsnachweises. Die erste Ebene ist das Vorhandensein sogenannter Grundmuster. Die Lage und Form der Minuzien entspricht der zweiten Ebene. Die dritte Ebene umfasst zusätzliche und relevante Erscheinungen. 1686 entdeckte Marcello Malpighi spezifische Grundmuster in Fingerabdrücken und bezeichnete sie als Schleifen und Wirbel. Das Bogenmuster wurde von Sir Francis Galton erst 1892 als solches identifiziert. Diese drei entdeckten Grundmuster bilden auch heute noch die Basis zur Fingerabdruckidentifizierung. Als Schleife (Loop) werden dabei eine oder mehrere Papillarleisten bezeichnet, die sich einmal um sich selbst krümmen und dorthin zurückreichen, woher sie gekommen sind. Bei einem Wirbel *(Whorl)* verlaufen die Papillarleisten wirbelförmig. Bögen bezeichnen wellenförmige Papillarleisten, die im Zentrum der Fingerbeere entstehen. Die Schleife ist mit 60 bis 65 % das am häufigsten auftretende Grundmuster, gefolgt von dem Wirbel mit 30 bis 35 %. Weniger als 5 % der Grundmuster sind Bögen. Jeder Mensch hat eine unterschiedliche Anzahl dieser Grundmustertypen, welche bei jeder Person von Fingerbeere zu Fingerbeere variiert. Eine detailliertere Unterscheidung dieser Grundmuster ist möglich und wird in der Praxis angewandt (vgl. Abb. 7.2). Für bestimmte ethnische Personengruppen ist die Häufigkeitsverteilung des Auftretens dieser Grundmuster bekannt (vgl. Herrmann und Saternus 2007).

Auf der zweiten Ebene werden weitere Eigenschaften als Informationsquelle verwendet. Dabei handelt es sich um sogenannte anatomische Merkmale (Minuzien lat. minutus = „Kleinigkeit"). Diese kleinen Besonderheiten, welche dem Papillarlinienverlauf zu entnehmen sind, besitzen einen hohen Informationsgehalt. Zu Ehren von Francis Galton, der einen entscheidenden Anteil an dem heutigen Klassifikationssystem für Fingerabdrücke besitzt, werden diese Merkmale als *Galton details* bezeichnet. Der hohe Informationsgehalt dieser Ebene ergibt sich aus der Analyse der Form und Lage dieser anatomischen Merkmale (vgl. Abb. 7.3). Sie behalten auch unter abträglichen Bedingungen ihren Informationsgehalt.

Als dritte Ebene bezeichnet man daktyloskopisch relevante Erscheinungen zu denen Zwischenleisten, Poren, Kantenverläufe sowie Feinstrukturen von Falten, Furchen und Narben (Abschn. 4.2) gehören.

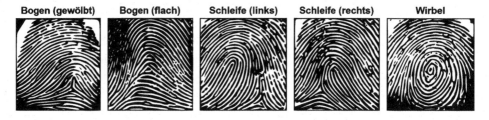

Abb. 7.2 Die Abbildung zeigt die drei Grundmuster Schleife, Bogen und Wirbel des Fingerabdrucks. Es existieren weitere Unterteilungen dieser Grundmuster (z. B. linksverlaufende und rechtsverlaufende Schleife)

Abb. 7.3 Die Abbildung zeigt einige der möglicherweise auftretenden Minuzien in einem Fingerabdruck

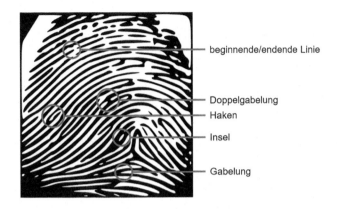

beginnende/endende Linie

Doppelgabelung

Haken

Insel

Gabelung

Auch wenn seit 1860 daktyloskopische Verfahren existieren, welche im Sinne von Datenbanken verstanden werden können, hat die Entwicklung der Analysemöglichkeiten in den letzten Jahren enorme Fortschritte gemacht. Neue Ansätze gelten der Verbesserung der Aufnahmetechniken. Dadurch können zusätzliche personenbezogene Informationen neben der reinen Identitätskontrolle gewonnen werden. In diesem Zusammenhang wird der Begriff „chemischer Fingerabdruck" verwendet. Dieser Abdruck verrät nicht nur die Identität einer Person, sondern enthält Informationen von Gegenständen und Substanzen, die von der Person zuletzt berührt wurden. Durch ein Analyseverfahren lassen sich Spuren von Drogen, Sprengstoff oder bestimmten Stoffwechselprodukten der Person direkt am Tatort nachweisen. Das Analyseverfahren ist die Desorptions-Elektrospray-Ionisations-Massenspektrometrie (kurz DESI-MS). Aus den Daten wird dann der „chemische Finger-abdruck" erzeugt und liefert zusätzlich ein klassisches Fingerabdruckbild, welches mit herkömmlich gespeicherten Dateien verglichen werden kann. Das Prinzip der Elektro-chemilumineszenz wird ebenfalls zur Erstellung von chemischen Fingerabdrücken ver-wendet (vgl. Xu et al. 2012). Der Abdruck wird auf ein Indium-Zinn-Oxid-beschichtetes Plättchen aus rostfreiem Stahl gegeben. Nach Zugabe einer Tripropylamin-Lösung bilden die fetthaltigen Stellen dunkle Flecken im elektrochemischen Bild, da dort keine Reaktion induziert werden konnte. Das damit erzeugte Negativ des Fingerabdrucks kann mit einer Kamera aufgezeichnet und anschließend ausgewertet werden. Weitere Informationen, wie das Alter und das Geschlecht einer Person, können über ein Positiv-Bild des Abdrucks erhalten werden. Dieser Abdruck entsteht, wenn spezifische Nachweissubstanzen für Alter, Geschlecht oder Sprengstoffe am Fingerabdruck binden und zum lumineszie-ren gebracht werden. So lässt sich das Alter einer Person beispielsweise aus der Lipid-konzentration des Schweißes bestimmen. Diese Konzentration unterscheidet sich deutlich bei Kindern und Erwachsenen (Mong et al. 1999).

▶ **Hinweis**
Die analytische Methode der Massenspektrometrie wird für die Identifizierung einer Verbindung aus ihren Molekül- bzw. Atommassen verwendet. Sie wird für zahlreiche Fragestellungen aus unterschiedlichsten Fachgebieten, wie

Medizin, Chemie und Molekularbiologie, eingesetzt. In unserem Kontext steht die Identifizierung von Substanzen möglicherweise aus Substanzgemischen im Vordergrund. Bei der Durchführung einer MS werden aus Substanzen Ionen erzeugt, die anschließend eine Auftrennung nach ihrem Masse-zu-Ladungsverhältnis (m/z) durchlaufen. Den Abschluss bildet qualitative und quantitative Erfassung. Daraus ergibt sich die Möglichkeit, Substanzen zu Identifizieren. Die DESI-MS stellt eine der zahlreichen Erweiterungen der MS dar. Im Wesentlichen ermöglicht diese Methode die Ablösung von Analytionen aus oder von der Probenoberfläche.

Weitere Informationen entnehmen Sie bitte dem Buch *Massenspektrometrie – Ein Lehrbuch* von Jürgen H. Gross (2013).

Der größte Teil der übertragenen Substanzen durch Fingerabdrücke besteht aus körpereigenen Substanzen. Diese umfassen Schweiß und Talg. Ungefähr 80 % der Papillarleistenabdrücke werden durch Schweiß bzw. dessen Inhaltsstoffe hervorgerufen. Die Zusammensetzung des menschlichen Schweißes wird durch verschiedene Faktoren beeinflusst. Beispielhaft seien hier Alter und Geschlecht, Nahrung, momentaner Stoffwechsel und physische Belastung benannt. Der Einfluss dieser Faktoren resultiert in einer individuell stark schwankenden Schweißzusammensetzung. Wasser bildet den größten Anteil des Schweißes (97–99 %). Hinzu kommen Substanzen wie Proteine (vgl. Abschn. 2.2.3), Lipide und niedermolekulare Stoffe. Häufig sind Cystein-Proteasen aus der Klasse der Proteine im Schweiß enthalten.

Die Verhältnisse der Fette und Proteine sind anscheinend individuell genug, um sie forensisch auszuwerten. So könnten das Alter der Person und der Spur sowie das Geschlecht damit herausgefunden werden. Die erforderlichen Kenntnisse und das Grundlagenwissen für diese Art von Analysen wird in der nächsten Zeit eine Aufgabe der Bioinformatik sein, da zum gegenwärtigen Zeitpunkt hinreichend viele Daten vorliegen, die analysiert und eingeordnet werden müssen. Ähnlich wie bei dem roten Blutfarbstoff Hämoglobin könnten Abbauprozesse auf der Grundlage der Strukturen und Funktion von Proteinen und deren Derivaten nachvollzogen werden.

Der Begriff Fingerabdruck steht nicht nur für das typische Muster der Fingerbeeren, sondern allgemein auch für einzigartige Eigenschaften einer Person oder eines Stoffes. So gibt es beispielsweise den genetischen und den digitalen Fingerabdruck, bei denen eine bestimmte Sequenzabfolge oder Signatur zur Identifikation benutzt wird.

7.3.3 Verlauf der Personenidentifikation mittels Fingerabdruck

Für Beamte in Deutschland gilt die Empfehlung, das bei einer Gleichförmigkeit des Grundmusters acht Minuzien übereinstimmen sollten. Wird das Grundmuster nicht erkannt, so sollten zwölf Minutien übereinstimmen.

Das Verfahren zum Vergleich des Fingerabdrucks umfasst die Aufnahme des Fingerabdrucks. Dieser kann zum einem an einem Tatort im Rahmen der Aufnahme einer Fingerspur gesichert aufgenommen (Bsp. Fotografiert) werden, oder zum Zweck der Aufnahme und Zuordnung zu einer Person mit einem Scanner erfolgen. Für einen Vergleich der Aufnahmen (Bilder), muss zunächst eine Präprozessierung stattfinden. Dabei werden allgemeingültige Bildverarbeitungsschritte, wie Segmentierung, Normalisierung und Binarisierung durchgeführt. Für eine Verbesserung der Qualität der Aufnahme des Fingerabdrucks werden bestimmte Filter, wie der Gaborfilter angewandt. Zudem wird eine Skelettierung (auch Thinning) durchgeführt, sodass die Papillarlinien entsprechend dünn sind. Am Schluss steht die Merkmalsextraktion, die mit einer Grundmuster- und Minutiendetektion einhergeht. Diese werden in einen Vektor überführt, der zum Vergleich eingesetzt wird.

Fazit

Der Fingerabdruck stellt die berühmteste aller Spuren in der Forensik dar. Unsere Leistenhaut, die sich durch das Vorhandensein von Papillarleisen von der Felderhaut unterscheiden lässt, finden wir auf den Hand- und Fußunterseiten (palmoplatar). Der Fingerbeere kommt dabei eine größere daktyloskopische Bedeutung zu. So entsteht der einzigartige Papillarlinienverlauf bereits im 3–4. Schwangerschaftsmonat. Einige Gene scheinen zumindest eine Präferenz für bestimmte Grundmuster zu bedingen. Der Entstehungsprozess an sich ist durch den Einfluss verschiedenen Bedingungen (Bsp. Mütterlicher Stress, und Ernährungszustand) randotypisch. Die Analyse des Papillarlinienverlaufs, die Daktyloskopie besitzt einen hohen Stellwert in der Forensik. So ist eine Personenidentifikation bzw. Verifikation mittels Fingerabdruck durch dessen besonderen Merkmale: einmalig, zufällig und unveränderlich möglich. Man unterscheidet drei Informationsebenen bei einem Fingerabdruck. Die erste Ebene stellt das Vorhandensein eines der drei Grundmuster (Schleife, Wirbel oder Bogen) dar. Weitere anatomische Merkmale, die Minutien, die sich als Unterbrechungen, Verzweigungen oder Einagerungen (Insel) darstellen, machen die zweite Ebene der Informationen im Fingerabdruck aus. Die dritte Ebene ergibt sich aus den Besonderheiten, wie Narben oder Poren. Zudem erlangt der „chemische Fingerabdruck", der sich aus einem köpereignen (Schweiß und Talg) und einem körperfremden (Bsp. Sprengstoff, Drogen) Teil zusammensetz, aktuell immer größere Bedeutung in der Forensik. Mit Hilfe der Zusammensetzung des Schweißes könnte beispielsweise das Alter und das Geschlecht einer Person in nicht allzu ferner Zukunft bestimmt werden.

Bei einer Identifikation einer Person mit Hilfe eines Fingerabdrucks sollte das Grundmuster sowie acht Minuzien übereinstimmen. Kann das Grundmuster nicht erkannt werden, sollte zwölf Minuzien übereinstimmen. Dabei kann auch die dritte Informationsebene eine Rolle spielen.

Literatur

Gross JH (2013) Massenspektrometrie – Ein Lehrbuch, 1. Aufl. Springer, Berlin

Herrmann B, Saternus KS (2007) Biologische Spurenkunde – Bd 1 Kriminalbiologie, 1. Aufl. Springer, Berlin

Herrmann K, Trinkkeller U (2015) Dermatologie und medizinische Kosmetik – Leitfaden für die kosmetische Praxis, 3. Aufl. Springer, Berlin

Maltoni D, Maio D, Jain A, et al (2009) Handbook of fingerprint recognition, 2. Aufl. Springer Science and Business Media. Springer, London

Mong GM, Petersen C, Clauss T (1999) Advanced fingerprint analysis project fingerprint constituents. Technical report, Pacific Northwest. PNNL-13019

Nickell J, Fischer JF (1999) Crime science – methods of forensic detection, 1. Aufl. The University Press of Kentucky, Kentucky

Wiedemann U (2012) Biometrie – Stand und Chancen der Vermessung des Menschen, 1. Auf. Frank & Timme GmbH Verlag für wissenschaftliche Literatur, Berlin

Xu L, Li Y, Wu S, Liu X, and Su B (2012) Imaging latent fingerprints by electrochemilumine-scence. Angew Chem 124(32):8192–8196

Zilles K, Tillmann BN (2010) Anatomie, 1. Aufl. Springer, Berlin

Genetischer Fingerabdruck – Charakteristik und Methoden

Die Analyse des sog. genetischen Fingerabdruckes (auch *DNA profiling*) entwickelte sich im forensischen Feld während der letzten beiden Dekaden zu einer der sensitivsten und modernsten Analysestrategien zur Beantwortung verschiedener Fragestellungen. Neben den biometrischen Merkmalen des klassischen Fingerabdruckes (Musteranalyse des Papillarlinienmusters) und der Iriserkennung stellt die DNA als Speicher genetischer Informationen eines der verlässlichsten statischen Merkmale einer Person dar. Ähnlich wie bei der Minuziendetektion im Fingerabdruckbild nutzt man bei der DNA-Analyse die Vielgestaltigkeit spezifischer sequenzieller Abschnitte (Polymorphie) aus, um so einen individuellen Abdruck oder ein Profil einer Person auf genetischer Ebene zu erzeugen. Welche besonderen sequenziellen Marker, durch die ein genetisches Profil erstellt wird, dabei zum Einsatz kommen, wird in den folgenden Abschnitten genauer dargestellt. Nach der Entdeckung der DNA-Doppelhelixstruktur im Jahr 1953 durch die beiden damals als „Chaoten" bezeichneten Wissenschaftler Watson und Crick, folgte im Jahr 1983 der zweite Meilenstein mit der Entdeckung der Polymerase-Kettenreaktion durch den Nobelpreisträger Kary Mullis (*Polymerase chain reaction,* kurz PCR). Mit diesem technischen Fortschritt wurde es erstmals möglich, kleinste Spuren von DNA zu vervielfältigen und weiter zu analysieren. Auch heute zielen die technologischen Verfahrensoptimierungen im Bereich der DNA-Analytik auf eine gesteigerte Sensitivität und insbesondere auf die prozessbasierte Zeitersparnis ab (vgl. Abb. 8.1). Denn ein biostatistisch eindeutig erklärbares Ergebnis wird häufig vor Gericht unter

© Springer-Verlag GmbH Deutschland, ein Teil von Springer Nature 2018
D. Labudde und M. Mohaupt, *Bioinformatik im Handlungsfeld der Forensik,*
https://doi.org/10.1007/978-3-662-57872-8_8

Abb. 8.1 Zeitstrahl über Errungenschaften in der forensischen Molekulargenetik (verändert nach Budowle und van Daal 2008). Dargestellt sind die wichtigsten Fortschritte der molekulargenetischen Analytik, die auch für die Forensik von enormer Bedeutung waren und sind

Hochdruck verlangt. Bezieht man sich auf das forensische Umfeld, z. B. bei Gewaltverbrechen, so wird häufig die Identität einer Spur erfragt. Zunächst einmal muss geklärt werden, ob das Material von einem Menschen stammt. Wenn es sich um humane DNA handelt, zeigt sich nach der Fragmentlängenanalyse, ob sich eine oder mehrere Personen, man spricht von einer Mischspur, im DNA-Profil verbergen. Auch die Beschaffenheit der biologischen Spur, bezogen auf die Gewebeart, steht immer häufiger im Mittelpunkt forensisch, molekulargenetischer Analysen (siehe mRNA Analyse). Ein weiteres Aufgabenfeld ergibt sich mit der Aufschlüsselung verwandtschaftlicher Verhältnisse im Rahmen von Abstammungsbegutachtungen im Auftrag gerichtlicher Anordnungen (vgl. Madea et al. 2007). Ausnahmefälle in der Forensik bilden Aufträge aus dem klinisch-diagnostischen Bereich, wie z. B. die Chimärismusanalyse, bei der nach einer allogenen (von einem Menschen in einen anderen) Stammzell- oder Knochenmarkstransplantation kurzzeitig zwei Genotypen, der des Spenders und des Empfängers, gleichzeitig bei einer Person nachweisbar sind (vgl. Kader und Ghai 2015; Mattsson et al. 2001). Weniger ist die Analyse phänotypischer, also von äußerlich erkennbaren Merkmalen (z. B. Augenfarbe, Haarfarbe und Gesichtsmorphologie), innerhalb der Spurenanalytik gefragt oder besser in Deutschland gewünscht. Alle notwendigen Werkzeuge auf experimenteller Ebene bestehen schon seit Jahren und wurden in umfangreichen Studien geprüft und ausreichend evaluiert. Über die Bestimmung des Geschlechts einer Person auf molekularer Ebene hinaus sind entsprechende Vorhaben jedoch bisher in Deutschland untersagt. Allerdings würde gerade in Fällen mit unzureichender Beweislage bzw. bei ungeklärten Strafsachen (engl. *cold cases*) durch die Erhöhung der Akzeptanz entsprechender Systeme in der forensischen Praxis und durch Einschluss dieser Informationen die Wahrscheinlichkeit der Personenidentifikation erhöht werden. Anders als in Deutschland haben z. B. die Niederlande diesen Vorteil erkannt und binden diese Form der DNA-Analytik in der Spurenanalytik mit ein.

Die Komplexität des resultierenden Musters bzw. des DNA-Profils hängt von der Gestalt und vom Informationsgehalt eingesetzter DNA-Marker ab. Als DNA-Marker bezeichnen wir an dieser Stelle die Art und Weise, wie die genetische Information einer Person gespeichert ist und im Organismus vorliegt. Dicht verpackt befindet sich der Großteil der menschlichen DNA in 23 Chromosomenpaaren im Kern einer Zelle (cDNA). Allerdings kodieren lediglich ca. 1,1 % der Kern-DNA Proteine, welche den Phänotyp bilden (Venter et al. 2001). Die restlichen 97 % gelten bisher als Regionen mit regulatorischer Funktion, noch unbekannter Funktion oder sie besitzen keine Aufgabe. Nichtcodierende Regionen, wie zum Beispiel Introns, beinhalten Sequenzmotive deren Wiederholunggrad an einem genetischen Locus, von Person zu Person individuell sind. Neben der Kern-DNA kann in besonderen Fällen extrachromosomale DNA in Form von mitochondrialer DNA (mtDNA) genutzt werden. Dieses Molekül ist aufgrund des maternalen Vererbungsmechanismus (mütterliche Linie) und der geringeren Mutationsrate darin befindlicher Polymorphismen gegenüber der cDNA besonders interessant für populationsgenetische Studien. Das Pendant zur mtDNA stellt die in den Y-Chromosomen vorzufindende DNA (Y-chromosomale DNA) dar, die lediglich paternal (in der männlichen Linie) weitergegeben wird. Auch diese Form genetischer Information spielt nicht nur populationsgenetisch eine große Rolle, sondern kann auch in der forensischen Analytik bei der Aufklärung von Sexualstraftaten (Mann-Frau-Mischspur) von großer Bedeutung sein. Abb. 8.2 zeigt die Vererbungsmechanismen der DNA-Systeme.

In den folgenden Kapiteln werden wir diese Systeme und DNA-Marker bezüglich ihrer Struktur und Bedeutung in der Forensik näher beleuchten.

▶   **Lesehinweis** Um die Inhalte dieser Kapitel nachvollziehen zu können, sollten Sie Kap. 2, 5 und Abschn. 6.2.1 hinreichend studiert haben.

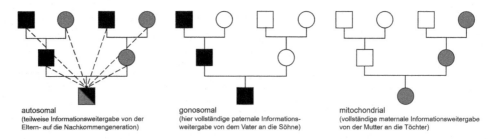

autosomal
(teilweise Informationsweitergabe von der
Eltern- auf die Nachkommengeneration)

gonosomal
(hier vollständige paternale Informationsweitergabe von dem Vater an die Söhne)

mitochondrial
(vollständige maternale Informationsweitergabe
von der Mutter an die Töchter)

Abb. 8.2 Vererbungsmechanismus der DNA-Systeme. Illustriert ist die organisierte Weitergabe von Informationen (schwarz oder grau) auf autosomaler, gonosomaler und mitochondrialer Ebene von der Elterngeneration (Vater Quadrat, Mutter Kreis) auf die Nachfolgegeneration

8.1 Von der biologischen Spur zum genetischen Fingerabdruck

Wird eine biologische Spur (z. B. Blut, Speichel, Haare, Hautkontaktspuren und Knochen) an einem Tatort gefunden, sind mehrere Schritte notwendig bis ein DNA-Profil aus dieser Spur erzeugt werden kann. Zu Beginn sichern zuständige Personen die Spur mit einem geeigneten Spurenträger. Die Art des Trägers hängt von der Beschaffenheit der biologischen Spur ab. Flüssiges Material kann mit einem Wattetupfer oder bei ausreichender Menge in einem Probenbehälter gesichert werden. Bei angetrockneten Spuren mit unklarem Alter sollten im ersten Schritt wie auch bei allen weiteren Spuren fotografische Aufnahmen gemacht werden. Nachdem dies geschehen ist, kann diese Spur ebenfalls mit einem angefeuchteten Träger aufgenommen werden. Bei Materialanhaftungen (z. B. Blutanhaftungen auf einem Geldschein) sollte darauf geachtet werden, dass die Materialen getrennt voneinander asserviert und in geeigneten Sicherungsbehältnissen aufbewahrt werden. Hierbei sollte ebenfalls berücksichtigt werden, dass keine Feuchtigkeit in den Sicherungstüten oder auch -trägern entsteht. Dies könnte dazu führen, dass die Qualität und Quantität enthaltener DNA verringert wird. Eine Kühlung der Proben ist grundsätzlich ratsam. Bei längerer Lagerung ist eine Kühlung bei niedrigeren Temperaturen ($<0\,°C$) zu empfehlen. Im Allgemeinen hängt der Analyseerfolg in jedem Schritt, ausgehend von der Spurensicherung über die DNA-Extraktion, DNA-Quantifizierung bis hin zur eigentlichen DNA-Profilerstellung, von der Qualität der Template-DNA ab. Je nach Lagerungsdauer am Tatort kann diese durch zahlreiche äußere Faktoren negativ beeinflusst werden. Wird die Spur z. B. einer langandauernden UV-Bestrahlung und hohen Temperaturen ausgesetzt, kann dies zu irreversiblen Schäden in der DNA-Struktur führen. Bezeichnet wird dieses Phänomen als DNA-Degradation. Der Degradationsprozess umfasst dabei den zeitabhängigen Ab- und Umbau von DNA-Molekülen. Zu Lebzeiten ist ein Organismus durch zellinterne Mechanismen vor einer solchen Modifikation geschützt. Nach dem Tod werden diese Schutzmechanismen inaktiviert und eine Kaskade von Ab- und Umbauprozessen, z. T. durch Enzyme, wird in Gang gesetzt.

Das genaue Prinzip der *ex vivo* Degradation wurde allerdings bisher nur in wenigen Arbeiten beschrieben. Heute ist bekannt, dass der komplexe Zusammenhang aller einflussnehmenden Faktoren in Abhängigkeit von der Zeit eine größere Rolle spielt als die einzelnen Faktoren selbst. Warum ist diese Thematik für die DNA-Analyse so interessant? Nicht selten kann es bei älteren Spuren vorkommen, dass degradationsbedingte Erscheinungen im DNA-Profil auftreten, die erklärt bzw. in die biostatistische Bewertung des Profils zur Berechnung der Identitätswahrscheinlichkeit einbezogen werden müssen.

Des Weiteren hängt das Ergebnis von den eingesetzten Analysesystemen und entsprechenden Nachweisgrenzen ab. Durch eine stetige Weiterentwicklung von Analysesystemen können geringste DNA-Spuren erfolgreich analysiert sowie Einflüsse durch mögliche Störsubstanzen detektiert werden. Nachdem Schritt der Spurensicherung, Auftragsanforderung und Dokumentation einer biologischen Spur erfolgt die Aufbereitung, unter anderem die Extraktion von DNA, aus dem Material. Welches Verfahren zum Einsatz kommt, hängt wiederum von dem Untersuchungsmaterial bzw. bei Spurantragungen vom Trägermaterial ab. Auch hierbei spielen relevante Informationen zu Lagerungszeiten- und Bedingungen der biologischen Spur eine große Rolle. Für relativ frisches Material existieren zahlreiche Extraktionsprotokolle. Schwieriger wird es bei sehr lang gelagertem biologischen Material, wie z. B. bei alten oder historischen Knochen und Zähnen. Bei entsprechendem Material ist davon auszugehen, dass die Template-DNA, wie bereits oben beschrieben, degradiert vorliegt. Wie stark dieser Effekt vorherrscht, kann ohne das Hinzuziehen eines geeigneten Degradationsanalysetools nicht gesagt werden. Aus den genannten Gründen erfolgte in den letzten Jahren eine Optimierung der Extraktionsprotokolle für DNA aus Knochenmaterial für die forensische Praxis (vgl. Alaeddini et al. 2010; Dukes et al. 2012; Jakubowska et al. 2012; Loreille et al. 2007). Für die DNA-Extraktion haben sich drei Verfahren, insbesondere für historisches Material, bewährt: die organische Extraktion (Phenol-Chloroform), Silica-basierte Methoden (Gel bzw. Membran) sowie die Extraktion mittels magnetischer Partikel *(magnetic beads)* und die Ultrafiltration. Am häufigsten wird gegenwärtig die Magnetpartikelextraktion genutzt, da diese gut automatisierbar sind, die Reinheit resultierender DNA sehr hoch und das Verfahren wenig kontaminationsanfällig ist. Mittlerweile existieren Extraktionsprotokolle, mit denen es möglich ist, innerhalb von 2 h hochreine DNA zu extrahieren. Organische Verfahren werden häufig bei Knochenproben verwendet. Auch hier kann selbst nach mehr als hundert Jahren Liegezeit noch DNA hoher Qualität gewonnen werden. Allerdings ist die Akzeptanz dieser Protokolle, zum einen bedingt durch toxische Lösungsmittel (Phenol, Chloroform) und der geringen Automatisierung, oft gering. Heutzutage ist es aufgrund der großen Auswahl und durch etwaige Einflussfaktoren schwierig, einen sogenannten Goldstandard für die DNA-Extraktion eindeutig zu benennen. Nahezu jede Spur verhält sich in Grenzen unterschiedlich. Aus diesem Grund ist der Austausch in der forensischen Community mit Berücksichtigung der technischen Umsetzbarkeit enorm wichtig. Nach der DNA-Extraktion folgt in den meisten Fällen die Bestimmung des mengenmäßigen Anteils an DNA im Extrakt über sogenannte Quantifizierungsverfahren. Häufig wird hierzu das Prinzip der quantitativen real-time

PCR (kurz qRT-PCR oder qPCR) angewandt. Mit dieser Methode kann die Verviel-fältigung von DNA in Echtzeit nachverfolgt werden. Was passiert bei einer PCR? Die PCR ist eine Methode zur zyklischen Vervielfältigung von DNA-Strängen mithilfe von spezifischen DNA-affinen Polymerasen. Der Prozess kann in drei grundlegende Schritte geteilt werden:

- Schritt 1: Denaturierung des DNA-Doppelstranges (*double stranded DNA,* kurz dsDNA) zu den Einzelsträngen (*single stranded DNA,* kurz ssDNA),
- Schritt 2: Anlagerung der Template-spezifischen Primer (Annealing),
- Schritt 3: Anlagerung der spezifischen DNA-Polymerase und Verlängerung des zum Template komplementären DNA-Stranges ($3'$–$5'$) (Elongation).

Alle Schritte sind temperatur- und zeitabhängig. In Echtzeit bedeutet, dass die DNA-Menge direkt nach jedem Zyklus über ein Fluoreszenzsignal gemessen wird. Mithilfe eines Amplifikationsplots kann die Ausgangsmenge an DNA in einer Probe errechnet werden. Durch den Einsatz von Standardmesskurven kann über einen Vergleich mit einem Standard-Zyklus-Schwellenwert (*cycle threshold,* kurz Ct) der probenspezi-fischen Ct-Wert bestimmt werden. Über den Ct-Wert kann der Zyklus, bei dem zum ers-ten Mal ein festgelegter Schwellwert überschritten wird, bestimmt werden. Je niedriger der Wert, desto höher ist die DNA-Konzentration in der Probe, und umgekehrt. Grund-sätzlich werden PCR-Verfahren je nach eingesetzter Detektionschemie eingeteilt. Außer der qPCR existieren weiterhin Verfahren, bei denen Fluoreszenzfarbstoffe mit der DNA interkalieren und sich in die Doppelhelixstruktur einlagern. Nachteil dieser Variante ist, dass sich die Farbstoffe unspezifisch in DNA einlagern und somit die Quantifizierung unpräzise verläuft. Üblich bei der qRT-PCR ist der Einsatz von fluoreszenzmarkierten TaqMan-Sonden.

Die TaqMan-Sonden sind Oligonukleotide und wurden 1991 das erste Mal beschrieben. Diese Sequenzen besitzen am $5'$-Ende ein sogenanntes Reportermolekül und am $3'$-Ende einen Quencher. In nicht aktivierter Form ist die Sonde intakt, und der Quencher unterbindet ein Signal des Reporters (durch Förster-Resonanz-Elektronen-Transfer, kurz FRET). Während der Annealing-Phase (vgl. Abb. 8.3a) bindet die Sonde spezifisch an eine Stelle auf der Template-DNA. Zu diesem Zeitpunkt der PCR wird das Signal des Reporters ebenfalls durch den Quencher unterdrückt. Erst im Schritt der Elongation bei dem durch die Eigenschaft der $5'$ – $3'$ Exonukleaseaktivität der Taq-Polymerase die Sonde abgebaut wird (vgl. Abb. 8.3d), entfernen sich Reporter und Quencher voneinander, und das Fluoreszenzsignal wird gemessen (vgl. Abb. 8.3). Das Prinzip wird als FRET (Förster-Resonanzenergietransfer) bezeichnet. Die Extinktion wird am Ende der Elongationsphase gemessen und ist proportional zur Menge des spezi-fisch amplifizierten Produktes (vgl. Navarro et al. 2015).

Neueste Entwicklungen im Schritt der DNA-Quantifizierung sind zusätzlich in der Lage die Anwesenheit potentielle Störsubstanzen, sogenannte Inhibitoren, zu detektieren. Mit dem Begriff PCR-Inhibitoren werden alle Substanzen zusammengefasst, welche den

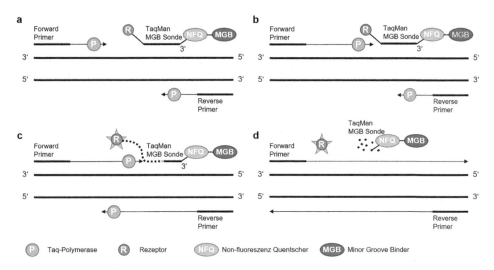

Abb. 8.3 TaqMan-Prinzip In **a** lagern sich die PCR-Primer und die TaqMan-Sonde an die, Bei der Strangneusynthese **b** lagert sich die Taq-Polymerase an den Primer und die Polymerisation beginnt. Gelangt die Taq-Polymerase bei der Strangverlängerung an die Taq-Sonde, so findet der Sondenverdau in 5′-3′-Richtung statt. Am Ende der Strangneusynthese **d** liegen die PCR Produkte sowie die denaturierte Sonde vor. Das Fluoreszenzsignal kann gemessen werden

PCR-Prozess stören können. Dazu zählen eine Reihe chemischer Stoffe, die sowohl organischer als auch anorganischer Natur sein können (z. B. Phenole, Huminsäure, Melanin, Hämoglobin und Proteine). Zum einen können durch die Spur an sich oder bedingt durch die individuelle Lagerung solche Substanzen im Verfahren angereichert werden. Zum anderen ist es möglich, dass sich durch die Verfahrenskaskade Inhibitoren im Extrakt anreichern (vgl. Aleaddini 2012; Putkonen et al. 2010). Durch eine mögliche Interaktion der Substanzen mit verschiedenen Bausteinen innerhalb der PCR ist es möglich, dass der Quantifizierungsprozess gestört wird. Aus diesem Grund ist die Kenntnis über die Qualität der Spur und die Wahl der aufeinanderfolgenden Verfahren, die z. B. eine Ansammlung solcher Substanzen vermeiden, unverzichtbar. Inhibitoren können in diesem Zusammenhang direkt mit einzel- oder doppelsträngiger DNA wechselwirken, wodurch die Bindung von sequenzspezifischen Primersequenzen oder auch der DNA-Polymerase unterdrückt wird. Durch diesen Bindungsverlust kann folglich der eigentliche DNA-Strang nicht amplifiziert und in der PCR gemessen werden. Weiterhin ist es möglich, dass Inhibitoren und Enzyme interagieren, sodass die Polymeraseaktivität gehemmt wird und nicht genügend Template-DNA als richtig-positiv erkannt wird. Enzyme, wie die DNA-Polymerase, benötigen in den meisten Fällen niedermolekulare Substanzen, wie z. B. Cofaktoren zum Start einer biochemischen Reaktion. Im Fall der DNA-Polymerase sind das Magnesiumionen (Mg^{2+}) zur DNA-Synthese. Werden nun Mg^{2+} durch inhibitorische Substanzen gebunden und reduziert, erfolgt gleichermaßen eine erniedrigte Polymeraseaktivität und resultierend eine minimierte Strangsynthese. Weiterhin können Inhibitoren bei einer real-time PCR die Sonde verändern. Somit wird zwar die DNA ohne Probleme amplifiziert, kann jedoch anschließend nicht detektiert werden (vgl. Bessetti 2007). Falsch-negative DNA-Quantifizierungsergebnisse können die anschließende Markeranalyse stören. Zu wenig detektierte DNA bzw. Messungenauigkeiten in diesem Schritt führen zu einem nicht abgestimmten DNA-Profil, was später Interpretationsschwierigkeiten mit sich bringt und sowohl Zeit als auch Kosten, durch wiederholte Amplifikationen, strapaziert. Des Weiteren kann es durch die Fehlamplifikation spezifischer Marker zu einem Informationsverlust im DNA-Profil kommen, ähnlich wie bei dem oben beschriebenen Phänomen der DNA-Degradation. Zur Beseitigung oder Vorbeugung von Inhibitoren können verschieden umfangreiche Reinigungsschritte in der Phase der DNA-Extraktion verfolgt werden. Ob solche Schritte umgesetzt werden, hängt vom Labor und den in der Routine eingesetzten Extraktionsprotokollen ab. Ratsam ist dies bei z. B. lang im Boden gelagertem Material. Nachdem die DNA-Konzentration ermittelt wurde, folgt die markerspezifische PCR, zur Vervielfältigung von DNA-Polymorphismen und zur Generierung des individuellen genetischen Fingerabdruckes. Je nachdem, welche forensische Fragestellung im Raum steht, existiert ein großes Repertoire an sehr unterschiedlichen Markern für die Typisierung. Folgende molekulargenetische Marker werden für die Begutachtung innerhalb eines Analyseverfahrens eingesetzt:

- autosomale Mikrosatelliten-Polymorphismen,
- gonosomale Mikrosatelliten oder Polymorphismen (X-, Y-STR),
- diallele Einzelbasen- oder Insertions-/Deletions-Polymorphismen (SNP/InDel),
- Sequenzpolymorphismen der hypervariablen Regionen des D-Loops der mitochondrialen DNA (mtDNA HV 1–3).

Eine nähere Erläuterung zur sequentiellen Struktur und deren Anforderungen in der Praxis folgt in Abschn. 8.2. Für die Bestimmung des Geschlechts auf molekularer Ebene wird zudem ein STR- oder SNP unabhängiger Marker bestimmt. Häufig geschieht dies über den Amelogenin-Locus (kurz AMEL) auf dem X- bzw. Y-Chromosom, dessen Sequenzen für die Amplifikation in den meisten kommerziellen Kits bereits enthalten sind (vgl. Abschn. 8.3). Allerdings kann es auch hier durch Degradation bzw. durch Locus-abhängige Mutationsereignisse zu einer Fehlamplifikation kommen. Deshalb versucht man heutzutage eine sogenannte Multilocusamplifikation geschlechtsspezifischer Marker auf beiden Gonosomen (vgl. Bauer et al. 2013), wie es mit dem System Genderplex möglich ist, durchzuführen.

Nachdem die Marker auf der Template-DNA im Extrakt amplifiziert vorliegen, müssen die Fragmente oder Bereiche mit einem geeigneten Prinzip nachgewiesen bzw. aufgetrennt und detektiert werden. Ein bereits seit vielen Jahren etabliertes Prinzip zur PCR-Produktanalyse ist die Kapillarelektrophorese. Dabei findet mithilfe einer polymergefüllten Glaskapillare eine längenspezifische Auftrennung fluoreszenzmarkierter DNA-Fragmente statt, welche dann mit einem Laser detektiert werden. Ähnlich wie bei einer konventionellen Gelelektrophorese hängt die Migrationsgeschwindigkeit dieser Moleküle von ihrer Größe, dem verwendeten Polymer, der Kapillarwirkung, dem

Elektrophoresepuffer und der Spannung im elektrischen Feld ab (vgl. Butler 2011). Bei der Injektion der Probe wird am Ende der Kapillare eine definierte Spannung angelegt, wodurch die Probe angesogen wird. Aufgrund der gitternetzartigen Matrix aus linearen, flexiblen Polymerketten dient das Polymer als Sieb. Infolge der negativen Ladung des Zucker-Phosphat-Rückgrats der DNA bewegen sich die DNA-Fragmente zur Anode durch das Polymergitter. Große Fragmente bewegen sich im Vergleich zu kleineren Fragmenten langsamer hindurch, und der Effekt einer längenbasierten Auftrennung der Fragmente entsteht. Erst daher wird eine Unterscheidung der Merkmalskombinationen zwischen zwei Personen möglich. Weiterhin bedarf es einer farbstoffbasierten Auftrennung aufgrund von möglichen Überlagerungen gleichlanger DNA-Fragmente. Erfasst wird die Fluoreszenzmarkierung der Fragmente durch einen obligatorisch positionierten Laser. Jeder Farbstoff besitzt dabei einen anderen Emissionsbereich, wodurch es im Nachhinein möglich wird, diesen über ein mathematisches Modell zu verrechnen und getrennt voneinander darzustellen. Im Ergebnis erfolgt die Abbildung des personenbezogenen DNA-Profils als Elektropherogramm.

In den letzten Jahren erlangt eine Technik aus dem Feld der Genomanalyse, das *Next Generation Sequencing* (kurz NGS), auch im forensisch molekulargenetischen Bereich Aufmerksamkeit (vgl. Abschn. 8.5). Mit diesem Verfahren können über die Grenzen einer herkömmlichen Multiplexamplifikation und kapillarelektrophoretischen Auftrennung hinaus durch parallelablaufende Sequenzierungen eine Vielzahl unterschiedlicher Marker sequenziert und ausgewertet werden. Ein weiterer Vorteil gegenüber der herkömmlichen Analyse ist, dass bei entsprechender technischer Ausrüstung ein hoher Probendurchsatz erfolgen kann. Bei der Kapillarelektrophorese kann lediglich eine längenbasierte Auftrennung erfolgen, wohingegen durch NGS zusätzlich eine Erfassung von intraallelischen Varianten erfolgen kann (vgl. Berglund et al. 2011; Scheible et al. 2014). Die Abläufe und die verschiedenen NGS-Prinzipien der Hersteller unterliegen einer stetigen Optimierung, sodass auch qualitativ und quantitativ geringe Spuren ergebnisbringend analysiert werden können.

Nachdem alle Arbeiten zur Individualdiagnostik im Labor abgeschlossen sind, wird der gesamte Prozess mit der spurenkundlichen Gutachtenerstellung vervollständigt. Das Gutachten ist an keine zwingende Vorgabe geknüpft, sollte jedoch gewisse Aspekte wie den Sachverhalt, das untersuchte Material, die angewandten Methoden, Ergebnisse und die biostatistische Beurteilung des DNA-Profils beinhalten. Innerhalb der durch einen Experten vorgenommene Beurteilung sind die individuellen Ergebnisse zu werten und zu wichten. Abweichungen von der Norm bzw. der Erwartung sind zu erklären, biostatistische Berechnungen vorzunehmen und deren Grundlage zu benennen (vgl. Madea et al. 2007).

8.2 Genetische Marker

Wie bereits erwähnt, werden abhängig von der forensischen Fragestellung unterschiedliche genetische Polymorphismen (Marker) zur Erstellung eines Individualmusters (DNA-Profil) analysiert. Diese können sich in ihrer Gestalt bezogen auf den Sequenzpolymorphismus und ihrer Aussagekraft voneinander unterscheiden. Welche Marker auf der DNA analysiert werden, hängt weiterhin von der Art des biologischen Materials und der Qualität der biologischen Spur ab. Bis zur Entdeckung der PCR und den Anfängen des *Human Genome Projects,* welches 1990 initiiert wurde, war die Variabilität im menschlichen Genom weitestgehend unbekannt. Zu diesem Zeitpunkt war es lediglich über die Blutgruppensysteme, HLA (humanes Leukozyten-Antigen) – Typen und über spezifische elektrophoretisch analysierbare Proteinpolymorphismen möglich, eine individuelle Unterscheidbarkeit zu erreichen. Jedoch konnten durch die geringe Anzahl an Markern nur proteincodierende Regionen fixiert werden, was heutzutage durch die Gesetzesgrundlage im Rahmen molekulargenetischer Analysen unterbunden wird. Erst durch o. g. *High-throughput-screening*-Verfahren direkt auf DNA-Ebene wurden weitere Marker, ohne proteincodierende Funktion, im nichtcodierenden Bereich der DNA gefunden, die für die DNA-Analyse unter der Erfüllung verschiedener Bedingungen, genutzt werden können. Mittlerweile können vier Kategorien, die sich fortlaufend mit dem technischen Fortschritt, in der Forensik etabliert haben, unterteilt werden. In den 1970er-Jahren beschränkte sich die Analyse auf die Restriktionsfragmentlängenpolymorphismen (RFLPs). Im folgenden Jahrzehnt wurden die Minisatelliten (*Variable Number Tandem Repeats*, kurz VN-TRs) und kurze Zeit später die Mikrosatelliten (*Short Tandem Repeats,* kurz STRs) bekannt gemacht. Neben den vorgestellten in der Länge unterscheidbaren Sequenzpolymorphismen wurden in den späten 1990er-Jahren *Single Nucleotide Polymorphismen* (SNPs) im größeren Maßstab in der forensischen Molekulargenetik untersucht. Die Abb. 8.4 zeigt die verschiedenen Formen der chromosomalen Polymorphismen. In den folgenden Unterkapiteln folgt nun eine nähere Beschreibung der beständigen Polymorphismen in der Praxis: der STRs und SNPs.

8.2.1 Short Tandem Repeats (STRs)

Für den Abgleich von zwei gesicherten biologischen Spuren bzw. zur Personenidentifikation ist es üblich, ein DNA-Profil, bestehend aus einem STR-Haplotypen, zu generieren.

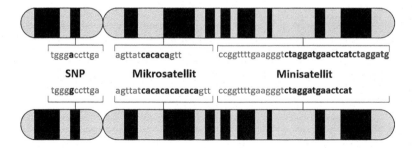

Abb. 8.4 Chromosomale Polymorphismen (modifiziert nach Cichon et al. 2002). Dargestellt sind unterschiedliche polymorphe Sequenzen relativ zur chromosomalen Verortung. Ein SNP ist durch den Austausch einer einzelnen Base gekennzeichnet. Mini- und Mikrosatelliten sind durch Sequenzmotive gekennzeichnet, die sich unterschiedlich oft wiederholen (die einzelnen Wiederholungseinheiten sind schwarz markiert)

STRs zählen aufgrund ihrer Struktur zu den repetitiven DNA-Sequenzen in der Kategorie der Mikrosatelliten. Mit mehr als 50 % repräsentieren diese Wiederholungssequenzen zusammen mit den Minisatelliten einen Großteil des Genoms. Ihre Funktion ist weitgehend ungeklärt (vgl. Lander et al. 2001). Durch die Muster von aufeinanderfolgenden Sequenzmotiven spricht man häufig von einer tandemartigen Wiederholung. Die Minisatelliten besitzen Grundmuster von 16–24 bp Länge. Als Mikrosatelliten werden hingegen Sequenzen mit einem 1–6 bp langen, sich 10–50-mal wiederholenden Muster bezeichnet. Aufgrund ihrer geringeren Längenausdehnung sowie der hohen interindividuellen Variabilität, erlangten diese für forensisch-molekulargenetische Analysen zu Beginn der 1990er-Jahre einen hohen Stellenwert. Damit der Unterschied zur nächsten charakterisierten Klasse von Polymorphismen, den SNPs, deutlich wird, sei an dieser Stelle der Begriff des Fragmentlängenpolymorphismus, wozu auch die STRs gezählt werden, eingeführt. Die STRs weisen meist repetitive Sequenzmotive von 2 bis 7 bp Länge auf, die mit einer Frequenz von ca. 1 bis 100 Wiederholungen, im Abstand von etwa 10.000 Nukleotiden (nt) in euchromatischen, nichtcodierenden Bereichen des Genoms zu finden sind (vgl. Collins et al. 2003; Subramanian et al. 2003). Wurden früher, aufgrund ihrer hohen Frequenz, häufig Dinukleotid-Repeats (z. B. CA-Wiederholungen) untersucht, werden heute tetramere Motive analysiert, da diese weniger anfällig gegenüber Fehlern der DNA-Polymerase während der PCR sind (vgl. Brinkmann 2004). Die Amplifikation der STR-Sequenzen erfolgt über geeignete STR-Multiplex-Kits. Mit dem Begriff Multiplexanalyse ist die simultane Amplifikation mehrerer STRs in einem Reaktionsansatz gemeint. Die resultierenden Amplifikate weisen eine Länge von 100 bis 500 bp auf (vgl. Butler 2007). Kommt es aufgrund von Mutationen zu Veränderungen innerhalb des Repeats sind allein Deletions- und Insertionsereignisse von Bedeutung, da diese eine Ausbildung von Zwischenallelen nach sich ziehen können. Beruht die PCR-Produktanalyse auf einer fragmentlängenbasierten Technik, spielen intraallelische Basenaustausche bei der Detektion von STRs keine Rolle. Diese besonderen Varianten können z. B. nur über NGS identifiziert werden.

In der Praxis werden gegenwärtig zur DNA-Profilerstellung bei Abstammungs- und spurenkundlichen Untersuchungen in Deutschland mindestens 15 STR-Systeme analysiert (vgl. Gendiagnostik-Kommission 2013; Phillips et al. 2011). Des Weiteren erfolgen für jedes DNA-Extrakt, zur Ergebnisreproduktion, zwei Amplifikationen mit jeweils zwei voneinander unabhängigen STR-Kits (heute Multiplex-Kit). Jedes STR-System muss aus Reliabilitätsgründen einer Reihe von Anforderungen in der Praxis genügen. Hauptsächlich sollten die STR-Loci ein Mindestmaß an Polymorphie aufweisen und keine phänotypische Information einer Person vermitteln, also von gencodierenden Bereichen getrennt sein. Weiterhin sollte kein Kopplungsungleichgewicht die Vererbung der Systeme beeinflussen. Sollte dies der Fall sein, muss dieser Fakt in der Wahrscheinlichkeitsberechnung berücksichtigt werden. Ihre Merkmalsausprägung sollte unabhängig von den anderen Systemen sein, auf die z. B. gerichtete Selektionsdrücke wirken. Um diese Eigenschaften zu überprüfen, werden in der Validierungsphase eines solchen Systems umfangreiche Daten gesammelt und statistischen Tests unterzogen (vgl. Carracedo und Lareu 1998). Das amplifizierte Fragment eines STRs mit der variierenden Anzahl an Motivwiederholungen, die sich zwischen zwei Personen unterscheidet, stellt sich im DNA-Profil als Allel dar. Werden alle individualspezifischen STR-Allele im Profil kombiniert, ergibt sich ein sogenannter Haplotyp. Somit umfasst der spezifische Haplotyp den vollständigen Informationsgehalt aus einer anzahlgebundenen Kombination von STR-Systemen. Im Allgemeinen setzt sich ein Haplotyp aus der Gesamtheit untersuchter genetischer Marker zusammen. Um deutlich zu machen, wie diese Merkmale von der Eltern- auf die Nachkommengeneration weitergegeben werden, muss der dahinterliegende Mechanismus beleuchtet werden. Jeder Mensch besitzt 22 homologe Chromosomenpaare (Autosomen) und ein geschlechtsspezifisches Chromosomenpaar (Frau: XX, Mann: XY). Dabei trägt jeder, mit der Ausnahme des Geschlechtschromosoms des Mannes, zwei Kopien eines Gens auf den beiden Chromosomenpartnern. Diese Kopien liegen jedoch nicht zwangsweise identisch vor. Sie können leicht in den spezifischen Bereichen voneinander abweichen, auch in einem STR-Locus. Diese Varianten werden als Allel bezeichnet. Nach Mendel wird auf die Nachkommen jeweils ein Allel vom Vater und eins von der Mutter vererbt, die beide jeweils zwei Allele des Locus besitzen (vgl. Abschn. 2.4.1). Nur der Zufall bestimmt, welche der beiden Allele der Eltern weitergegeben werden. Somit beträgt die Wahrscheinlichkeit, dass ein bestimmtes Allel vererbt wird, 0,5. Da die Vererbung von Allelen durch die Elternteile unabhängig voneinander verläuft, beträgt die Wahrscheinlichkeit, dass ein Kind eine bestimmte Allelkombination erhält, 0,25 ($=0{,}5 \times 0{,}5$).

STRs liegen nicht nur auf den 22 Autosomen verstreut vor, sondern auch auf den Gonosomen (geschlechtsspezifische Chromosomen). Hier sprechen wir von den X-chromosomalen oder Y-chromosomalen STRs. Strukturell unterscheiden sich die jeweiligen STR-Systeme auf den wiederum im Vergleich zu den Autosomen unterschiedlichen Aufbau beider Gonosomen, nicht. Die Anwendungsgebiete von STRs des X-Chromosoms (ChrX) und des Y-Chromosoms (ChrY) sind breit gefächert. Entfernte Verwandtschaftsverhältnisse lassen sich durch beide Marker gut rekonstruieren. So können z. B. Verwandtschaftsgrade wie Tante/Nichte durch X-chromosomale STRs nachgewiesen werden (vgl. Szibor 2010). Da männliche Individuen nur ein nichthomologes ChrX besitzen, zeigt sich hier direkt der X-chromosomale Haplotyp. Bei Frauen lässt sich die Haplotypkonstellation durch eine Stammbaumanalyse herleiten. Die X-chromosomale Analyse findet ebenfalls beim Auffinden von weiblichen Spuren in einer männlichen Kontamination statt. Aufgrund der ätiologischen Expansion einiger früherer genutzter X-chromosomaler STRs, wurden diese aus ethischen Gründen aus der Palette forensisch-relevanter Systeme gestrichen (z. B. ARA-STR; vgl. Szibor et al. 2005). Anders als das ChrY trägt das ChrX eine große Zahl von Genen. Bei dem Vorhandensein von Mutationen sind manche davon für das Auftreten von klinisch bedeutsamen Erkrankungen, wie die *Hämophilie A und B,* das *Lesh-Nyhan-Syndrom* oder das *Martin-Bell-Syndrom,* verantwortlich (vgl. Szibor 2010). Diese Krankheitsbilder bzw. Phänotypen können forensisch relevant sein und einen Hinweis zur Personenidentifikation liefern. Nahezu alle X-chromosomalen (Xchr.) STR-Systeme, die in der forensischen Genetik Anwendung finden, sind außerhalb von Genen lokalisiert. Durch die komprimierte Lage der Xchr. STRs auf einem einzigen Chromosom, liegt eine physische

Kopplung der Marker vor. Bei physisch weit voneinander entfernten Loci erfolgt die Vererbung wie bei ungekoppelten Loci. Um Kopplungscluster von Xchr. STRs ausfindig zu machen, wurden vier Kopplungsgruppen, ohne biologischen Hintergrund, definiert. Zweck dieser Einteilung war es, herauszufinden, welche enggekoppelten Systeme einen stabilen, vererbbaren Haplotypen, bilden (vgl. Szibor et al. 2003; Szibor 2007). Auch die kommerziellen Kits beinhalten mindestens drei Marker aller vier Kategorien. Die genaue Anzahl an Xchr.- und Ychr.-Systemen in der forensischen Spurenkunde ist nicht direkt vorgegeben.

Das Y-Chromosom ist durch die sogenannte *male-specific region of Y* (kurz MSY), welche nicht durch Rekombination mit dem Xchr.-Gegenstück beeinflusst ist, gekennzeichnet. Deshalb wird diese Region auch häufig in der Literatur als *non-recombining of Y* (kurz NRY) oder *non-recombining portion of Y* (NRPY) bezeichnet. Die distalen Begrenzungen der NRY werden als pseudoautosomale Regionen (kurz PAR1 und PAR2) bezeichnet und sind ebenso auf dem X-Chromosom vorzufinden. Dieser flankierende Bereich umfasst ca. 3 Megabasen (Mb) und unterliegt, anders als die NRY, meiotischen Vorgängen. Wie bereits beschrieben, entstehen unterschiedliche Y-chromosomale Haplotypen als Folge akkumulierter Mutationsereignisse. Die Analyse des Y-chromosomalen Haplotypen rückt gerade bei Sexualstraftaten, wenn Mann-Frau-Mischspuren vermutet werden, in den Fokus. Aber auch losgelöst von Sexualdelikten wird bei initial als männlich nachgewiesen Spuren grundsätzlich ein männlicher Haplotyp für den Spurenabgleich erstellt. Daneben eignen sich die Informationsträger durch die paternale Weitergabe, also ausschließlich in der männlichen Linie, ebenfalls für phylogeografische bzw. populationsgenetische Studien. Grund hierfür sind vergleichsweise hohe Mutationsraten der Y-STRs von 2×10^{-3} je Meiose. Diese führen innerhalb weniger Generationen zu einer Alleldiversität und folglich auch zu einer gesteigerten Haplotypvariabilität. Durch Einflüsse wie der genetischen Drift, demografische Vorgänge, kulturelle und religiöse Verhaltensweisen oder räumlich-orientierte Familienstrukturen entwickelten sich unterschiedliche Haplotyppools (vgl. Abschn. 2.4), über die eine Art geografische Kartierung mittels Y-Chromosom möglich ist. Ebenso können bereits benachbarte Populationen aufgrund der hohen Haplotypdiversität voneinander unterschieden werden. Damit lassen sich jüngste demografische Ereignisse durch hochauflösende Ychr.-Haplotypanalysen nachweisen. Entsprechende Haplotypcluster können mit Methoden wie *Genetic Barrier Analysis, Analysis of Molecular Variance* (kurz AMOVA) oder dem *Multidimensional Scaling* (kurz MDS) generiert werden. Für populationshistorische Studien sollten jedoch aufgrund der speziellen Eigenheiten der Y-STRs zusätzlich Informationen aus Y-SNPs herangezogen werden (vgl. Roewer 2008, 2009).

8.2.2 Single Nucleotide Polymorphisms (SNPs)

Als eine weitere Form von DNA-Polymorphismen bilden die SNPs auch Einzelbasenaustausche. Durch den Austausch einer singulären Base in der Sequenz folgt in der Konsequenz eine Form der Vielgestaltigkeit, die zur Unterscheidung von Sequenzen auch in der forensischen Genetik genutzt werden kann. Häufig handelt es sich bei den SNPs um biallelische Marker. Das bedeutet, dass sie exakt zwei Merkmalszustände aufweisen: ein ursprüngliches (anzestrales) oder erworbenes (mutiertes) Allel (vgl. Børsting et al. 2007). Das entspricht laut Definition einer Punktmutation, die jedoch eine geringere Häufigkeit innerhalb der Population aufweist (< 1 %). In codierenden sowie nicht-codierenden Bereichen des humanen Genoms treten SNPs mit einer mittleren Dichte von ca. 1 SNP/300 bp auf und machen somit 90 % der Variabilität im menschlichen Genom aus (vgl. Abschn. 2.3.3). Die Verteilung der Marker ist eher heterogen. So finden sich häufig in nichtcodierenden Regionen bis zu viermal mehr als in codierenden Regionen. Verglichen mit den STRs besitzen SNPs eine weitaus geringere Mutationsrate. Diese Tatsache macht die Marker besonders wertvoll für phylogeografische Analysen und solche, bei denen die ethnische Herkunft näher spezifiziert werden soll. Da lediglich eine interessante Position untersucht werden muss, ergeben sich auch methodische Vorteile. Verglichen mit Längenpolymorphismen werden hierbei deutlich kürzere Sequenzabschnitte analysiert und vervielfältigt. Daraus ergibt sich ein Vorteil bei bereits stark degradierter DNA. Für eine gesteigerte Informationsextraktion erfolgt eine Analyse ebenfalls im Multiplexverfahren, also der parallelen Analyse von mehr als zwei SNPs. Die klassische kapillarelektrophoretische Auftrennung der Fragmente wird voraussichtlich in der nächsten Dekade, ähnlich wie bei den Längenpolymorphismen, durch das NGS-Verfahren abgelöst werden. Begleitend durch zwei übergeordnete Projekte – das SNP-Consortium und das *International Human Genome Sequencing Consortium* – gelang es im Jahr 2000 dem Interessenkreis, eine sogenannte *high density SNP map* des humanen Genoms vorzustellen. Diese Kartierung umfasste zum damaligen Zeitpunkt ca. 1,42 Mio. SNPs und dient seither als Grundlage für die Erforschung von Haplotypvariationen im humanen Genom sowie für die Identifikation biomedizinisch relevanter Gene zur Verbesserung von Diagnose- und Therapiemöglichkeiten. Das größte SNP-Repositorium bildet die Datenbank dbSNP des *National Center for Biotechnology Information* (kurz NCBI) mit aktuell 157.426.109 annotierten SNP-Clustern des humanen Genoms (Build 148, release Oct. 2016; vgl. Sherry et al. 2001). Forensisch relevante SNPs werden in vier Kategorien eingeteilt je nach Anwendungsfokus bzw. Informationsgehalt (vgl. Budowle und van Daal 2008):

- **IISNPs:** *Individual Identification SNPs* werden besonders zur Individualdifferenzierung aufgrund einer hohen Diskriminationsrate eingesetzt. Im Regelfall werden hierfür mehr als 50 SNPs zu Steigerung der Aussagewahrscheinlichkeit analysiert. Im Rahmen des *SNPforID*-Projektes wurde beispielhaft ein Analyseset von 52 autosomalen SNPs zur humanen Identifikation veröffentlicht (vgl. Sanchez et al. 2006).
- **LISNPs:** *Lineage Informative SNPs* liefern einen zur Abstammung gekoppelten Haplotypen. LISNPs werden somit insbesondere für evolutionäre Untersuchungen. Hierzu kommen gerade SNPs des Y-Chromosoms und mitochondrialen Genoms zur Anwendung (vgl. Budowle und van Daal 2008; Leslie et al. 2015).

- **AIMSNPs:** *Ancestry Informative SNPs* lassen Rückschlüsse auf die geografische Herkunft eines Individuums durch regional Frequenzunterschiede zu. In diese Kategorie fallen entsprechende autosomale SNPs, die unter anderem selektions-bedingte Mutationsmuster zwischen Populationen aufweisen oder selektionsneutrale Y-chromosomale SNPs (vgl. Fondevila et al. 2013).
- **PISNPs:** *Phenotype Informative SNPs* können zur Abbildung phänotypischer Infor-mationen (Hautfarbe, Haarfarbe oder Augenfarbe) auf genetischer Ebene heran-gezogen werden. Im Gegensatz zu AIMSNPs können Informationen zur physischen Konstitution eines Menschen direkt erlangt werden. Die Informationen können unter-stützend zur Personenidentifikation genutzt werden. Zur Phänotypisierung werden vorrangig gengekoppelte SNPs verwendet, die mit Pigmentierungsinformationen kor-relieren und keinen direkten Einfluss auf die Genexpression besitzen (vgl. Sanchez et al. 2006).

Neben der Möglichkeit, SNPs nach ihrem Informationsgehalt bzw. Einfluss zu klassi-fizieren, findet man in der Literatur auch eine Einteilung nach der Lokalisation bzw. ihrer Beziehung zu Genen:

- *rSNPs* – in regulatorischen Bereichen (mögliche Auswirkungen auf die Genex-pression),
- *gSNPs* – in Genen umgebenden Bereichen bzw. Introns (möglicher Einfluss auf die Genregulation),
- *cSNPs* – in den Exons (mögliche Auswirkung auf das Protein und damit auf den Phänotyp).

Neben autosomalen SNPs können, in Abhängigkeit von der Fragestellung, auch SNPs der mitochondrialen DNA (mtDNA), des X-Chromosoms und des Y-Chromosoms ana-lysiert werden. Im Folgenden werden die Ziele solcher Analysen auf die mtDNA und das Y-Chromosom begrenzt.

8.2.2.1 Mitochondriale SNP-Analysen

Im Allgemeinen kann gesagt werden, dass die molekulare Differenzierung von der Ausbreitung von Bevölkerungsgruppen abhängig ist, wodurch kontinentale Muster auf Sequenzebene hinterlassen und durch die Analyse von mitochondrialen Abstammungs-linien nachvollzogen werden können. Möglich macht dies zum einen der hohe Konservierungsstatus von SNPs und die alleinige Betrachtung des maternalen Genpools. Damit lassen sich zudem geschichtliche Ereignisse in Abhängigkeit der Zeit darstellen. Variationen auf mitochondrialer Ebene, welche sich in der Geschichte des modernen Menschen angereichert haben, können innerhalb einer Baumstruktur dargestellt und in Beziehung zueinander gesetzt werden (vgl. Bandelt et al. 2005, 2006; Salas et al. 2002; Torroni et al. 2006). Die zugrundeliegende Nomenklatur entstand mehr oder weniger in einem stetigen Prozess in Abhängigkeit der Datengrundlage. Vier basale Äste bildeten den Ausgang einer phylogenetischen Struktur und somit eine erste Form der Klassifikation von Haplotypen in Haplogruppen (A, B, C und D) (vgl. Abb. 8.5). Mit einem Zugewinn von haplogruppenbezogenen Daten verschiedenster Populationen entwickelten sich fortführend klare Vorgaben für die hierarchische Ordnung von Makrohaplogruppen und zugehöriger Subgruppen (vgl. Torroni et al. 1994a, b). Der für die Analyse mitochondrialer Haplogruppen in der forensischen und anthropologischen Praxis zum Einsatz kommende phylogenetische Baum wird als Phylotree bezeichnet und ist über die Webseite http://www.phylotree.org/ ohne Nutzungseinschränkungen frei zugänglich (vgl. Oven und Kayser 2009). Als Datengrundlage dienen zum gegenwärtigen Zeitpunkt 24.275 humane mtDNA-Sequenzen (mtDNA *tree Build* 17 (Zugriff am 20. Feb. 2017)). Verzweigungen in der Baumstruktur werden durch SNPs, die zu einer Haplogruppe spezifisch sind, kenntlich gemacht. Durch die Verwendung von Positionen aus dem codierenden als auch dem nicht codierenden Bereich der mtDNA wird eine Steigerung des Informationsgehaltes bei haplogruppengerichteten Analysen, unter einer einheitlichen Nomenklaturvorgabe, erreicht. In der Praxis werden für die Feststellung eines mitochondrialen Haplotypen und die Zuordnung dieses Haplotypen in die Zugehörige Haplogruppe, mehrere relevante SNPs in einem Multiplexverfahren analysiert. Die Analyse umfasst lediglich kurze Sequenzbereiche, in denen die interessante Position lokalisiert ist. Nach einer zweistufigen PCR und der Auftrennung der Fragmente erfolgt die Sequenzanalyse und Einordnung des Haplotypen in die zugehörige Haplogruppe. Dies kann z. B. durch freizugängliche Web-Applikationen wie *Haplogrep* (vgl. http://haplogrep.uibk.ac.at/) erfolgen.

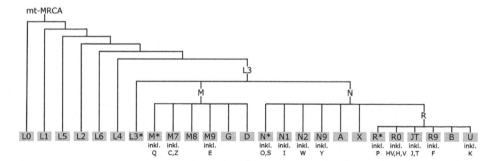

Abb. 8.5 Gezeigt ist die Topologie mitochondrialer Haplogruppen in *Phylotree*. Mitochondriale-Haplogruppen sind in der Abbildung mit Großbuchstaben gekennzeichnet. Die Wurzel des Baumes wird durch die anzestrale Variante aller bisher bekannten mitochondrialen Sequenzen repräsentiert: die mitochondriale Eva (MRCA). Die im Baum tiefste Haplogruppe ist die Haplogruppe L, welche den afrikanischen Ursprung darstellt. Haplogruppe L3 unterteilt sich in die Makrohaplogruppen M, N und R, welche Sequenzvariationen außerhalb von Afrika einschließen. Mit einem Stern markierte Haplogruppen repräsentieren Makrohaplogruppen, welche weitere Subgruppen in der Baumstruktur umfassen und nummerisch klassifiziert dargestellt wurden

8.2.2.2 Y-chromosomale SNP-Analysen

Ähnlich wie das mitochondriale Genom kann das Y-Chromosom ebenfalls für populationsgenetische Analysen genutzt werden. Auch hier können sequentielle Muster, welche über die Zeit eine Art „Fingerprint" hinterlassen haben, nachverfolgt und Veränderungen über Ländergrenzen hinaus beobachtet werden. Das Prinzip der Nachverfolgbarkeit dieser sequentiellen Muster kann durch das Potential Y-chromosomaler SNPs realisiert werden. Voraussetzung hierfür bildet sowohl der Mutationsstatus der Loci als auch der einseitig gerichtete Vererbungsmechanismus. Zur Erfüllung entsprechender Vorgaben und Leitlinien in der forensischen Molekulargenetik werden auch an dieser Stelle nichtcodierende SNP Loci analysiert. Dadurch können die SNPs als neutral betrachtet werden ohne Verbindung zum individuellen Phänotyp. Verglichen mit den Autosomen und der mtDNA weist das Y-Chromosom die stärksten genetischen Unterschiede auf. Daraus ergibt sich ein Vorteil gegenüber der Aussagekraft regionaler Haplogruppenzusammenhänge, welche z. B. durch die SNP-Analyse des mitochondrialen Genoms erlangt werden können. So besteht die Möglichkeit, spezifische Haplogruppenfrequenzen und das regionale Vorkommen über relativ kurze Distanzen in Verbindung zu bringen. Demografische Prozesse in der Vergangenheit führten zu einer spezifischen Verteilung von Haplogruppen zwischen und innerhalb von Ethnien, wodurch eine zufällige Verteilung ausgeschlossen werden kann (vgl. Underhill et al. 2001). Allgemein gesprochen ist die Frequenz des Vorkommens abhängig vom ursprünglichen Auftreten der untersuchten Position. Mit zunehmender Entfernung von diesem Ausgangspunkt nimmt die Frequenz der Haplogruppe ab (vgl. Jobling 2012). Eine entsprechende Auseinanderentwicklung der Weltbevölkerung wird auch hier durch die Systematik eines Haplogruppenbaumes beschrieben. Aufgrund der geringen Mutationswahrscheinlichkeit von 2×10^{-8} je Basenpaar und dem seltenen Vorkommen von Rückmutationen können durch die Analyse des anzestralen und erworbenen Status eines SNPs sogenannte *Compound-Haplotypen* oder eben Haplogruppen erstellt werden, deren Entstehungsgeschichte im Stammbaum nachvollzogen werden kann. Die Wurzel des Baumes impliziert den Vorfahren (*Most Recent Common Ancestor*, kurz MRCA) aller heute existierenden Y-chromosomalen Haplotypen. Dieser Haplotyp wird als anzestrale Variante auf sequentieller Ebene bezeichnet und ist heutzutage nicht mehr vorzufinden. Das Alter des MRCA wird unter Berücksichtigung verschiedener Voraussetzungen, wie eine neutrale Evolution, konstante lokale Mutationsraten, Generationszeiten von 25 bis 35 Jahren und definierte Populationsgrößen, auf 90.000 Jahre geschätzt. Somit lebte der „Y-chromosomale Adam" etwa 150.000 Jahre später als die „mitochondriale Eva" (vgl. Roewer 2008). Der gravierende zeitliche Unterschied zwischen beiden Urgenomen wird dadurch begründet, dass das Y-chromosomale Genom nicht neutral ist und die Variabilität nichtcodierender Sequenzen in der Nachbarschaft positiv selektierter Gene möglicherweise wiederholt reduziert oder sogar eliminiert wurde. Eine weitere Ursache für die reduzierte Variabilität Y-chromosomaler Loci ist ein stärkerer Drift gegenüber den Autosomen. Auf dem Y-Chromosom sind ca. 57.000 SNPs lokalisiert und bisher sind 311 verschiedene

Haplogruppen und 600 binäre Marker bekannt (vgl. Jobling und Tyler-Smith 2003; Karafet et al. 2008). Der erste Nomenklatur vereinheitlichende phylogenetische Baum wurde 2002 von dem *Y-Chromosom Consortium* (kurz YCC) präsentiert. In der aktuellen Version sind 20 Hauptäste (Makrohaplogruppen A–T), die das Gerüst bilden, vereint (vgl. Geystelen et al. 2013; ISOGG 2017; YCC 2002). Verzweigungen ausgehend von einer übergeordneten Haplogruppe werden durch mindestens einen Abstammungslinienklassifizierenden Y-SNP definiert. Analog zur mtSNP-Analyse erfolgt die Amplifikation über zum Großteil selbstdesignte Multiplexassays. Ein übliches Verfahren zur Sequenzanalyse, welches ebenso für autosomale als auch für mitochondriale SNPs aufgrund der Möglichkeit einer modifizierbaren Handhabung und zur Einsparung von Kosten als Standardmethode im Labor gern gesehen und häufig durchgeführt wird, ist die Minisequenzierung. Weitere mögliche Methoden, wie z. B. Microarrays und MALDI-TOF, benötigen, verglichen zur Minisequenzierung, mehr Zeitschritte für die Probenaufbereitung, bevor die eigentliche Detektion möglich ist. Zudem wird weniger Template-DNA gebraucht, was wiederrum die Analyse von degradierter DNA ermöglicht.

8.3   Interpretation eines DNA-Profils

Nachdem die Schritte von DNA-Extraktion über die Vervielfältigung zu analysierender DNA-Marker und der Detektion der Fragmente bereits in.Abschn. 8.1 aufgezeigt wurden, soll an dieser Stelle die Interpretation des Ergebnisses anhand von Beispielen näher erläutert werden. Wie wir schon wissen, ermöglicht die sogenannte Multiplex PCR die simultane Analyse einer Vielzahl von z. B. STR-Loci aus einer DNA-Probe. Somit wird die Aussagekraft eines STR-Profils erhöht verglichen zur Betrachtung eines einzigen Locus. Um ein DNA-Profil korrekt interpretieren zu können, ist es zunächst wichtig, Kenntnis über die Einzelbestandteile eines Standard-Kits in der forensisch-molekulargenetischen Praxis zu erlangen. Ein typisches STR-Kit besteht im Regelfall aus den folgenden Komponenten:

1. Primer: Sind kurze, fluoreszenzmarkierte DNA-Sequenzen, welche zur Amplifikation der STR-Loci eingesetzt werden.
2. Puffer: Das Gemisch enthält Magnesiumchlorid (MgCl2) und spezifische Additive für die PCR-Reaktion.
3. Desoxynukleotid-Triphosphate (dNTPs): Die DNA-Nukleotide dATP, dCTP, dGTP und dTTP werden für die Strangverlängerung benötigt.
4. DNA-Polymerase (inklusive Puffer): Sie katalysiert die Synthese von DNA aus Desoxyribonukleotiden an einer DNA-Matrize.
5. Allelleiter: Sie führt zu einer Zuordnung der Motivrepeats zu den zugehörigen Allelen.
6. Positiv- und Negativkontrolle: Diese gewährleisten, dass die Arbeitsschritte ordnungsgemäß ablaufen.

Mittlerweile existieren vielzählige STR-Kits, die für eine Typisierung einer Probe eingesetzt werden können. Welche davon der Anwender für sein Labor vorrangig nutzt, bleibt ihm selbst überlassen. Allerdings sollten die analysierten Marker sowohl den Anforderungen der forensischen Spurenanalytik und den Richtlinien der Gendiagnostik-kommission bzw. dem Gendiagnostik Gesetz genügen als auch vor Gericht bestand halten. Die Vorgaben zur Anzahl an Markern, die analysiert werden müssen, unterscheiden sich zwischen den Ländern. In Deutschland sollte mindestens 15 validierte STRs untersucht werden, wenn auch mittlerweile standardisiert 16 Systeme in den STR Kits der neuen Generation betrachtet werden. Im Allgemeinen existieren zwei Standard-Sets an STR Markern für den amerikanischen und europäischen Raum, die bei der STR-Analyse berücksichtigt werden. Die Möglichkeit, 16 oder mehr Loci gemeinsam zu amplifizieren, hat die forensische DNA-Analytik revolutioniert und ist mitunter ein Grund dafür, dass die Anzahl an sogenannten *cold cases* im Zusammenhang mit immer sensitiveren Methoden abnimmt. Eines der ersten Multiplex-Systeme war quadruplex, entwickelt durch den *Forensic Science Service,* welches das europäische Standardset bildete. Das Kit umfasste zum damaligen Zeitpunkt vier Systeme (TH01, FES/FPS, vWA, und F13A1; vgl. Kimpton et al. 1994). Die Wahrscheinlichkeit, dass die untersuchte DNA-Spur auch der Person zugeordnet werden konnte lag hier bei 1 in 10.000. Daraufhin folgte ein zweites *second-generation* Mutliplex-System mit sechs STRs (TH01, vWA, FGA, D8S1179, D18S51, und D21S11) und einem geschlechtsspezifischen Marker (Amelogenin) (vgl. Klimpton et al. 1996; Sparkes et al. 1996). Hier lag die Trefferwahrscheinlichkeit schon bei 1 in 50 Mio. Im Jahr 1996 wurden dann durch das FBI und ausgewählte Konsortien sogenannte Core Loci für die forensische Molekulargenetik etabliert mit dem Ziel, diese in die nationale Datenbank *Combined DNA Index System* (kurz CODIS) aufzunehmen. Die Labore haben im Zeitraum von 1996 bis 1997 insgesamt 17 STR Loci (CSF1PO, F13A01, F13B, FES/FPS, FGA, LPL, TH01, TPOX, vWA, D3S1358, D5S818, D7S820, D8S1179, D13S317, D16S539, D18S51 und D21S11) evaluiert. Daraus resultierten später 13 core Loci (CSF1PO, FGA, TH01, TPOX, vWA, D3S1358, D5S818, D7S820, D8S1179, D13S317, D16S539, D18S51 und D21S11), welche die Basis für die CODIS-Datenbank bilden (vgl. Budowle et al. 1998; Butler 2006). Bei der Auswahl der zuvor aufgeführten Marker hat man versucht, möglichst viele unterschiedliche Genorte bzw. Chromosomen mit einzubeziehen. Abb. 8.6 zeigt einige der in CODIS verwendeten polymorphen Genmarker. Man unterscheidet im Wesentlichen intergene Regionen zum Beispiel D3S1358 oder auch Marker, wie TH01, die in Introns von Genen lokalisiert sind. Liegt ein STR in einem Intron innerhalb eines Gens, so setzt sich der Name des Markers aus dem Gennamen und der Nummer des Introns, welches dem Marker entspricht, zusammen. Außerhalb von Genen liegende STRs werden nach der Nummer des Chromosoms, auf dem sie lokalisiert sind, beschrieben, die Auskunft darüber gibt, der wie viele untersuchte und beschriebene Locus den jeweiligen Marker auf diesem Chromosom repräsentiert.

Werden alle 13 Loci analysiert, liegt die durchschnittliche Trefferwahrscheinlichkeit bei unverwandten Personen bei 1 in 10^{12} (Chakraborty et al. 1999). Im europäischen

Abb. 8.6 DNA-Marker Nomenklatur Die Abbildung zeigt die Nomenklatur intergener DNA-Marker (D5S818) und DNA-Marker, die in Genen lokalisiert sind

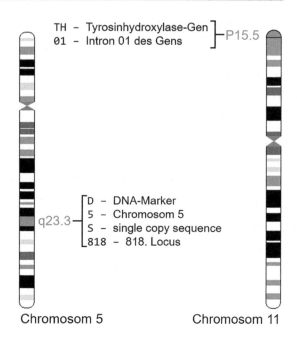

```
TH – Tyrosinhydroxylase-Gen ⎤
01 – Intron 01 des Gens      ⎦ P15.5
```

```
        ⎡ D   – DNA-Marker
q23.3 ──┤ 5   – Chromosom 5
        ⎢ S   – single copy sequence
        ⎣ 818 – 818. Locus
```

Chromosom 5　　　　　　　　　Chromosom 11

Raum werden ebenfalls die meisten der CODIS-Marker analysiert. Aufbauend auf der FSS-Initiative wurde 1999 das European Standard Set (ESS), das europäische Pendant zu den CODIS-Markern, erstellt. Ursprünglich enthielt das ESS-Kit sieben STRs (FGA, TH01, vWA, D3S1358, D8S1179, D18S51 und D21S11). Heutige ESS-Kits umfassen in ihrer Kitkonfiguration 16 STR-Systeme einschließlich Amelogenin und artifiziellen Qualitätskontrollen, die spezifisch für degradierte DNA oder zur Inhibitionsdetektion eingesetzt werden. Die neueste STR-Kit-Generation ermöglicht sogar die Amplifikation der Probe, ohne die bisher notwendigen Schritte der DNA-Extraktion und Aufreinigung. Für die Interpretation soll innerhalb dieses Abschnitts lediglich sogenannte *single-source* DNA-Profile betrachtet werden. Also solche, die eindeutig einer einzelnen Person zugehörig sind. Das Gegenteil bilden Mischspuren, die mindestens zwei Genotypen aufzeigen. Allerdings sind solche Mischspuren häufig an einem Tatort aufzufinden, da gerade an öffentlichen Plätzen mehrere Personen zugegen sind. Daher ist es zunächst wichtig, ein Einzelspur DNA-Profil eindeutig von einem Mischprofil abgrenzen zu können. Daneben gibt es weitere Fragestellungen, die in diesem Zusammenhang bei den Profilinterpretationen gestellt werden müssen:

1. Sind Artefakte in Form von z. B. *pull-ups* vorhanden, die zu einem farbkanalübergreifenden Signaldurchschlag führen?
2. Ist ein Abfall der Signalstärke in Richtung größerer STR-Systeme mit Fragmentlängen > 200 bp zu erkennen?
3. Könnte eine PCR-Inhibition vorliegen (falls dies zuvor nicht detektiet wurde)?

Bei der Dateninterpretation wird das Profil zunächst auf Vollständigkeit und oben genannte Artefakte wie *pull-ups,* die durch zu viel Template-DNA in der PCR entstehen, geprüft. Jeder Farbstoff hat sein eigenes Emissionsspektrum. Wird zu viel Template-DNA amplifiziert, kann es bei der kapillar-elektrophoretisch Auftrennung zu einer Durchdringung der Spektren und folglich zu unspezifischen Peaks *(off-scale peak)* im Elektropherogramm kommen. Werden diese *pull-ups* in den durch eine Allelleiter definierten Peakbin's detektiert, müssen diese Signale vom spezifischen Signal sondiert werden. Alternativ kann die Probe mit weniger Template-DNA reamplifiziert werden. Um Mehrfachansätze zu vermeiden, ist es empfehlenswert, den Anteil an gelöster DNA im Eluat quantitativ zu bestimmen, z. B. über eine qrtPCR. Weiterhin werden Informationen zur Interlocusbalance zwischen den einzelnen Farbkanälen erlangt, um die Farbstoffsensitivität und die PCR-Primer-Balance zu kontrollieren. Welche Farbstoffmarkierungen für die Primer eingesetzt werden, die dafür notwendig sind, eine eindeutige Signaltrennung zu erzielen, hängt von den spezifischen Kits und dem Assaydesign ab. Zu Problemen bei der Interpretation können zudem triallelische Signale in einem STR-System, Deletionen des Amelogeninmarkers und STR-Allele außerhalb der Allelleiter, führen. Zur Evaluierung der Multiplex-Kits für den Einsatz in der Praxis muss daher gewissen Empfehlungen des *European Network of Forensic Science Institutes* (kurz ENFSI) nachgegangen werden (vgl. Gill et al. 2000). Innerhalb der Guidelines werden mitunter Vorgaben zur Validierung von Stutterpeaks, der Heterozygotenbalance sowie der Interlocusbalance durch die Verwendung verschiedener DNA-Mengen gemacht. Dies dient dazu, kitspezifische Sensitivitätsgrenzen zu eruieren. Damit überhaupt eine konkrete Zuordnung der Fragmente zu spezifischen STR-Allelen möglich ist, benötigt die entsprechende Software Informationen in Form validierter Größenstandards. Für die konkrete Allelzuordnung wird eine sogenannte Allelleiter oder *Allelic ladder* in den Kits zur Verfügung gestellt, der bei jedem Reaktionsansatz mitgeführt werden muss (vgl. Smith 1995). Die Allelleitern sind für jedes Kit spezifisch und beinhalten alle bekannten Allelvariationen für jeden STR-Marker. In den meisten Fällen sind die Allele im Abstand von 0,5 bis 1 bp voneinander getrennt. Da auch für die Amplifikation der Allelleiter dieselben Primer wie für die Probe verwendet werden, weist das probenspezifische Profil theoretisch nur Allele auf, die auch in der Leiter vorkommen. Jede „Stufe" der Allelleiter ist durch die Repeatzahl der STR-zugehörigen Motive definiert. Ein zweites „Lineal", dass mit jeder Probe prozessiert wird, ist der Größenstandard und ermöglicht die korrekte Zuordnung der Fragmentgröße relativ zur Repeatanzahl. Erst durch die Kombination beider Lineale, also Allelleiter und Größenstandard, kann durch die Software eine korrekte Allelzuordnung gewährleistet werden (vgl. Abb. 8.7).

Ein Abfall der Signalstärke in Richtung der größeren STR-Systeme, wie in Abb. 8.7 zu sehen, könnte ein Hinweis auf eine DNA-Degradation sein. Hilfreich kann hier der Vergleich der Signalstärken zwischen dem kürzesten und längsten Amplikon sein. Das Phänomen eines *ski slopes,* bei dem signifikant höhere Signalstärken zwischen dem kleinsten Locus (linke Seite eines Elektropherogramms) und dem größten Locus (rechts) vorliegen, lässt vermuten, dass infolge einer Degradation Target-Moleküle zu stark fragmentiert oder in einem zu geringen Maße vorliegen. Ein weiterer Grund hierfür kann

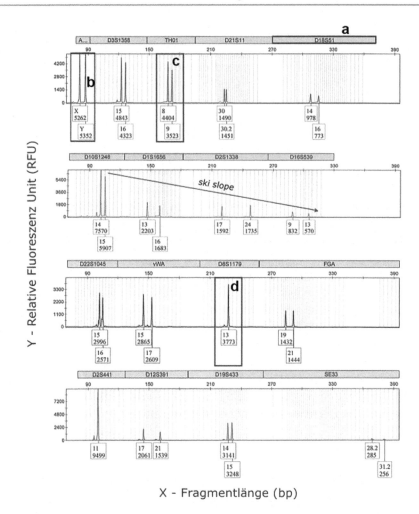

Abb. 8.7 Abgebildet ist ein STR-Profil, welches mit dem ESX17-System generiert wurde. Die Kitkonfiguration erlaubt hier die Amplifikation von 16 STR-Systemen in vier Farbkanälen (blau, grün, schwarz und rot). Der Marker, sprich das analysierte STR-System **a** befindet sich jeweils oben. Der geschlechtsspezifische Marker Amelogenin zeigt einen X- und einen Y-Peak für ein männliches Individuum an **b**. In dem System TH01 **c** liegen die beiden Allele acht und neun vor. Sie weisen auf eine heterozygote Ausprägung hin, wohingegen das Allel 13 des Systems D8S1179 **d** den homozygoten Genotyp zeigt. Es ist zu vermuten, dass aufgrund der Abnahme der Fluoreszenzintensität in Richtung längerer STR-Systeme, eine DNA-Degradation vorliegt **e**

die Hemmung der DNA-Polymerase während der PCR durch verschiedene Inhibitoren sein (vgl. Abschn. 8.1). Beide Ursachen sind bei der Auswertung nicht immer eindeutig voneinander zu unterscheiden. Aus diesem Grund gibt es mittlerweile sehr sensitive STR-Kits, die in der Lage sind, Degradation und Inhibition im Schritt der Typisierung voneinander zu trennen (vgl. Tvedebrink et al. 2013). Die Qualität eines DNA-Profils kann durch weitere Aspekte beurteilt werden. Bei partiellen Profilen spricht man laut

Definition von einem DNA-Profil, welches laut Kitkonfiguration theoretisch 16 Loci darstellt, im Ergebnis jedoch z. B. nur 13 Systeme amplifiziert wurden. Von einem *Allelic drop-out* wird dann gesprochen, wenn ein Allel an einem untersuchten Locus fehlt, währenddessen ein *Locus drop-out* die Abwesenheit von Peaks eines gesamten STR-Systems bezeichnet. Schwierig wird die Unterscheidung von *Allelic-* oder *Locus drop-out* bei Homozygotie in einem STR-System.

Informationen über das Geschlecht einer Person können ebenfalls im Rahmen von STR-Analysen erlangt werden. Hierzu wird allerdings ein STR-unabhängiger Locus bestimmt. Der Amelogenin-Locus (AMEL) ist hierfür einer der standardisiertesten über PCR amplifizierbaren Loci (vgl. Sullivan et al. 1993). Gerade bei vermissten Personen, sexuellen Straftaten oder auch Massenkatastrophen, bei denen großangelegte DNA-Analysen Hauptbestandteil der Identifikationstätigkeit sind, nimmt die genotypische Geschlechterdifferenzierung einen großen Stellenwert ein. Amelogenin codiert für spezifische Proteine, die ursprünglich im Zahnschmelz identifiziert wurden. Der für das Amelogenin-Gen codierende Sequenzabschnitt ist sowohl auf dem X-Chromosom (AMELX) als auch auf dem Y-Chromosom (AMELY) lokalisiert. Spezifisch designte Primerpaare flankieren dabei eine 6 bp-Deletion innerhalb des Intron1 des Amelogenin-Gens auf dem X-Chromosom (vgl. Abb. 8.8). Diese Deletion ist auf dem Y-Chromosom nicht vorzufinden. Daraus ergeben sich

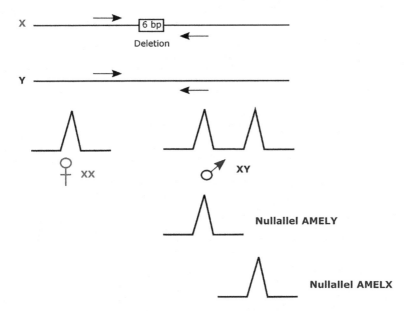

Abb. 8.8 Schema Amelogenin-Marker. Beide, X- und Y-Chromosom, weisen eine hohe Sequenzhomologie am Amelogenin-Locus auf. Locusspezifische Primer (schwarze Pfeile) binden in der Region um die 6-bp Deletion, welche ausschließlich auf dem X-Chromosom vorhanden ist. In den meisten Fällen weist das Vorhandensein eines einzelnen X-Peaks auf ein weibliches Geschlecht hin, während zwei Peaks an den Positionen X und Y ein männliches Individuum definieren. Allerdings wurde auch das Auftreten von Nullallelen sowohl bei AMELX als auch AMELY beschrieben

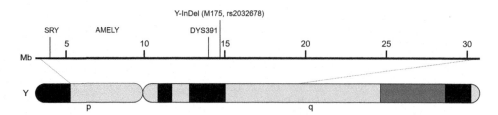

Abb. 8.9 Verortung Y-chromosomaler Marker zur Geschlechtsbestimmung. Die Abbildung zeigt die relative Position der bisher bekannten Y-chromosomalen Marker (Y-STR = DYS391, M175-Deletion: ‚TTCTC'), mit denen eine Verifikation des männlichen Geschlechts, neben Amelogenin, möglich ist. Y-InDel kennzeichnet den Bereich, der bei Deletionen auf dem Y-Chromosom zu einem Nullallel führt

unterschiedlich lange Amplikons (106 bp und 112 bp, abhängig vom verwendeten Primerpaar), durch die spezifisch X- und Y-chromosomale Peaks im Elektropherogramm abgelesen werden können.

Obwohl die Typisierung von Amelogenin eine weitverbreitete Methode für die Bestimmung des Geschlechts darstellt, können Probleme bei der Interpretation der Ergebnisse auftreten. Zu nennen wären hier Deletionen des Amelogeninlocus des Y-Chromosoms bei einigen Populationsgruppen, was zu einer negativen Primerbindung führt und folglich zu einem Nullallel bei Männern (vgl. Steinlechner et al. 2002). Bei einem *Allelic drop-out* des AMEL-X Peaks handelt es sich meist um Mutationen in der Primerbindungsstelle. Um zusätzliche Hinweise auf das Geschlecht, unabhängig von Amelogenin, zu erhalten, wurde in einigen Kits der neueren Generation ein Y-chromosomaler STR-Marker (DYS391) integriert (vgl. Abb. 8.9).

8.4   Populationsgenetische Aspekte

Die genetische Variabilität führte zu einer großen Vielfalt bei den heute lebenden Menschen. Jedoch ist dieser Reichtum an genetischer Vielfältigkeit und damit auch an den Möglichkeiten, unterschiedliche Fähigkeiten auszubilden, über eine weite Epoche der Menschheitsgeschichte in einen falschen Kontext eingeordnet worden. Statt diese zu würdigen, hat man Ideologin von reinen Rassen (genetisch) propagiert und definiert. Schlussendlich wurden Individuen, die der Reinheitsdefinition nicht entsprachen, verfolgt. Der Rassenbegriff ist ein rein politisch-soziales Konstrukt, welches durch aktuelle Erkenntnisse aus der Molekularbiologie und Genetik als überholt darzustellen ist. In der modernen Humangenetik hat sich der ideologiefreie Begriff Population (vgl. Abschn. 2.4) durchgesetzt.

Eine eindeutige Charakterisierung von biologischem Material bzw. biologischen Spuren spielt in sehr unterschiedlichen Bereichen der Medizin, insbesondere der Rechtsmedizin, eine Rolle. Bei forensisch molekularbiologischen Untersuchungen, welche unmittelbar mit der DNA und deren Analyse korreliert ist, unterliegen demselben Prinzip.

Ein bedeutender Teil der genetischen Information einer Zelle ist wirtsspezifisch und unterscheidet sich von Person zu Person. Durch die forensische Analyse sollte es somit möglich sein, eine eindeutige Zuordnung einer biologischen Spur zu einer bestimmten Person zuzuordnen, unter der Voraussetzung, dass analysierbare DNA aus der eigentlichen biologischen Spur extrahiert werden kann.

Bei forensischen Untersuchungen gelangen meist kleine Mengen an Gewebeproben (z. B. Haarwurzeln, Sperma oder Fingernägel) zur Analyse. Im Falle von Verwandtschaftsanalysen, auch als Vaterschaftstest bezeichnet, ist das haploide Genom einzelner Keimzellen Gegenstand der Untersuchungen.

In jedem Fall gilt es, die Frage zu beantworten, ob eine Person – Tatverdächtiger – eine Spur hinterlassen hat. Wenn eine Übereinstimmung bestimmt werden kann, d. h. die Ähnlichkeit zwischen Spur und Probenmaterial des Verdächtigen auf gleiche Herkunft hinweisen, bleibt die Frage offen, ob dieses Ergebnis auch zufällig entstanden sein kann. Wie in der Bioinformatik üblich, sollte man sich auch hier sogenannten Schätzfunktionen bedienen. Man benötigt im Wesentlichen Schätzungen der Allel-Häufigkeiten. 1908 entwickelten der britische Mathematiker Godfrey Hardy und der deutsche Physiker Wilhelm Weinberg gleichzeitig und unabhängig eine Methode zur Vorhersage von Populationshäufigkeiten der Genotypen für bestimmte Genorte unter definierten Voraussetzungen:

1. Ausreichende Populationsgröße, damit sichergestellt ist, dass die Allelhäufigkeiten (vgl. Abschn. 8.4) in den Keimzellen, aus denen die nächste Generation hervorgeht, näherungsweise mit den Gesamthäufigkeiten der Allele in der Ausgangsgeneration übereinstimmt (=Panmixie).
2. Zufällige Partnerwahl bezüglich des Genotyps beider Partner.
3. Vernachlässigung von Mutationen und Selektion, in einer komplexeren Form des Gesetzes könnten diese Parameter aber mitberücksichtigt werden.
4. Ablauf der Fortpflanzung in einander nicht überlappender Generationen

Diese Methode und die daraus abgeleiteten Überlegungen sind als Hardy-Weinberg-Gesetz in der Literatur bekannt.

Lediglich 0,1 % des menschlichen Genoms unterscheiden sich von Person zu Person. Die Menge des genetischen Materials, die zu einer anderen Person gleich ist, hängt vom Grad der Verwandtschaft dieser Personen ab (vgl. Tab. 8.1). In einer idealen Population bleibt die prozentuale Häufigkeit von Allelen im Genpool (Genfrequenz) über die Abfolge von Generationen in einem Gleichgewichtszustand. Dieser Zustand wird durch das Hardy-Weinberg-Gesetz beschrieben. Es bezieht sich auf autosomale Allele, da nur deren Häufigkeiten in männlichen und weiblichen Individuen gleich ist. Jedoch ist zu bemerken, dass gewisse Einschränkungen für die Gültigkeit des Hardy-Weinberg-Gesetz existieren. Diese Regel kann als algebraische Formel wie folgt aufgestellt werden,

$$p^2 + 2pq + q^2 = 1, \tag{8.1}$$

Tab. 8.1 Anteil der Gene, die Personen mit einem bestimmten Verwandtschaftsgrad gemeinsam haben

Beziehungsgrad	Identisch	G1-Generation	G2-Generation	G3-Generation
Anteil gemeinsamer Gene	Nahezu 100 %	50 %	25 %	12,5 %
Verwandtschaft	Eineiige Zwillinge	Eltern, Kinder, Geschwister	Großeltern, Enkel, Halbgeschwister, Onkel/Tante, Nichte/Neffe	Urgroßeltern, Urenkel, Großtante/-onkel, Groß- oder Halbnichte/-neffe, Halbonkel/-tante, Cousin

um relative Häufigkeiten eines dominanten oder rezessiven Gens in einer Population zu berechnen.

Schauen wir uns folgendes Praxisbeispiel an. Wie groß ist die Wahrscheinlichkeit, dass zwei Personen aus einer Population das gleiche DNA-Profil besitzen? Für die DNA-Profile wurden 13 STR-Systeme, sowie das geschlechtsbestimmende Amelogenin bestimmt.

Die Berechnung der Gesamtwahrscheinlichkeit für einen Multilocusgenotyp wird bestimmt durch die Produktregel der Genotyphäufigkeiten. Bei dem homozygoten Genotyp wird die Einzelhäufigkeit des Allels quadriert. Betrachten wir den Marker D3S1358 mit dem Genotyp (15,15). Wobei das Allel 15 in einer homozygoten Form auftritt. Die Frequenz dieses Allels beträgt 17,3 % (entnommen aus der CODIS-Datenbank) in der betrachteten Population. Somit ergibt sich für $p^2 = 17,3\,\% \cdot 17,3\,\% = 0,173^2 = 0,03 = 3\,\%$. Im Falle von heterozygoten Genotypen, Beispiel Locus vWA mit den Allelen 14 und 16, ergibt sich aus dem mittleren Term des Hardy-Weinberg-Gesetzes (vgl. Gl. 8.1): $p = 2pq = 2(15,7\,\%)(22,7\,\%) = 2(0,157)(0,227) = 0,071 = 7,1\,\%$. Nachdem die gesamte Tab. 8.2 aufgefüllt wird, ergibt sich die Gesamtwahrscheinlichkeit aus folgendem Produkt:

$$P_m = (0,034) \cdot (0,030) \cdot (0,042) \cdot (0,128) \cdot (0,075) \cdot (0,069) \cdot (0,082) \cdot$$
$$(0,101) \cdot (0,071) \cdot (0,014) \cdot (0,047) \cdot (0,084) \cdot (0,123) = 9,395 \cdot 10^{-19} \tag{8.2}$$

Die Wahrscheinlichkeit, dass zwei Personen das Profil haben, ist weniger als. Somit kann für dieses Beispiel davon ausgegangen werden, dass nur eine Person das beschriebene Profil besitzen kann.

8.5   Next Generation Sequencing (NGS)

Wird NGS unsere Sichtweise auf die Analyse und Auswertung des genetischen Fingerabdrucks verändern? Wenn wir an dieser Stelle von einer Sequenzierung der nächsten
Generation sprechen, ist das keinesfalls eine Untertreibung. Schaut man sich die fort-
schreitende Entwicklung von Sequenzierungstechnologien in den letzten fünf Jahren
an, ist es gelungen, durch sogenannte massive parallele Sequenzierungen (NGS) auch
die DNA-Typisierung in der forensischen Molekulargenetik zu revolutionieren. Die
Etablierung der Technologie erfolgt aktuell in den Routinelaboren. Obwohl der Einsatz
der NGS-Technologie in der forensischen Molekulargenetik mit Herausforderungen
verbunden ist, wird die Umstellung aufgrund der sich bietenden Vorteile unumgäng-
lich sein. Dieser Abschnitt befasst sich mit den Leistungen und Anwendungsgebieten
dieser Sequenziertechnik. Ein großer Vorteil gegenüber der Kapillarelektrophorese ist
die Identifikation von intraallelischen Varianten, die bei einer fragmentlängenbasierten
Methodik nicht möglich ist. Die Möglichkeit, mehrerer genetische Marker parallel zu
analysieren (z. B. STRs und SNPs), führt zudem zu einem gesteigerten Informations-
gewinn durch die extreme Sequenzierungskapazität.

Schauen wir zunächst kurz zurück und klären die Frage: „Was bedeutet eigent-
lich Sequenzierung?" Mithilfe der Sequenzierung kann die Nukleotidabfolge eines
DNA-Moleküls bestimmt oder ausgelesen werden. Damit ist die Sequenzierung, neben
anderen Methoden, eine wichtige Voraussetzung, um die Funktion, regulatorische
Abläufe und das Zusammenwirken von Genen zu verstehen. Im Vergleich zur Sequenzierung nach Sanger, die den Goldstandard darstellt, ist die NGS up to date.

Die Sanger-Sequenzierung wurde bereits 1977 durch F. Sanger vorgestellt, welcher
1980 den Nobelpreis erhielt (vgl. Sanger et al. 1977). Das Prinzip wird vereinfacht als
„Kettenabbruchmethode" bezeichnet. Hierbei wird ein DNA-Strang durch die DNA-
Polymerase gelesen und eine Kopie, die komplementär zum Template-Strang ist, erstellt.
Den Startpunkt für die Polymerase markieren Primersequenzen. Neben der Polymerase, Puffern und verschiedenen Aktivierungssubstanzen sowie Desoxyribonukleotiden
(dNTPs) werden der Reaktion zu einem späteren Zeitpunkt die Didesoxyribonukleotide
(ddNTPs) zugegeben. Diese tragen im Gegensatz zu den dNTPs kein Sauerstoffmolekül
am 3'-C-Atom, sodass hier der Kettenabbruch, beim Versuch ein weiteres Nukleotid

Tab. 8.2 Fiktives Profil der 13 Loci mit AMEL

Locus	TPOX	D3S1358	FGA	D5S818	CSF1PO	D7S820	D8S1179
Genotyp	8, 8	15, 15	24, 25	11, 13	11, 11	10, 10	13, 14
Häufigkeit	3,4 %	3,0 %	4,2 %	12,8 %	7,5 %	6,9 %	8,2 %
Locus	TH01	vWA	D13S317	D16S539	D18S51	Da1S11	AMEL
Genotyp	9, 9,3	14, 16	11, 11	11, 12	16, 18	29, 30	XY
Häufigkeit	10,1 %	7,1 %	1,4 %	4,7 %	8,4 %	12,3 %	Männl

einzubauen, erfolgt. Aufgrund des zufälligen Einbaus von dNTPs und ddNTPs, entstehen unterschiedlich lange DNA-Fragmente. Der entscheidende Unterschied zwischen
der konventionellen Sangersequenzierung und modernen Ansätzen besteht darin, dass
die ddNTPs farbstoffmarkiert sind (z. B. T: rot, G: orange, A: grün, C: blau), sodass
die DNA-Fragmente im weiteren Verlauf voneinander unterscheidbar sind. Der Prozess
kann somit in einem einzigen Reaktionsgefäß stattfinden. Eine Auftrennung der Fragmente nach ihrer Länge ermöglicht die Ermittlung der Ursprungssequenz durch die aufgenommenen Farbsignale. Es ergibt sich so das Elektropherogramm.

Für die NGS-Methode werden DNA-Bibliotheken benötigt. Der nächste Abschnitt
befasst sich zunächst mit der Generierung geeigneter DNA-Bibliotheken. In den sich
anschließenden Abschnitten werden zwei NGS-Prinzipien vorgestellt.

8.5.1   Generierung der DNA-Bibliothek

Vor der eigentlichen Sequenzierung muss, neben der Anreicherung der Probe, bei vielen
Strategien DNA-Bibliotheken (DNA-Librarys) hergestellt werden (vgl. Abb. 8.10). Im
Allgemeinen umfasst eine solche Vorbereitung, vier grundlegende Schritte:

1. Fragmentierung der Targetsequenzen für die Library (physisch, chemisch oder enzymatisch),
2. Erzeugung doppelsträngiger DNA aus der Targetsequenz,
3. Anbringen von *Oligonukleotidadaptern* an den Enden der Targets (Zielsequenz),
4. Quantifizierung der Library-Produkte für die Sequenzierung (vgl. Head et al. 2014).

Die Library-Präparation ist einer der essentiellsten Schritte im Prozess und ermöglicht
die Anwendung vielzähliger Sequenzierungsvorhaben, wie z. B. das *Whole-Genome
sequencing* (kurz WGS), *de novo* Sequenzierung, Resequenzierung, DNA-Sequenzie-
rung, RNA-Sequenzierung, Methylierungsanalysen und Protein-DNA Interaktionsana-
lysen. Das Ziel einer Library-Erzeugung besteht darin, DNA-Sequenzen mit spezifischen
Adaptersequenzen zu generieren (vgl. Abb. 8.10).

8.5.2   Sequencing-by-synthesis (SBS)

Die SBS-Methode findet insbesondere bei den heute von *Illumina* hergestellten Systemen Anwendung und wurde 2006 noch durch *Solexa* in den Markt eingeführt. Hierbei
wird die vorab fragmentierte Template-DNA kovalent durch spezifische Adaptoren auf
eine *Flow Cell,* also eine Art Glasobjektträger, gebunden. Auf dieser reaktiven Oberfläche findet dann die Sequenzierreaktion statt. Durch eine Art PCR werden anschließend Cluster identischer Sequenzen gebildet. Der Vorgang wird als Bridge-Amplifikation
bezeichnet. Mithilfe von fluoreszenzmarkierten Nukleotiden und einer spezifischen

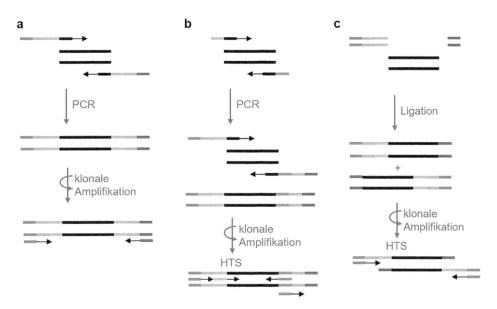

Abb. 8.10 Möglichkeiten der Library-Generierung (verändert nach Børsting 2015). **a** Library-Präparation durch eine PCR-Reaktion. Die Primersequenzen bestehen aus fünf Elementen: die spezifische Zielsequenz (schwarz), den Barcode zur Probenidentifikation (gelb), die Sequenz zur Qualitätskontrolle (grün) und Sequenzierungstargets (orange, blau). Durch beide Sequenzierungstargets kann die bidirektionale Sequenzierung erfolgen. Eine der Targetsequenzen wird zudem für die Hybridisierung der Library an die Oberfläche während des klonalen Amplifikationsschritts eingesetzt. **b** Library-Präparation durch zwei PCR-Reaktionen. Primer für die erste PCR bestehen aus der Zielsequenz (schwarz) und den Sequenzierungstargets (gelb und gold). Während einer zweiten PCR hybridisieren die Primer mit den Sequenzierungstargets (gelb und gold). Diese Primer besitzen zusätzlich zwei *Tags* mit dem Barcode (grün) und Sequenzen zur Hybridisierung mit der Oberfläche zur klonalen Amplifikation. Die Zielsequenzen (schwarz) werden dann über beide Sequenzierungstargets (gelb und gold) sequenziert, während die Barcodes in einem getrennten Schritt sequenziert werden. **c** Bei dieser Variante erfolgt die Librarygenerierung durch Ligation von Adaptersequenzen an die fragmentierte DNA. Jeweils ein Adapter beinhaltet den Barcode zur Probenidentifikation (gelb), die Sequenz zur Qualitätskontrolle (grün) und das Sequenzierungstarget (orange). Mit dem zweiten Adapter (blau) erfolgt die Bindung an die Oberfläche, die zur klonalen Amplifikation der Zielsequenz (schwarz) verwendet wird. (HTS = *high throughput sequencing*)

Terminatorchemie erfolgt dann eine zyklische Sequenzierung. Die *Flow-Cell* wird aus einem Gemisch der fluoreszenz-markierten Nukleotide „überflutet", und in jedem Zyklus wird genau ein Nukleotid komplementär zur Template-DNA eingebaut. Im nächsten Schritt wird die Markierung durch eine Fluoreszenzgruppe abgespalten, das zugehörige Lichtsignal detektiert und die Terminatorgruppe entfernt, damit im nächsten Zyklus ein weiteres Nukleotid eingebaut werden kann (vgl. Abb. 8.11). Die SBS-Methodik von Illumina bietet den Vorteil einer *paired-end*-Sequenzierung. Hierbei werden die zu sequenzierenden DNA-Fragmente von jeder Richtung mit einem definierten Leserahmen

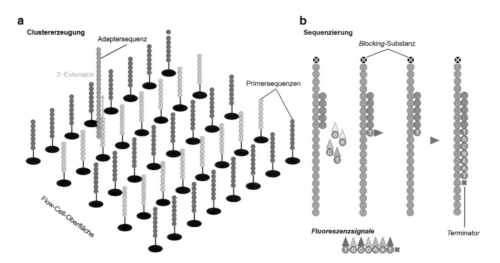

Abb. 8.11 Ablauf der SBS-Methode. **a** zeigt die Erzeugung von Sequenzclustern ausgehend von der Template-DNA nach der Librarygenerierung. In **b** ist das Prinzip der SBS-Methodik für den Schritt der Sequenzierung dargestellt

(100–250 bp) sequenziert. Das erhöht die Datendichte. So können mögliche Fehler, die bei einer einseitig gerichteten Sequenzierung entstehen können, von „echten" Varianten unterschieden werden.

8.5.3   SOLID-Technologie

Die von Applied Biosystems vorgestellte SOLID-Technologie basiert auf der klonalen Amplifikation der Template-DNA durch eine Emulsions-PCR (kurz emPCR). Das eigentliche Prinzip, was hinter SOLID steckt, ist die Sequenzierung durch Ligation. Das bedeutet, die DNA befindet sich auf Beads, die in einer Emulsion eingeschlossenen sind und auf die Oberfläche eines speziellen Objektträgers aufgebracht werden. Durch Primer legieren anschließend die jeweils passenden Fluoreszenz-Farbstoff-gekoppelten 8-mer-Oligonukleotide. Anders als bei der SBS-Methodik wird die sequenzierte Base nicht direkt über einen Farbstoff detektiert, sondern in einem Farbraum über einen Farbcode gespeichert. Der Farbcode wird dabei über jeweils zwei Basen des 8-mers definiert. Somit entsteht eine Redundanz des Farbcodes, der später in die korrekte Nukleotidabfolge übersetzt wird. Auch hier erfolgt eine zyklische Sequenzierung, sodass bei Einsatz verschiedener Primer (jeweils um eine Base verschoben) jedes Nukleotid der Ausgangs-DNA zweimal gelesen wird. Die genomische Sequenz kann dann durch 16 mögliche Kombinationen von Farbstoff und Base mit dem Farbcode eindeutig bestimmt werden. Sequenzierfehler können ähnlich wie bei SBS durch das zweifache Auslesen jeder Base minimiert werden.

Fazit

Wird eine biologische Spur, wie Blut oder Speichel an einem Tatort aufgefunden, so wird diese nach der Fotodokumentation gesichert. Abhängig von der Art der Spur, ist dabei deren Sicherung. Bei einer feuchten Spur wird diese mit einem DNA-freien Wattetupfer aufgenommen. Für die Erstellung des genetischen Fingerabdrucks sind nun weitere Schritte notwendig. So wird im kriminalbiologischen Labor eine DNA-Extraktion meist mit Magnetpartikeln (Bsp. *magnetic beads*) vorgenommen. Anschließend wird eine DNA-Quantifizierung mit Hilfe einer quantitativen real-time PCR (qrtPCR) durchgeführt. Eine Quantifizierung ist für den weiteren Verlauf entscheidend. So kann bei zu wenig DNA das entstehende Profil nur schwer aus-gewertet werden. Ein wesentlicher Punkt bei der Analyse forensischer DNA ist die DNA-Degradation, die z. Bsp. bei hoher UV-Strahlung irreversible Schäden in der DNA-Struktur hervorruft.

Für die DNA-Typisierung existieren verschiedenste Marker (Polymorphismen), die je nach Fragestellung eingesetzt werden. Sequenzpolymorphismen, die in ihrer Länge unterschieden werden können, sind die STRs. Sie stellen Wiederholungssequenzen (4* [AGAT]) dar, die eine individuallänge aufweisen. Für die Identifikation einer Per-son wird mit Hilfe eines STR-Multiplex-Kits ein DNA-Profil erzeugt, welches die Haplotypen für die gewählten STRs zeigt. Für die spurenkundliche Untersuchung werden im Moment 15 STR-Systeme jeweils zweimal mit zwei STR-Multiplex-kits analysiert. Jeder trägt (Ausnahme XY-Chromosomen des Mannes) zwei Kopien eines Gens auf den beiden Chromosomen des Chromosomenpaares. Die Ausprägung dieses Gens wird Allel genannt. Neben den Längenpolymorphismen werden auch die SNPs, die eine Base betreffen, in der forensischen Molekulargenetik untersucht. So können beispielsweise durch SNP-Analysen der mtDNA die Ausbreitung von Bevölkerungs-gruppen nachvollzogen werden. Lediglich die maternale mtDNA wird an die Nach-kommen vererbt, sodass eine Untersuchung der mütterlichen Abstammungslinie möglich wird.

Nach der Amplifikation der Marker im DNA-Extrakt, erfolgt deren Nachweis mittels Kapillarelektrophorese, wobei die fluoreszenzmarkierten DNA-Fragmente längenspezifisch aufgetrennt werden und damit die Merkmalskombination der vor-liegenden DNA ermittelt wird. Mit der Entwicklung der *NGS*-Methode ist eine par-allelisierte Sequenzierung, bei der eine Vielzahl unterschiedlicher Marker sequenziert und ausgewertet werden können, möglich. Sind die Schritte zur Untersuchung der Personenidentifikation abgeschlossen. wird ein Gutachten erzeugt, welches unter anderem die biostatistische Bewertung des DNA-Profils vorsieht.

In Deutschland wird für die rechtsrelevante Personenidentifikation eine Unter-suchung von 12 bzw.16 validierten STRs durchgeführt. Diese Core Loci werden in der CODIS *(Combined DNA Index System)* -Datenbank abgespeichert. Entscheidend ist die Abgrenzung einer Einzelspur von einer Mischspur, wie sie häufig an Tat-orten aufgenommen wird. Besonderheiten bzw. Artefakte wie unspezifischen Peaks (off-scale peak) im Elektropherogramm werden durch zu viel Template-DNA hervorgerufen und unterliegen deshalb einer gesonderten Bewertung. Die Zuordnung der Allele erfolgt mittels der Allelleiter, die im Reaktionsansatz mitgeführt wird. Es kann zu einem Allelausfall (ein Allel fehlt) oder einem Locusausfall (gesamter Locus fehlt) kommen. Soll das Geschlecht einer Person aus einer biologischen Spur ermittelt werden, so kann der Amelogenin-Locus (kurz AMEL) auf dem X- bzw. Y-Chromosom als Marker eingesetzt werden. Dessen Sequenz ist für die Amplifikation in den meisten kommerziellen Kits bereits enthalten. Eine Bewertung hinsichtlich der Signifikanz der erhaltenen Übereinstimmung eines STR-Profils, sollte zum Schluss der Analysen erfolgen. Hier wird das Hardy-Weinberg-Gesetzt eingesetzt, welches eine Konstanz in der Häufigkeit der Allele in einem Genpool (Genfrequenz) vorschlägt. Es wird dabei von einer idealen Population ausgegangen.

$$p^2 + 2pq + q^2 = 1$$

Die Gesamtwahrscheinlichkeit für die Ausprägung eben dieses STR-Profils in der bestimmten Population wird durch die Multiplikation der Genotyphäufigkeiten ermittelt. Bei einem homozygoten Genotyp, wird die entsprechende Einzelhäufigkeit quadriert.

Literatur

Alaeddini R (2012) Forensic implications of PCR inhibition – a review. Forensic Sci Int Genet 6(3):297–305

Alaeddini R, Walsh SJ, Abbas A (2010) Forensic implications of genetic analyses from degraded dna – a review. Forensic Sci Int Genet 4(3):148–157

Bandelt HJ, Achilli A, Kong QP (2005) Low penetrance of phylogenetic knowledge in mitochondrial disease studies. Biochem Biophys Res Commun 333(1):122–130

Bandelt HJ, Richards M, Macaulay V (2006) Human mitochondrial DNA and the evolution of Homo sapiens, 18. Aufl. Springer, Berlin

Bauer CM, Niederstätter H, McGlynn G et al (2013) Comparison of morphological and molecular genetic sex-typing on mediaeval human skeletal remains. Forensic Sci Int Genet 7(6):581–586

Berglund EC, Kiialainen A, Syvänen AC (2011) Nextgeneration sequencing technologies and applications for human genetic history and forensics. Investig Genet 2:23

Bessetti J (2007) An introduction to PCR inhibitors. J Microbiol Methods 28:159–167

Børsting C, Sanchez JJ, Morling N et al (2007) Application of SNPs in forensic casework. Mol Forensics 6:91–102

Brinkmann B (2004) Forensische DNA-analytik. Dtsch Arztebl 101:34–35

Budowle B, Daal A van (2008) Forensically relevant SNP classes. Biotechniques 44(5):603–610

Budowle B, Moretti TR, Niezgoda SJ (1998) Codis and PCR-based short tandem repeat loci: law enforcement tools. In: Second European symposium on human identification, S 73–88

Butler JM (2006) Genetics and genomics of core short tandem repeat loci used in human identity testing. J Forensic Sci 51(2):253–265

Butler JM (2007) Short tandem repeat typing technologies used in human identity testing. Biotechniques 43(2):ii–iv

Butler JM (2011) Advanced topics in forensic DNA typing: methodology, 3. Aufl. Elsevier, Oxford

Carracedo A, Lareu MV (1998) Development of new strs for forensic casework: criteria for selection, sequencing & population data and forensic validation. In: Proceedings – the ninth international symposium on human identification, S 89–107

Chakraborty R, Stivers DN, Su B et al (1999) The utility of short tandem repeat loci beyond human identification: implications for development of new DNA typing systems. Electrophoresis 20(8):1682–1696

Cichon S, Freudenberg J, Propping P et al (2002) Variabilität im menschlichen Genom – Bedeutung für die Krankheitsforschung. Deutsches Arzteblatt-Koln 99(46):2442–2447

Collins JR, Stephens RM, Gold B et al (2003) An exhaustive dna micro-satellite map of the human genome using high performance computing. Genomics 82(1):10–19

Dukes MJ, Williams AL, Massey CM et al (2012) Technical note: bone DNA extraction and purification using silica-coated paramagnetic beads. Am J Phys Anthropol 148(3):473–482

Fondevila M, Phillips C, Santos C (2013) Revision of the SNPforID 34-plex forensic ancestry test: assay enhancements, standard reference sample genotypes and extended population studies. Forensic Sci Int Genet 7(1):63–74

Gendiagnostik-Kommission (2013) Richtlinie der Gendiagnostik-Kommission (geko) für die Anforderungen an die Durchführung genetischer Analysen zur Klärung der Abstammung und an die Qualifikation von ärztlichen und nichtärztlichen Sachverständigen gemäß § 23 abs. 2 nr. 4 und nr. 2b gendg. Richtlinie. Springer, Berlin

Geystelen AV, Decorte R, Larmuseau MHD (2013) Updating the Y-chromosomal phylogenetic tree for forensic applications based on whole genome SNPs. Forensic Sci Int Genet 7(6):573–580

Gill P, Sparkes R, Fereday L et al (2000) Report of the European Network of Forensic Science Institutes (ENSFI): formulation and testing of principles to evaluate str multiplexes. Forensic Sci Int 108(1):1–29

Head SR, Kiyomi Komori H, LaMere SA et al (2014) Library construction for next-generation sequencing: overviews and challenges. Biotechniques 56(2):61

ISOGG (International Society of Genetic Genealogy) (2017) Y-DNA Haplogroup Tree 2018, Version: 13.238, Date: 2 October 2018. http://www.isogg.org/tree/. Zugegriffen: 4. Okt. 2018

Jakubowska J, Maciejewska A, Pawlowski R (2012) Comparison of three methods of DNA extraction from human bones with different degrees of degradation. Int J Legal Med 126(1):173–178

Jobling MA (2012) The impact of recent events on human genetic diversity. Philos Trans R Soc Lond B Biol Sci 367(1590):793–799

Jobling AM, Tyler-Smith C (2003) The human Y chromosome: an evolutionary marker comes of age. Nat Rev Genet 4(8):598–612

Kader F, Ghai M (2015) DNA methylation and application in forensic sciences. Forensic Sci Int 249:255–265

Karafet TM, Mendez FL, Meilerman MB et al (2008) New binary polymorphisms reshape and increase resolution of the human Y chromosomal haplogroup tree. Genome Res 18(5):830–838

Kimpton CP, Fisher D, Watson S (1994) Evaluation of an automated DNA profiling system employing multiplex amplification of four tetrameric STR loci. Int J Legal Med 106(6):302–311

Kimpton CP, Oldroyd NJ, Watson SK (1996) Validation of highly discriminating multiplex short tandem repeat amplification systems for individual identification. Electrophoresis 17(8):1283–1293

Lander ES, Linton LM, Birren B et al (2001) Initial sequencing and analysis of the human genome. Nature 409(6822):860–921

Leslie S, Winney B, Hellenthal G et al (2015) The fine-scale genetic structure of the British population. Nature 519(7543):309–314

Loreille OM, Diegoli TM, Irwin JA et al (2007) High efficiency dna extraction from bone by total demineralization. Forensic Sci Int Genet 1(2):191–195

Madea B, Dettmeyer R, Mußhoff F (2007) Basiswissen Rechtsmedizin – Befunderhebung, Rekonstruktion, Begutachtung, 2. Aufl. Springer Medizin, Berlin

Mattsson J, Uzunel J, Tammik L et al (2001) Lineage specific chimerism analysis is a sensitive predictor of relapse in patients with acute myeloid leukemia and myelodysplastic syndrome after allogeneic stem cell transplantation. Leukemia 15(12):1976–1985

Navarro E, Serrano-Heras G, Castaño MJ et al (2015) Real-time PCR detection chemistry. Clin Chim Acta 439:231–250

Oven M van, Kayser M (2009) Updated comprehensive phylogenetic tree of global human mitochondrial DNA variation. Hum Mutat 30(2):E386–E394

Phillips C, Fernandez-Formoso L, Garcia-Magariños M et al (2011) Analysis of global variability in 15 established and 5 new European Standard Set (ESS) STRs using the CEPH human genome diversity panel. Forensic Sci Int Genet 5(3):155–169

Putkonen MT, Palo JU, Cano JM et al (2010) Factors affecting the str amplification success in poorly preserved bone samples. Investig Genet 1(1):9

Roewer L (2008) Populationsgenetik des Y-Chromosoms. Medizinische Genetik 20(3):288–292

Roewer L (2009) Y chromosome STR typing in crime casework. Forensic Sci Med Pathol 5(2):77–84

Salas A, Richards M, De la Fe T (2002) The making of the African mtDNA landscape. Am J Hum Genet 71(5):1082–1111

Sanchez JJ, Phillips C, Børsting C et al (2006) A multiplex assay with 52 single nucleotide polymorphisms for human identification. Electrophoresis 27(9):1713–1724

Sanger F, Nicklen S, Coulson AR (1977) DNA sequencing with chain-terminating inhibitors. Proc Natl Acad Sci 74(12):5463–5467

Scheible M, Loreille O, Just R et al (2014) Short tandem repeat typing on the 454 platform: strategies and considerations for targeted sequencing of common forensic markers. Forensic Sci Int Genet 12:107–119

Sherry ST, Ward MH, Kholodov M (2001) dbSNP: the NCBI database of genetic variation. Nucleic Acids Res 29(1):308–311

Smith RN (1995) Accurate size comparison of short tandem repeat alleles amplified by PCR. Biotechniques 18(1):122–128

Sparkes R, Kimpton C, Watson S et al (1996) The validation of a 7-locus multiplex STR test for use in forensic casework. (I). Mixtures, ageing, degradation and species studies. Int J Legal Med 109(4):186–194

Steinlechner M, Berger B, Niederstätter H et al (2002) Rare failures in the amelogenin sex test. Int J Legal Med 116(2):117–120

Subramanian S, Mishra RK, Singh L (2003) Genomewide analysis of microsatellite repeats in humans: their abundance and density in specific genomic regions. Genome Biol 4(2):R13

Sullivan KM, Mannucci A, Kimpton CP (1993) A rapid and quantitative DNA sex test: fluorescence-based PCR analysis of XY homologous gene amelogenin. Biotechniques 15(4):636–638

Szibor R (2007) X-chromosomal markers: past, present and future. Forensic Sci Int Genet 1(2):93–99

Szibor R (2010) Gebrauch X-chromosomaler Marker in der forensischen Genetik. Rechtsmedizin 20(4):287–297

Szibor R, Krawczak M, Hering S et al (2003) Use of X-linked markers for forensic purposes. Int J Legal Med 117(2):67–74

Szibor R, Hering S, Edelmann J (2005) The humara genotype is linked to spinal and bulbar muscular dystrophy and some further disease risks and should no longer be used as a DNA marker for forensic purposes. Int J Legal Med 119(3):179–180

Torroni A, Achilli A, Macaulay V (2006) Harvesting the fruit of the human mtDNA tree. Trends Genet 22(6):339–345

Torroni A, Lott MT, Cabell MF (1994a) mtDNA and the origin of Caucasians: identification of ancient Caucasian-specific haplogroups, one of which is prone to a recurrent somatic duplication in the D-loop region. Am J Hum Genet 55(4):760–776

Torroni A, Miller JA, Moore LG (1994b) Mitochondrial DNA analysis in Tibet: implications for the origin of the Tibetan population and its adaptation to high altitude. Am J Phys Anthropol 93(2):189–199

Tvedebrink T, Asplund M, Eriksen PS (2013) Estimating drop-out probabilities of STR alleles accounting for stutters, detection threshold truncation and degradation. Forensic Sci Int Genet Suppl Ser 4(1):e51–e52

Underhill PA, Passarino P, Lin AA (2001) The phylogeography of Y chromosome binary haplotypes and the origins of modern human populations. Ann Hum Genet 65(Pt 1):43–62

Venter JC, Adams MD, Myers EW et al (2001) The sequence of the human genome. Science 291(5507):1304–1351

YCC (Y Chromosome Consortium) et al (2002) A nomenclature system for the tree of human Y-chromosomal binary haplogroups. Genome Res 12(2):339–348

Fehlende Fingerabdrücke und genetische Defekte

Im Jahr 2007 stellten Peter Itin und Eli Sprecher eine ungewöhnliche Störung der Papillarleisten bei einer jungen Frau fest. Die Schweizerin konnte nicht in die USA einreisen, da bei einem notwendigen Fingerabdruckscan kein Papillarleistenmuster zu erkennen war. Kein Fingerabdruck – wie ist das möglich? Bei der Untersuchung der Patientin konnten sie kaum weitere Symptome erkennen, die mit dieser Störung einhergehen. Lediglich eine verringerte Anzahl an Schweißdrüsen zeigte sich bei der jungen Schweizerin (Burger et al. 2011). Durch die Schwierigkeiten, die dieser Phänotyp bei der Einreise in die USA verursachte wurde diese Störung als *immigration delay disease,* zu Deutsch Einwanderungsverzögerungskrankheit, benannt (Burger et al. 2011). In diesem Kapitel wird dieses Krankheitsbild umfassend beschrieben. Es schließt sich dann eine bioinformatische Charakterisierung an. Ziel ist es, die kennengelernten Methoden und Tools der Bioinformatik aus Kap. 5 für die Einordnung der Störung *immigration delay disease* (Adermatoglyphia) im bioinformatischen und forensischen Kontext praktisch anzuwenden.

9.1 Adermatoglyphia – ein ungewöhnlicher Phänotyp bei der Personenidentifikation

In unserem digitalen Zeitalter ist ein Leben ohne Fingerabdruck schwer möglich, da dieser für eine Authentifizierung bzw. eine Identifikation notwendig ist. Stellen Sie sich vor, Sie hätten keinen Fingerabdruck. Welche Konsequenzen hätte dies für ihr alltägliches Leben? Für die Personenidentifikation stellt der Fingerabdruck als biometrisches Merkmal eine gute Wahl dar (vgl. Kap. 7). Die Einreise in Länder Ihrer Wahl würde Ihnen möglicherweise untersagt werden. Auch der Zugang zu ihrem Smartphone wird über einen Fingerabdruck verifiziert. In vielen Firmen erfolgen die Arbeitszeiterfassung und der Zugang zum Arbeitsbereich über das Papillarmuster des eigenen Fingers.

Ist eine Person mit dem Phänotyp ADG an einer Straftat beteiligt, so ist deren Identifizierung mittels Fingerabdruck durch eine Strafbehörde, nicht möglich bzw. erschwert. Natürlich besteht die Möglichkeit, mithilfe anderer bzw. weiterer biometrischer Erkennungsmethoden (Irisscan, Auswertung der Netzhaut bzw. des Stimmprofils) die Personenidentifikation durchzuführen, allerdings würde dies zu einem Mehraufwand in der Praxis führen.

▶ **Definition** Adermatoglyphia (kurz ADG) ist ein Phänotyp, der sich durch das Fehlen der palmoplantaren Papillarleisten seit der Geburt auszeichnet. Bei diesem Krankheitsbild treten zudem eine verringerte Transpirationsfähigkeit an den Hand- und Fußflächen sowie gelegentliche Veränderungen der Haut und der Nägel auf.

Der Phänotyp ADG tritt nur selten auf, und somit sind nur wenige Menschen von dieser Störung betroffen. In der Literatur wurden bisher nur vier Familien, die das Krankheitsbild Adermatoglyphia aufweisen, beschrieben (vgl. Burger et al. 2011; Nousbeck et al. 2014).

Trotz des geringen Auftretens von ADG investieren Wissenschaftler Zeit und Ressourcen für eine molekularbiologische Aufklärung dieses Krankheitsbildes. Mit diesen Studien erhofft man sich, Aufschluss über die Entwicklung und Entstehung unseres individuellen Papillarleistenmusters zu erhalten.

> Sometimes, through the study of an extraordinary disorder, you gain insight into the ordinary aspects of our biology (Eli Sprecher).

Das Wissen über monogenetische Merkmale bzw. genetische Erkrankungen bietet uns die Möglichkeit, Einblicke in die verborgenen Aspekte unserer Biologie zu erhalten. Zu Beginn der Studien zu ADG ging man von einem monogenetischen Defekt aus. Im Zuge weiterer Arbeiten erfolgte eine Zuordnung der Einzelmutation zur Genregion von *SMARCAD1* (*SWI/SNF-related, matrix-associated actin-dependent regulator of chromatin, subfamily a, containing DEAD/H box 1*) (Nousbeck et al. 2011). Es konnte damit nachgewiesen werden, dass das Protein, welches SMARCAD1 codiert, an der Ausbildung der Papillarleisten bei der Embryonalentwicklung beteiligt ist. Diese Erkenntnis bildete den Startpunkt für neue Untersuchungen zu den grundlegenden physiologischen Prozessen der individuellen Papillarleistenentwicklung.

9.1.1 Schweizer Verwandtschaft ohne Fingerabdrücke

Die Arbeitsgruppen um Nousbeck und Burger veröffentlichten 2011 zwei Studien zur Untersuchung einer großen Schweizer Familie, die seit vier Generationen den Phänotyp ADG aufweisen. Die Analyse der Familiengeschichte auf der Grundlage dieses genetischen Merkmals führte zu der Feststellung, dass es sich um eine autosomal dominante

Vererbung handelt. Abb. 9.1 zeigt den korrespondierenden Stammbaum der Schweizer Familie. Alle zehn Betroffenen besaßen seit der Geburt keine oder unspezifische Papillarleisten. Dies führte zu einem ungewöhnlichen Muster an Fingern und Handflächen, welches für eine Personenidentifikation nicht ausreichend ist.

Die Untersuchung einer jungen Frau aus dieser Familie zeigte eine leichte Form von Trommelschlegelfingern sowie eine leichte Zunahme der Hornhautbildung (vorwiegend an den Tragepunkten der Hände). In Abb. 9.2a ist die Abwesenheit der Papillarleisten deutlich zu erkennen. Ein entscheidendes Symptom von ADG ist die starke Reduktion der Transpirationsfähigkeit (auch Hyperhidrose genannt), die mithilfe eines Schweißtests an den Händen nachgewiesen wird (Burger et al. 2011). Die Aufnahme (vgl. Abb. 9.2b) zeigt das Ergebnis des Schweißtests bei einem betroffenen und nicht betroffenen Familienmitglied. Eine Hautbiopsie bestätigte die Hyperhidrose, welche durch eine verminderte Anzahl an Schweißdrüsen hervorgerufen wird. Keines der betroffenen Familienmitglieder zeigte eine Form von Gesichtsgries (auch Gesichtsmilien genannt) oder eine Blasenbildung der Haut. Des Weiteren konnte festgestellt werden, dass keine stärkere Wahrnehmung von Hitze, Kälte oder Berührung bzw. eine erhöhte Tendenz zu Rissen in der Haut der Finger oder Füße nachweisbar ist. Im Gegensatz zu ADG-assoziierten Krankheiten zeigten die Betroffenen folglich eine unauffällige Haut sowie gesunde Haare.

Die Abgrenzung zum Naegeli-Franceschetti-Jadassohn-Syndrom (kurz NFJS), welches sich unter anderem durch Veränderungen der Haut auszeichnet, erfolgt auf molekularbiologischer Ebene durch die Analyse des Keratin-14-Gens (Lugassy et al. 2006). Für die junge Frau wurden keine Mutationen auf dem Keratin-14-Gen diagnostiziert. NFJS konnte damit ausgeschlossen werden.

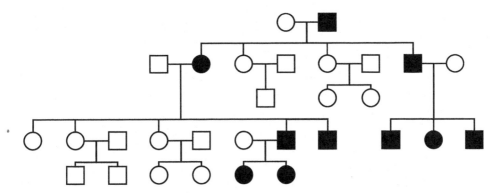

Abb. 9.1 Der Stammbaum der Schweizer Familie mit dem autosomal dominant vererbten Merkmal Adermatoglyphia (Betroffene schwarz). Die Frauen der Familie werden durch Kreise, Männer durch Quadrate dargestellt. (Nach Burger et al. 2011)

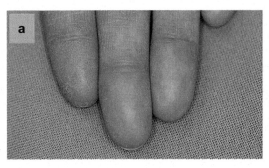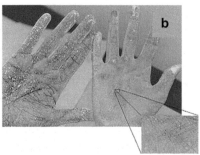

Abb. 9.2 **(a)** Die Finger der jungen Schweizerin weisen keinerlei Papillarleisten auf. **(b)** Bei einem Schweißtest nach Minor 1928 (Jod-Stärke-Test) eines nicht von ADG Betroffenen (links) und der betroffenen Frau (rechts) zeigt sich deutlich die verminderte Transpirationsfähigkeit. So findet keine Reaktion der aufgetragenen Jodlösung und dem Stärkepulver, die sich durch eine blau-schwarze Färbung zeigt, statt. (Burger et al. 2011)

9.1.2 Adermatoglyphia

Bei der Adermatoglyphia handelt sich um eine Krankheit, die den Genodermatosen zugehörig ist. Sie zählt zur Gruppe der ektodermalen Dysplasien, da sie sich durch Veränderungen der Haut- und Fußsohlen auszeichnet. Bei allen bisher untersuchten Betroffenen konnte eine Verminderung der Schweißdrüsenanzahl festgestellt werden, sodass eine Spezifikation der Krankheit in die Untergruppe der anhidrotischen ekto-dermalen Dysplasien vorgenommen werden kann. In der OMIM-Datenbank (vgl. Kap. 6) ist diese unter der Identifikationsnummer MIM 136000 zu finden.

In Tab. 9.1 sind alle bisher beschriebenen Fälle der ADG mit spezifischen Symptomen aufgelistet. Es handelt sich um eine seltene, autosomal dominant vererbbare Störung. Weitere Symptome, die nur bei wenigen Familien bzw. Betroffenen beschrieben wur-den, sind der angeborene Gesichtsgries und die Hautblasen sowie Risse, die vorwiegend durch äußere Einflüsse, wie Trauma oder Hitze intensiver als bei gesunden Personen hervorgerufen werden.

Die hier aufgelisteten Studien beinhalten lediglich Phänotypen, bei denen ADG seit der Geburt und als Einzelmerkmal auftritt. Die Verminderung der Anzahl an Schweiß-drüsenöffnungen, wie sie bei allen Betroffenen mit reiner ADG beobachtet wurde, könnte einen Hinweis für die Beteiligung der Schweißdrüsenöffnungen an der Formie-rung der Papillarleisten darstellen.

Auffällig ist nach Burger et al. (2011), dass bei Patienten, die neben der ADG eine Blasenbildung zeigten, die Hautstruktur verändert ist. Die Betroffenen könnten unter einer Subform der angeborenen Epidermolysis bullosa leiden, die sich durch eine Ver-änderung der Reteleisten auszeichnet.

Tab. 9.1 Bekannte Fälle von ADG aus der Literatur

Veröffentlichung	Baird (1964)	Basan (1965)	Reed und Schreiner (1983)	Limova et al. (1993)	Burger et al. (2011); Nousbeck et al. (2011)	Nousbeck et al. (2014)		
Herkunft	IE-USA	?	IE-USA	SE	CH	SE	USA-CAN	USA*
Betroffene Generationen	3	3	5	3	4	4	4	2
Anzahl der Betroffenen	13	8	10	3	10	5	6	1
Verringerte Anzahl an Schweißdrüsenöffnungen	ja	ja	ja	ja	ja	k. A	k. A	ja
Angeborene Milien	ja	?	ja	nein	nein	k. A	k. A	k. A
Blasenbildung	ja	nein	Ja	nein	nein	k. A	k. A	k. A
Fissuren an den Händen	ja	ja	ja	ja	nein	k. A	k. A	k. A
Verhornung der Haut	ja	ja	ja	ja	ja	n. a	n. a	ja
Greifen beeinträchtigt	n. a	n. a	n. a	ja	n. a	n. a	ja	ja
Trockene Haut	ja	ja	ja	ja	ja	n. a	n. a	n. a
Nagelveränderungen	ja	ja	ja	ja	ja	n. a	n. a	ja
Flexion und Kontrakturen	ja	ja	?	ja	ja	n. a	n. a	n. a
Mutation auf *SMARCAD1*	n. a	n. a	n. a	n. a	n. a	c.378+2 T >C	c.378+5G >C	c.378+1G >A

n. a. – nicht angegeben

▶ **Lesehinweis** Nach der Erläuterung und Beschreibung des makroskopischen
   Krankheitsbildes ADG erfolgt nun basierend auf dem Wissen aus Abschn. 5.1
   und Kap. 6 eine Charakterisierung auf Genom bzw. Proteomebene. Wir
   benötigen an dieser Stelle die Begrifflichkeiten Chromosom, DNA, ORF, Locus,
   Gen und Genprodukt sowie Verständnis über Mutationen.

Im Jahr 2011 veröffentlichte die Forschungsgruppe um Nousbeck ihre Ergebnisse zur
Untersuchung der für den bereits mehrfach beschriebenen Phänotyp ADG ursächlichen
Mutation in einer Genregion. Nachfolgend werden die Genregion, das Genprodukt, die
beobachteten Mutationen sowie deren Auswirkung bei der Störung erläutert.

9.1.2.1 Analyse der Chromosomenregion

Im Jahr 2000 klonierten Adra und Kollegen eine neue humane Helikase, die eine hohe
Sequenzähnlichkeit mit dem Mausprotein ETL1 *(Enhancer-trap-locus-1)* aufweist. Nach
Soininen et al. (1992) ist Etl-1 an der Genregulation beteiligt und beeinflusst die Bil-
dung der Chromatinstruktur sowie die regulatorischen Pfade bei der Mausentwicklung.
Die Forschungsgruppe um Adra vermutete eine ähnliche Funktion zum menschlichen
Homologen von ETL1 und dessen enorme Bedeutung bei bestimmten Krankheiten. Sie
identifizierten einen offenen Leserahmen (ORF) in dieser Region, dessen translatierte
Sequenz (1027 Aminosäuren lang) eine Ähnlichkeit von 95 % zu ETL1 der Maus auf-
weist. Benannt wurde die neu entdeckte Helikase als hHEL1 (human helicase 1). Das
von *hHEL1* codierte Protein erhielt nach der Zuordnung zu seiner Proteinfamilie den
Namen SMARCAD1.

Der Locus des codierenden Gens *SMARCAD1* wurde mithilfe einer Haplotypenanalyse detektiert und ist 4q22-23. Einige Krankheiten, wie Leiomyosarkomen in Weich-
teilgeweben, Leberzellkarzinome und hämatologische Malignome sind in dieser Region
lokalisiert. Des Weiteren ist bekannt, dass die Region für die Entwicklung genetischer
Instabilitäten eine entscheidende Rolle spielt. Es wurde anschließend mit dieser Information in einer Datenbank (Ensemble), für seltene Transkripte gesucht. Es konnte ein
kleines Transkript (ENST00000509418, NM_001128430.1) identifiziert werden, welches eine Übereinstimmung mit der Nukleotidsequenz des 3'-Endes von *SMARCAD1*
aufweist (Nousbeck et al. 2011). Mit diesen Informationen konnte die Forschungsgruppe
um Nousbeck noch im selben Jahr eine mit dem Krankheitsbild Adermatoglyphia assoziierte Mutation finden. Alle detektierten Mutationen und deren Folgen werden im Weiteren genauer erläutert.

9.1.2.2 Charakterisierung von SMARCAD1

Die Proteinsequenz zeigt bei einem Vergleich mit weiteren bekannten Proteinen
der SNF2-Familie der DEAD/H Box-tragenden Helikasen sieben hoch konservierte
Sequenzregionen (Adra et al. 2000). Damit konnte die Zuordnung zur SWI2/SNF2-Sub-
familie der Helikaseprotein-Superfamilie erfolgen. Des Weiteren konnten zwei DEAD/H

box/ATP-Bindungsmotive, die die anderen Familienmitglieder der SNF2-Subfamilie nicht aufweisen, erkannt werden.

Die Mitglieder der SWI2/SNF2-Proteinfamilie dienen als katalytische Untereinheiten der Hauptregulation der Transkriptions- und Rekombinationsaktivität (vgl. Adra et al. 2000) sowie den DNA-Reparaturprozessen. Sie kommen zudem in Chromatin remodellierenden Komplexen vor.

Aufgrund von einigen wenigen hydrophilen Bereichen und nicht vorhergesagten Transmembranregionen wurde zunächst eine globuläre Struktur für SMARCAD1 angenommen (vgl. Adra et al. 2000).

Durch ein globales multiples Sequenzalignment (MSA) (vgl. Abschn. 5.3.2) von SMARCAD1 und weiteren Vertretern der DEAD/H Box-beinhaltenden SNF2-Familie (vgl. Adra et al. 2000) konnten sieben hoch konservierte Regionen festgestellt werden. Es wurde vermutet, dass diese unveränderlichen Bereiche für die Vermittlung von Protein-Protein-Interaktionen verantwortlich sein könnten. Einige Motive in SMARCAD1, wie Leucin-Zipper, zeigen die Bereitschaft zur Homo- oder Heterodimerisierung. Die Signatur (KKRKK 342–346) deutet darauf hin, dass SMARCAD1 seine Funktion im Nucleus ausführt. Die gefundenen DEAD/H-Boxen (DEAD/H Muster) sind ATP-bindende Motive. Diesen Motiven gehen ATP-Bindungsstellen (AXXXXGKT) voraus (Adra et al. 2000). Die Tab. 9.2 zeigt die aufgefundenen Proteindomänen mit ihren zugehörigen Signaturen und deren Lokalisation in der Proteinsequenz mit Hilfe der InterPro und der PROSITE (Adra et al. 2000).

Die Forschungsgruppe um Rowbotham veröffentlichte 2011 eine umfassende Studie über die Proteinfunktion von SMARCAD1 im Zusammenhang mit der Aufrechterhaltung der epigenetischen Muster und damit seinem Einfluss auf den Erhalt der Genomstabilität. Dabei konnte SMARCAD1 als Schlüsselprotein bei der Genexpression von Transkriptionsfaktoren, Histonmodifikatoren sowie Proteinen, die am Zellzyklus und an Entwicklungsprozessen beteiligt sind, identifiziert werden.

▶   **Lesehinweis** Epigenetische Muster stellen posttranslationale Histon-Modifikationen dar, die die Funktionszustände der DNA spezifizieren. Die funktionalen Chromatindomänen werden in eukaryotischen Genomen durch unterschiedliche Muster von Histonmodifikationen gekennzeichnet (Rowbotham et al. 2011). Weitere Informationen entnehmen Sie bitte Fachbüchern der Genetik bzw. Epigenetik (z. B.: A. Nordheim und R. Knippers 2015: *Molekulare Genetik*).

Es ist hinreichend bekannt, dass bei einer Zellteilung zuvor eine DNA-Replikation erfolgen muss. Dabei gehen die epigenetischen Muster der zu replizierenden DNA größtenteils verloren. Der Prozess der Wiederherstellung solcher epigenetischen Muster nach der Replikation ist bisher nicht bekannt. Rowbotham identifizierte SMARCAD1 als einen der Schlüsselfaktoren für die Erneuerung von repressivem bzw. gehemmten Chromatin und damit für die Aufrechterhaltung der epigenetischen Muster.

Tab. 9.2 Detektierte Sequenzsignaturen in SMARCAD1 basierend auf InterPro und Prosite nach Adra et al. (2000)

Sequenzposition	Signatur	Implizierte Funktion
87–94	RNP-1	Nukleinsäureinteraktion
500–788	SNF2	Familiensignatur
522–529	P-Loop	ATP/GTP-Bindung
897–904	P-Loop	ATP/GTP-Bindung
721–738	Bipartites Kernlokali-sierungssignal	Nukleäre Translokation
629–632	DEA/GH/D	DEAD/H-Box ATP-abhängige Helikase-Signatur
1006–1009	DEA/GH/D	DEAD/H-Box ATP-abhängige Helikase-Signatur
553–576	Homeobox	Protein-Protein-Dimerisierung
427–448	Leucin-Zipper	Protein-Protein-Dimerisierung
845–866	Leucin-Zipper	Protein-Protein-Dimerisierung

An den gegebenen Sequenzpositionen wurden die aufgelisteten Domänensignaturen gefunden. Die Funktionen der jeweiligen Domänen geben Einblicke in die möglichen Funktionen von SMARCAD1

Es wurde zudem gezeigt, dass die ATPase-Aktivität von SMARCAD1 während der DNA-Replikation für die globale Deacetylierung der Histone 3 und 4 notwendig ist. Dieser Sachverhalt wurde durch die Entfernung von SMARCAD1 und den damit verbundenen Anstieg der Acetylierung der Histone an den Positionen (vgl. Abschn. 2.3.1) H4K12, H4K16 und H3K9 sowie einiger Lysine auf dem Histon 3 identifiziert. Dabei bezeichnet H4K12 eine Modifikation von Lysin an Position zwölf des vierten Histons.

Für SMARCAD1 erbrachten damit Robotham und Kollegen den Nachweis, dass es die Aufrechterhaltung von Heterochromatin durch Histondeacetylierung während des Zellzyklus erleichtert. Den SWI- und SNF-like-Faktoren wurde dabei eine Schlüsselrolle während der effizienten Übertragung der epigenetischen Informationen zugeschrieben. Als zusammenfassende Hypothese kann formuliert werden, dass SMARCAD1 den Transport eines Transkriptionsrepressors und einer Histondeacetylase zu den Orten des Chromatinaufbaus vermittelt.

▶ **Lesehinweis** Das Lesen des folgenden Abschnitts kann mit dem Wissen aus Abschn. 2.1 und 8.1 erleichtert werden.

9.1.2.3 Mutationen, die zur Adermatoglyphia führen

In mehreren Studien konnten Mutationen identifiziert werden, welche für die Auslösung der ADG verantwortlich sind. Mit einer Haplotypenanalyse gelang es, in der identifizierten Chromosomenregion 4q22 ein heterozygotes, 5,1 Mb großes Intervall zwischen den Markern D4S423 und D4S1560 zu identifizieren. Dieser Bereich konnte bei allen Betroffenen identifiziert werden. Bei der vollständigen Sequenzierung aller Introns und Exons der ausgemachten Chromosomenregion konnten zunächst keine Mutationen nachgewiesen werden. Mithilfe einer Datenbanksuche für seltene Transkripte wurde man fündig. Dabei wurde festgestellt, dass das kleine Transkript mit der ID ENST00000509418 bzw. NM_001128430.1 einen übereinstimmenden Bereich mit dem 3'-Ende von *SMARCAD1* (MIM 612761) aufweist (Nousbeck et al. 2011).

Die Heterozygote G>T-Transversion (c.378+1G>T) wurde im ersten Intron der für die Haut spezifischen kurz zuvor identifizierten Isoform von *SMARCAD1* aufgefunden. Diese Mutation konnte bei allen betroffenen Mitgliedern der untersuchten Familie bestätigt werden und wurde bei 200 gesunden Personen nicht beobachtet. Sie wurde somit als krankheitsverursachende Mutation eingestuft. Da diese Veränderung in einer Spleißstelle aufgefunden wurde, nahm man an, dass es sich um eine sogenannte Loss-of-Function-Mutation handelt. Somit würde weniger Genprodukt erzeugt werden oder das Genprodukt seine Funktion verlieren (vgl. Abb. 9.3).

Nousbeck und Kollegen veröffentlichten im Jahr 2014 eine weitere Studie, in der sie drei neue, familienspezifische heterozygote Mutationen (c.378+2 T>C, c.378+5G>C und c.378+1G>A) beschrieben (vgl. Abb. 9.3). In der ersten Familie mit schwedischer Herkunft wurde eine c.378+2 T>C Mutation entdeckt, die an die Nachfahren weitergegeben wird. Eine Transversion von Guanin nach Cytosin an der fünften Position im

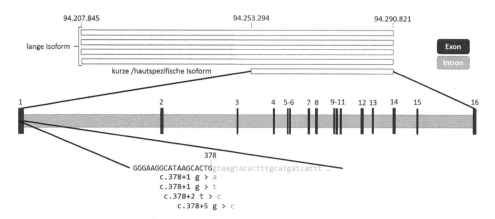

Abb. 9.3 Einordnung der beschriebenen Mutationen der kurzen Isoform von *SMARCAD1*. Bei den fünf verschiedenen Transkripten der RefSeq-Datenbank handelt es sich viermal um die lange Isoform, deren Expression ubiquitär ist, und um ein Transkript der kurzen, hautspezifischen Isoform. Exonbereiche sind orange, Intronbereiche grau gefärbt. Die Mutationen sind an der ersten, zweiten und fünften Position des ersten Introns zu finden

ersten Intron der kurzen Isoform von *SMARCAD1* wurde bei der zweiten Familie amerikanisch-kanadischer Herkunft mit österreichischen Wurzeln aufgedeckt. Einige Betroffene dieser Familie berichteten über Schwierigkeiten beim Greifen. Die Mitglieder einer dritten Familie mit amerikanischer Herkunft mit deutschen, niederländischen, englischen und schottischen Vorfahren, die das Merkmal ADG aufwiesen, tragen eine Transition von Guanin nach Alanin in der gleichen Region. Keiner der 8000 untersuchten, nicht betroffenen Individuen zeigten die bisher beschriebenen Mutationen.

Eine Analyse (Kumar et al. 2015) des KRT14-Gens ergab keine Auffälligkeiten bei den betroffenen Familienmitgliedern. Sie besitzen damit keine der Mutationen, die sich bei den netzförmigen Pigmentstörungen, in denen ADG ein Hauptmerkmal ist, gezeigt haben.

9.1.2.4 Auswirkungen der Mutationen

Durch Mutationsereignisse wird eine abnorme Isoform von *SMARCAD1* erzeugt, die sich in ihrer Länge von der Hauptisoform unterscheidet und durch die Störung einer Spleißstelle ein nicht translatiertes Exon enthält (Nousbeck et al. 2011). Die Transkriptionsprodukte der Hauptform von *SMARCAD1* kommen im gesamten Organismus vor. Die kurze Isoform konnte jedoch nur in den Hautfibroblasten nachgewiesen werden.

Durch diesen Mechanismus in der hautspezifischen Isoform des *SMARCAD1* wird die Expression von Genen, die an der hautbetreffenden Differenzierung beteiligt sind, gestört. Bereits 2014 konnten Nousbeck und Kollegen beweisen, dass das Spleißen einer Intronregion in der abnormen Isoform zu einer mRNA-Degradation und damit zu einer Haploinsuffizienz führt. Einige Signalwege, wie der des EGFR *(epidermal growth factor receptor),* welcher an der Entwicklung der Papillarleisten bei Mäusen beteiligt ist, werden durch die hautspezifische Isoform beeinflusst. Eine Pfadanalyse dieser Gene von Nousbeck et al. (2014) lieferte eine Zuordnung der Erbinformationen zu drei überlappenden Prozessen, die direkt mit ADG in Verbindung stehen. Abb. 9.4 zeigt die Klassifizierung der beeinflussten Gene in die drei Klassen EGFR-Regulation, Schuppenflechte sowie Keratinozyt-Proliferation und -Differenzierung.

Der Einfluss der kurzen Isoform von *SMARCAD1* auf den Mechanismus der Krankheiten, die ADG aufweisen, ist bisher unklar. 2011 analysierten Nousbeck und Kollegen bereits die Expression der kurzen Isoform. Sie stellten fest, dass nur geringe Mengen des abnormalen Spliceprodukts vorhanden waren.

Nousbeck et al. führten eine Vorhersage der RNA-Sekundärstruktur des Wildtyps und der anormalen Splicevariante durch und verglichen diese. Aus dieser Untersuchung ließ sich ableiten, dass die veränderte RNA-Struktur des anormalen Spliceprodukts zu einer Instabilität führt, die zur Degradation der RNA führt (vgl. Nousbeck et al. 2011).

Zusammenfassend lässt sich sagen, dass SMARCAD1 eine entscheidende Rolle bei der Bildung der Papillarleisten spielt. Eine Mutation des *SMARCAD1* führt zu einer gestörten Expression von Genen, die mit der epidermalen Differenzierung assoziiert sind.

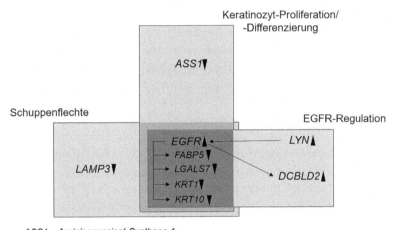

ASS1 – Argininosuccinat-Synthase 1
LAMP3 – Lysosomen-assoziiertes Membranprotein 3
EGFR – epidermaler Wachstumsfaktorrezeptor
FABP5 – Fettsäuren bindendes Protein 5
LGALS7E – Galectin-7
KRT 1 – Karotin 1
KRT 10 – Karotin 10
LYN – Tyrosinkinase
DCBLD2 - Discoidin, CUB und LCCL Domäne enthaltendes Protein 2

Abb. 9.4 Klassifikation der beeinflussten Gene. In der Darstellung werden drei Klassen EGFR-Regulation, Schuppenflechte und Keratinozyt-Proliferation/-Differenzierung als Rechtecke gezeigt. Die in diese Kategorien eingeteilten Gene können hoch (▲) – oder reprimiert (▼) sein. (Nach Nousbeck et al. 2014)

9.1.3   Assoziierte Krankheiten

Adermatoglyphia tritt als Krankheitsbild mit wenigen Symptomen auf. Sie wurde allerdings auch bei komplexeren Krankheiten, wie Naegeli-Franceschetti-Jadassohn-Syndrome (MIM 161000) und Dyskeratosis congenita (MIM 305000), als Symptom identifiziert. Krankheiten, die eine Veränderung des Fingerabdrucks hervorrufen, können nach David (1973) wie folgt eingeteilt werden:

1. nicht vorhandener Fingerabdruck (engl. *ridge aplasia*),
2. unterentwickelte Papillarleisten (engl. *ridge hypoplasia*),
3. segmentierte Papillarleistenmuster (engl. *ridge dissociation*),
4. horizontale Rillen bzw. untypisches Muster (engl. ridges-off-the-end).

Die *Abwesenheit der Papillarleisten* seit der Geburt wurde erstmalig 1964 von Baird bei einer amerikanischen Familie beschrieben. Die Betroffenen zeigen häufig eine verminderte Transpirationsfähigkeit an den Hand- und Fußflächen. Angeborene Milien und stark ausgebildete, beidseitige Beugekontrakturen einiger Finger und Zehen konnten außerdem als Merkmal beobachtet werden. Bei diesen Krankheiten erfolgt die Vererbung autosomal dominant.

Unterentwickelte Papillarleisten weisen eine reduzierte Höhe und eine verminderte Anzahl der Papillarleisten auf. Diese Merkmale treten auch bei der Veränderung der Ausprägung der Fingerabdrücke im hohen Alter und bei einer Glutenunverträglichkeit auf (Schaumann und Alter 1976). Eine Unterscheidung nach alters- oder krankheitsbedingten Veränderungen fällt entsprechend schwer. Diese Hypoplasie wird vorwiegend autosomal dominant vererbt.

Von einem *segmentierten Papillarleistenmuster* spricht man, wenn anstatt der parallel verlaufenden Papillarleisten eine Unterbrechung bis hin zu gepunkteten Leisten sowie eine unorganisierte Ausprägung der Leisten besteht. Die Störung tritt sporadisch oder durch eine autosomale Vererbung auf. Unterbrechungen von Papillarleisten traten in einigen Fällen bei Patienten mit dem Lange-Syndrom sowie bei Chromosomenabnormitäten auf. Zu diesen zählen die Trisomie-21 (80 % der Betroffenen zeigen segmentierte Dermatoglyphen), die Trisomie-18 (7 von 20 Trisomie-18-Patienten weisen derartige Veränderungen auf) und die D-Trisomie (12 von 20 Patienten sind betroffen; Bali und Chaube 1994). Einige Patienten mit zystischer Fibrose zeigten außerdem segmentierte Abdrücke (David 1973).

Horizontale Rillen bzw. untypisches Muster zeichnen sich durch den ununterbrochenen vertikalen Verlauf der Papillarleisten aus. Es scheint keine Krankheit mit diesem Phänotyp assoziiert zu sein. Die Ausprägung wurde bei mehreren Familien ohne weitere Symptome beobachtet. Es handelt sich hierbei vermutlich um einen autosomal dominanten Erbgang.

In Tab. 9.3 werden die bis zum jetzigen Zeitpunkt mit Fingerabdruckstörungen assoziierten Krankheiten dargestellt und charakterisiert. Es wird vermutet, dass bei einigen

Tab. 9.3 Zusammenfassung der Krankheitsbilder mit Fingerabdruckstörungen

Krankheit	Klinische Trias	Weitere mögliche Symptome	Fälle	Erbgang	Mutation
Dermatopathia pigmentosa reticularis DPR (MIM 125595)	Netzförmige Hyperpigmentierung Palmoplantare Hyperkeratose Hyperhidrose	**ADG** Nageldystrophie Blasenbildung Zahnanomalien Alopazie	1 Familie USA (Heimer et al.1992) 2 pakistanische Schwestern (Ghias 2015)	AD	c.54 C>A in KRT14 (Lugassy et al. 2006)
Naegeli-Franceschetti-Jadassohn-Syndrom NFJS (MIM 161000)	Netzförmige Hyperpigmentierung die mit dem Alter abnimmt Palmoplantare Hyperkeratose Veränderungen der Nägel	**ADG** Alopazie Veränderungen der Haare	1 Familie Schweiz (Naegeli 1927) 3 Familien Großbritannien (Lugassy et al. 2006) 1 Familie Saudi Arabien (Tubaigy und Hassan 2014)	AD	17delG in KRT14 (Lugassy et al. 2006) c.19 C>T in KRT14 (Lugassy et al. 2006)
Kindler-Syndrom (MIM 173650)	Progressive Poikiloder-mie Plattenepithelkarzinom Hautatrophie	**ADG** Netzartige Hyper- und Hypopigmentierung Pseudoainhum der Zehen Handfehlbildungen Zahn-, Mund- und Nagelanomalien Syndaktilie	1 Familie (Aboud et al. 2002) Mädchen (Gangopadhyay et al. 2014) Frau (Parmar und Shah 2014) 150 weitere Fälle	AR	Funktionsverlust-Mutation in KIND1 Gen (FERMT1) (Gangopadhyay 2014) Locus 20p12.3 (Parmar und Shah 2014)
Dyskeratosis Congenita DC (MIM 305000)	Netzartige Hyper-pigmentierung Nageldystrophie Leukoplakie Panzytopenie/aplastische Anämie und Malignome Hautarthrophie Palmoplantare Hyper-keratose	**ADG** **Fingerbeere mit Horizontalen Rillen** Palmoplantare Hyperhidrose Blasenbildung Zahnanomalien Epiphora Leukoplakie	51 Fälle (Sirinavin und Trowbridge 1975) Frau (Owlia et al. 2014)	XR AD	Dyskerin-Gen (X-linked) TERC (AD)

(Fortsetzung)

Tab. 9.3 (Fortsetzung)

Krankheit	Klinische Trias	Weitere mögliche Symptome	Fälle	Erbgang	Mutation
Dyschromatosis universalis hereditaria DUH (MIM 127500)	Netzförmige Hyper- und Hypopigmentierung	**ADG** **Fingerbeere mit horizontalen Rillen** Wachstumsstörungen Veränderung der Nägel	Mann aus IN (Kumar et al. 2015) Familie aus Indien (Jithendriya und Britto 2015)	AD	ABCB6 pathologisches Gen (Jithendriya und Britto 2015)
Keratitis-Ichthyosis-Deafness KID (MIM 148210)	Palmoplantare Keratose Schallempfindungsschwerhörigkeit (SNHL) Hyperkeratose Psoialis	**Dermatoglyphen abgeflacht** Nageldystrophie Haarverlust Verschlechterung der Sicht Hyperhidrose	Junge (Jan et al. 2004)	AD	GJB2-Gen Missense-Mutation (Jan et al. 2004) Locus: 13q11 (Jan et al. 2004)
Clouston-Syndrom (hidrotic ectodermal dysplasia) (MIM 129500)	Nagelveränderung Strabismus Hyperpigmentierung Haarverlust Palmoplantare Keratose	**Dermatoglyphen abgeflacht**	8 Männer (Rodewald und Zahn-Messow 1982)	AD	GJB6-Gen 2 Missense-Mutation (Jan et al. 2004) Locus: 13q11 (Jan et al. 2004)
Christ-Siemens-Touraine-Syndrom Hypohidrotic Ectodermal dysplasia HED (MIM 305100)	Hypotrichose Nagel- und Zahnanomalien Hyperhidrose Abnorme Gesichtszüge Spärlicher Haarwuchs	**Veränderung des Dermatoglyphenmusters** Glänzende Haut	2 Brüder (Vora et al. 2014)	XR	EDA1-Gen pathologisch (Vora et al. 2014) Locus: Xq12-13 (Vora et al. 2014)
Rapp-Hodgkin-Syndrom RHS (MIM 129400)	Schmale Nase Kleiner Mund Kleinwuchs Gaumen- und oder Lippenspalte	**Dermatoglyphen abgeflacht** Veränderungen der Haare bis hin zum Haarverlust, Verlust der Nägel und Zähne	Familie (Rapp und Hodgkin 1968) Familie (Stasiowska et al. 1981)	Vermutlich AD	

AD – autosomal dominant, AR – autosomal rezessiv, XR – X-chromosomal rezessiv

Krankheiten wie DPR, NFJS und Kindler-Syndrom der Verlust der Papillarleisten durch eine pränatale Narbenbildung hervorgerufen wird. Die überlappenden Merkmale der Krankheiten und deren seltenes Auftreten erschwert die Zuordnung und Klassifikation der verschiedenen Fälle zu definierten Krankheitsbildern.

9.2 Bioinformatische Analyse der Adermatoglyphia

Zur Charakterisierung des Krankheitsbildes Adermatoglyphia wurden bereits einige bioinformatische Strategien angewandt. Unter anderem ergab das Screeening einer menschlichen fetalen cDNA-Bibliothek mit dem cDNA-Fragment des *ETL1* der Maus einen Treffer, der eine Sequenzidentität von 92 % aufwies (vgl. Adra et al. 2000). In dieser Studie lieferte außerdem ein InterProScan Informationen zur Proteinfunktion des SMARCAD1. Nousbeck et al. führten eine Vorhersage der RNA-Sekundärstruktur des Wildtyps und der anormalen Splicevariante durch und verglichen diese. Aus dieser Untersuchung ließ sich ableiten, dass die veränderte RNA-Struktur des anormalen Spliceprodukts eine Instabilität entstehen lässt, die zur Degradation der RNA führt (vgl. Nousbeck et al. 2011).

Aufbauend auf diesen ausgewählten Beispielen soll in diesem Abschnitt eine vollständige Strategie für eine bioinformatische Analyse im Umfeld des Krankheitsbildes ADG abgeleitet und durchgeführt werden. Dabei werden die Datenbanken und Tools, die in Kap. 5 und 6 bereits erläutert wurden, verwendet. Impulse für weitere Untersuchungen erfolgen am Ende dieses Abschnitts. Die Analysestrategie beinhaltet folgenden Gebiete:

- Literaturrecherche und Recherche krankheitsrelevanter Informationen,
- Gen- und Genexpressionsanalyse,
- Proteinsequenz-, Struktur- und Funktionsanalyse.

▶ **Lesehinweis** Um diese Recherchen nachvollziehen zu können, sollten Sie die in Kap. 5 vorgestellten Werkzeuge und deren Algorithmen hinreichend studiert haben.

9.2.1 Suche in Datenbanken und Sammlungen des NCBI

Für den Einstieg in die Untersuchungen der Störung Adermatoglyphia eignen sich besonders die Datenbanken des EMBL-EBI und des NCBI. Der Zugang zu den biologischen Daten (Sequenzen, Annotationen usw.), die dort abgelegt sind, kann leicht mit den verfügbaren Suchmaschinen EBI Search und Entrez erfolgen.

Beginnen wir unsere Suche mithilfe des Entrez. Für eine globale Suche, die sich über alle Datenbanken erstreckt, nutzen wir die GQuery (*Global Cross-database NCBI*

search). Die Suche nach dem Term Adermatoglyphia erzeugte im September 2015 die in
Abb. 9.5 dargestellte Ausgabe. Ausgehend von dieser Suche können nun Analysen in den
einzelnen Gebieten vorgenommen werden.

Widmen wir uns zunächst der Literatur zu der Thematik Adermatoglyphia. Das zu
analysierende Krankheitsbild ist als Term nicht in dem Thesaurus der *National Library
of Medicine* aufgenommen worden, sodass sich in der MeSH-Datenbank kein Eintrag

Results found in 9 databases for **Adermatoglyphia**

Literature

Bookshelf	0	Books and reports
MeSH	0	Ontology used for PubMed indexing
NLM Catalog	0	Books, journals and more in the NLM Collections
PubMed	16	Scientific and medical abstracts/citations
PubMed Central	28	Full-text journal articles
PubMed Health	0	Clinical effectiveness, disease and drug reports

Genes

EST	0	Expressed sequence tag sequences
Gene	1	Collected information about gene loci
GEO DataSets	0	Functional genomics studies
GEO Profiles	0	Gene expression and molecular abundance profiles
HomoloGene	0	Homologous gene sets for selected organisms
PopSet	0	Sequence sets from phylogenetic and population studies
UniGene	0	Clusters of expressed transcripts

Genetics

ClinVar	4	Human variations of clinical significance
dbGaP	0	Genotype/phenotype interaction studies
dbVar	0	Genome structural variation studies
GTR	1	Genetic testing registry
MedGen	6	Medical genetics literature and links
OMIM	7	Online mendelian inheritance in man
SNP	0	Short genetic variations

Proteins

Conserved Domains	0	Conserved protein domains
Identical Protein Groups	0	Protein sequences grouped by identity
Protein	6	Protein sequences
Protein Clusters	0	Sequence similarity-based protein clusters
Sparcle	0	Functional categorization of proteins by domain architecture
Structure	0	Experimentally-determined biomolecular structures

Genomes

Assembly	0	Genome assembly information
BioCollections	0	Museum, herbaria, and other biorepository collections
BioProject	0	Biological projects providing data to NCBI
BioSample	0	Descriptions of biological source materials
Clone	0	Genomic and cDNA clones
Genome	0	Genome sequencing projects by organism
GSS	0	Genome survey sequences
Nucleotide	6	DNA and RNA sequences
Probe	0	Sequence-based probes and primers
SRA	0	High-throughput sequence reads
Taxonomy	0	Taxonomic classification and nomenclature

Chemicals

BioSystems	0	Molecular pathways with links to genes, proteins and chemicals
PubChem BioAssay	0	Bioactivity screening studies
PubChem Compound	0	Chemical information with structures, information and links
PubChem Substance	0	Deposited substance and chemical information

Abb. 9.5 Ergebnis der Suche mit GQuery: Die Abbildung zeigt das Ergebnis der GQuery-Suche
mit dem Schlüsselwort Adermatoglyphia. Für eine bessere Übersicht werden die Datenbanken mit
der Anzahl der Treffer und einer kurzen Datenbankbeschreibung in Kategorien, wie zum Beispiel
Health, eingeteilt

finden lässt. Bisher wurden auch keine Bücher zur Adermatoglyphia gelistet. In den Literaturdatenbanken mit wissenschaftlichen und medizinischen Abstracts und Zitaten (PubMed) sowie in dem elektronischen Volltextarchiv PMC wurden bei der Suche eine Vielzahl an Treffern erzielt. Die Suche ließe sich jetzt auf den beiden zuletzt genannten Datenbanken modifizieren und erweitern. So könnten bestimmte Journale, Autoren und Veröffentlichungszeiträume angegeben werden. Eine Sortierung nach dem Erscheinungsdatum ermöglicht eine aktuelle Literaturrecherche.

In der Kategorie Genom konnten lediglich in der Datendomäne Nukleotide Treffer erzielt werden. Angezeigt werden fünf Transkriptvarianten, d. h. mRNA, des *SMAR-CAD1* vom Mensch und eine 90.685 bp (Basenpaar) lange Genregion (DNA) des Chromosomen 4. Diese ist in einem RefSeq-Eintrag hinterlegt.

Bei der Schlüsselwortsuche in der Kategorie Gene wurde lediglich in der Gene-Datendomäne ein Treffer erzielt. Es handelt sich dabei um das Gen mit der Bezeichnung: *SMARCAD1 SWI/SNF-related, matrix-associated actin-dependent regulator of chromatin, subfamily a, containing DEAD/H box 1* [Homo sapiens (human)]. Unter der Zusammenfassung des Gen-Eintrags werden Links zu anderen Informationsressourcen (Ensemble, MIM) angegeben. Eine Übersicht zeigt die gewählte Genregion mit den codierenden Bereichen (*Consensus Coding Sequence,* kurz CCDS), Variationen (dbSNP, ClinVar, dbVar) und Exon-Intron-Informationen (vgl. Abb. 9.6). In dem Eintrag werden außerdem Veröffentlichungen zu diesem Gen sowie Daten über die Phenotypen, Variationen, niologische Pfade, Interaktionen, assoziierte Proteine und assoziierte Sequenzen bereitgestellt. Links zu externen Datenquellen runden den Eintrag ab.

Für Analysen von genetisch bedingten Krankheiten eignen sich besonders die Datenbanken und Datendomänen der Kategorie Health. Mit dem Term Adermatoglyphia konnten Treffer in der Datenbank ClinVar, die Informationen der klinisch relevanten Variationen in Genomen enthält, erzielt werden (vgl. Tab. 9.4). Die aufgelisteten Mutationen enthalten die von uns bereits beschriebenen aus Nousbeck et al. (2014) und Burger et al. (2011) (vgl. Abschn. „Mutationen, die zur Adermatoglyphia führen").

In der Genetic Testing Registry (GTR®) werden Informationen zu genetischen Tests, wie die Methodik, die Validierung und Kontaktdaten zu den Laboratorien, die die Tests anbieten, bereitgestellt. Der Test, der mit der Schlüsselwortsuche gefunden wurde, trägt die Bezeichnung *SMARCAD1* (1 gene). Die Methoden, die zur Verfügung stehen, sind: Deletions- und Duplikationsuntersuchung sowie die Sequenzanalyse der gesamten codierenden Regionen des Gens. Mit wenigen weiteren Rechercheschritten können Informationen zu den benötigten Probenarten sowie der Performance der möglichen Tests erhalten werden.

OMIM *(Online Mendelian Inheritance in Man)* stellt eine Sammlung menschlicher Genen und genetischer Phänotypen dar. Bei der Suche nach Adermatoglyphia konnten sieben Treffer erzielt werden. Aufgelistet wurde das reine Krankheitsbild der ADG sowie ein Phänotyp mit weiteren Symptomen und anderen Krankheitsbilder, bei denen Adermatoglyphia ein Symptom darstellt. Der Eintrag MIM 136000 beschreibt die Störung Adermatoglyphia mit der Abwesenheit der Papillarleisten und verringerter Anzahl an

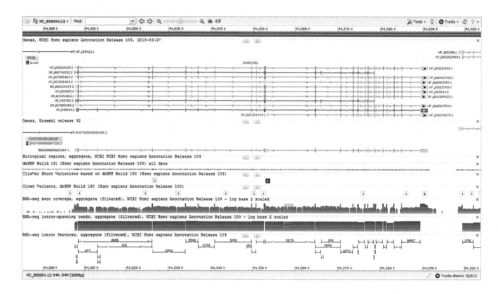

Abb. 9.6 In der dynamischen Ansicht des Gene-Eintrages von *SMARCAD1* werden Informationen zu der genomischen Region, den Transkripten und den Genproduken bereitgestellt. Zudem werden SNPs angezeigt

Tab. 9.4 Ergebnisse der Suche in der Datenbank ClinVar: Die aufgelisteten Mutationen sind nach ihrer Locusabfolge in der Region 4q22.3 geordnet

Variation Location (Locus der Mutation)	Condition(s) (Zustand)	Clinical Significance (Last reviewed) (Klinische Relevanz)	Collection Method (Methode zur Detektion)
SMARCAD1, IVS1, A-T, +3	not provided	Uncertain significance (Mar 20, 2015)	Literature only [Nousbeck et al. 2014]
SMARCAD1, IVS1, G-C, +5	Adermatoglyphia	Pathogenic (Mar 20, 2015)	Literature only [Nousbeck et al. 2014]
SMARCAD1, IVS1, T-C, +2	Adermatoglyphia	Pathogenic (Mar 20, 2015)	Literature only [Nousbeck et al. 2014]
SMARCAD1, IVS1, G-A, +1	Adermatoglyphia	Pathogenic (Mar 20, 2015)	Literature only [Nousbeck et al. 2014]
SMARCAD1, IVS1, G-T, +1	Adermatoglyphia	Pathogenic (Mar 20, 2015)	Literature only [Nousbeck et al. 2014; Burger et al. 2011]

Die Datenbank ClinVar nutzt eine weitere Form der Mutationsannotation. IVS1 bezeichnet das erste Intron. Es wird vorausgesetzt, dass die Exon-Intron-Struktur bekannt ist

Schweißdrüsenöffnungen. Diese Informationen stammen aus Veröffentlichungen, die in dem Eintrag unten aufgelistet werden. Mit der Beschreibung der Symptome, des Genlocus und der assoziierten Fälle stellt dieser Eintrag eine umfassende Schilderung von Adermatoglyphia ohne weitere Symptome, wie Blasenbildung, dar.

Eine Suche in MedGen zeigt, dass Adermatoglyphia als ontologisches Konzept in diese Informationsressource aufgenommen wurde. Ein Konzept wird mit Attributen wie einer Beschreibung, Symptomen, einer möglichen Diagnose und Prognose sowie Links zu externen Informationsquellen gespeichert. MedGen bedient sich dabei der bereits erläuterten Datenbanken und Sammlungen (GTR, OMIM, Gene) sowie medizinischer Literatur und Ontologien (HPO, ORDO). Diese Informationen werden unter der Identifikationsnummer OMIM®: 136000 gespeichert (vgl. Abb. 9.7).

Mit den beschriebenen Treffern in den Datenbanken und Sammlungen in der Kategorie Health des NCBI können alle Informationen, die sonst mühsam aus der Literatur zusammengetragen werden müssen, schnell und strukturiert erhalten werden. Es empfiehlt

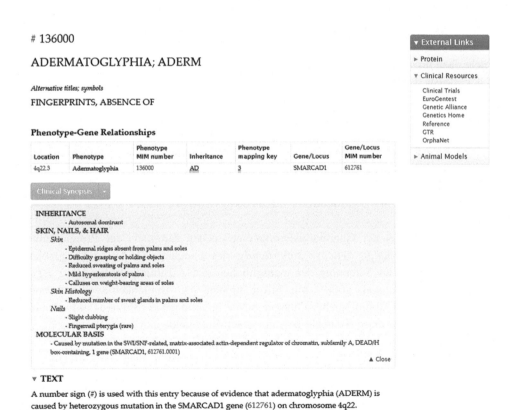

Abb. 9.7 Eine Suche nach Adermatoglyphia in der Datendomäne OMIM des NCBI ergab den vorliegenden Eintrag. Für das Krankheitsbild der ADG lassen sich hier zahlreiche Informationen über mögliche Symptome sowie Veröffentlichungen zur Diagnose und Prognose finden

sich deshalb bei den Analysen bestimmter Phänotypen, d. h. zumeist Krankheitsbilder, die Verwendung der hier dargestellten Informationsquellen.

Im letzten Gebiet unserer bioinformatischen Strategie steht das Genprodukt im Mittelpunkt. Die sechs Treffer in der Proteindatenbank des NCBI sind mit den mRNA-Sequenzen aus der Nukleotide-Datenbank verlinkt. Wir erhalten die drei Isoformen a, b und c.

Dabei ist die Sequenz der Isoform des SMARCAD1 (GI:306526240) und die der Isoform b des SMARCAD1 (GI:190358534) identisch. Ebenfalls identisch sind die beiden aufgelisteten Isoformen a (GI:190358536 und GI: 190358532). Um die Redundanz bei den Ergebnissen zu verringern, sollte die RefSeq-Datenbank als Quelle verwendet werden (hier: vier verschiedene SMARCAD1-Sequenzen aufgelistet). Die beiden Isoformen a und b unterscheiden sich durch eine Deletion von zwei Aminosäuren in der Isoform b. Die Isoform c ist wesentlich kürzer als die beiden anderen Isoformen. Sie ist über ihre gesamte Länge für die Region 431-Ende mit der Isoform b identisch. Das Protein *Keratin type I cytoskeletal 14* wird bei der Schlüsselwortsuche mit aufgelistet, da es mit dem NFJS-Syndrom und der DPR assoziiert ist, welche beide ADG als Symptom aufweisen. Ausgehend von den Proteineinträgen können weitere Informationen über konservierte Domänen *(conserved domains database, kurz cdd)* und 3D-Strukturen erhalten werden (mehr dazu im Abschn. „Analyse der Proteinstruktur von SMARCAD1").

Checkliste der bisher gefundenen Informationen:

• Schlüsselveröffentlichungen,
• Phänotyp Adermatoglyphia (Symptome, Diagnose: mögliche Tests, Prognose),
• mRNA-Sequenz von *SMARCAD1* und Proteinsequenzender Isoformen von SMARCAD1,
• Genstruktur und Variation im *SMARCAD1,*
• Ausgangspunkt für 3D-Strukturinformationen des SMARCAD1.

Wie wir bereits bei der Charakterisierung eines neuen Mitglieds der Proteinfamilie *DEAD/H box-containing helicase superfamily,* des humanen SMARCAD1, gesehen haben, wurde für das Screening der menschlichen cDNA-Bibliothek das Maus *ETL1* genutzt (vgl. Adra et al. 2000). Mit Informationen aus Ähnlichkeitssuchen können somit Hinweise auf Homologiebeziehungen sowie Funktionen der Proteine aufgefunden werden. Wir wollen diese Strategie nun mit einer Nukleotid- und einer Proteinsequenz nachvollziehen.

Für die Suche nach ähnlichen Sequenzen in Sequenzdatenbaken wird *BLAST* eingesetzt (vgl. Abschn. 5.3.3). Je nach Fragestellung sollte das entsprechende BLAST-Programm gewählt werden. Wir wollen zunächst nach ähnlichen Nukleotidsequenzen suchen. Die zuvor bei der Schlüsselwortsuche gefundene Sequenz (GI:363807327 vgl. Abschnitt zuvor) stellt dabei die Eingabe in das BLASTn Programm dar. Es wird eine Standard-BLAST-Suche durchgeführt. Laut *Taxonomyreport* befinden sich lediglich ähnliche Sequenzen zu *SMARCAD1* in den durchsuchten Nukleotiddatenbanken, die zu den höheren Säugetieren zählen. Die Eingabesequenz, d. h. die Sequenz der *SMARCAD1* Transkriptvariante 1, wird wiedergefunden. Sie führt die Liste der 100 ähnlichsten Sequenzen (100 bis 91 % Identität), die meist vom Affen stammen, an. Die Sequenzabdeckung *(Query-Coverage)* beträgt 100 bis 82 %. Mit einem E-Wert von 0,0 bei allen Treffern kann von einem signifikanten Ergebnis gesprochen werden (vgl. Abb. 9.8).

Es schließt sich nun eine Suche nach ähnlichen Proteinen in Proteinsequenzdatenbanken an. Es sollte ein Derivat des BLASTp-Programms gewählt werden. Wir verwenden zunächst die Standardsuche. Als Eingabe dient die Sequenz GI:190358536. Die parallel gestartete RPS-BLAST-Suche zeigt mögliche konservierte Proteindomänen sowie funktionale Regionen im Protein an. Aufgrund der erzielten E-Werte sind die Treffer verlässlich. Die Alignments zeigen eine hohe Sequenzidentität sowie Query-Coverage. Die gefundenen Sequenzen stammen wiederum aus der Gruppe der höheren Säugetiere. Im nächsten Schritt sollte die Ähnlichkeitssuche in eine Homologiesuche überführt werden. Für diese Suche sollte ein PSI-BLAST Suche eingesetzt werden. Das Ergebnis der Standard-BLAST-Suche und das des PSI-BLAST weichen allerdings nicht stark voneinander ab, da bereits bei Ersterem die homologen Datenbanksequenzen gefunden wurden.

Mithilfe von DELTA-BLAST *(domain enhanced lookup time accelerated BLAST)* wird zunächst nach Sequenzen mit Domänen gesucht, die die Eingabesequenz besitzt. Mit diesen Sequenzen wird anschließend ein PSI-BLAST durchgeführt. Das Augenmerk liegt demnach auf Sequenzen, die ähnlich im Sinne der Homologie zur Eingabesequenz sind und eine adäquate Domänenarchitektur besitzen. Eine hohe Sequenzidentität und sehr divergente Sequenzabdeckung zeichnen die Treffer aus.

▶   **Hinweis** Ausgehend von einem Nukleotid- oder Proteineintrag bei NCBI kann ein vorgefertigter BLAST-Lauf betrachtet werden. Nutzen Sie dafür den BLink-Link unter Related Informations.

Sequences producing significant alignments:

Select: All None Selected: 100

	Max score	Total score	Query cover	E value	Ident	Accession
☑ Homo sapiens SWI/SNF-related, matrix-associated actin-dependent regulator of chromatin, subfamily a	9481	9481	100%	0.0	100%	NM_001128429.2
☑ Homo sapiens SWI/SNF-related, matrix-associated actin-dependent regulator of chromatin, subfamily a	9443	9443	100%	0.0	99%	NM_020159.4
☑ PREDICTED: Pan troglodytes SWI/SNF-related, matrix-associated actin-dependent regulator of chromat	9323	9323	99%	0.0	99%	XM_0011637670.4
☑ PREDICTED: Pan paniscus SWI/SNF-related, matrix-associated actin-dependent regulator of chromatin	9308	9308	99%	0.0	99%	XM_003829903.2
☑ PREDICTED: Gorilla gorilla gorilla SWI/SNF-related, matrix-associated actin-dependent regulator of chr	9274	9274	99%	0.0	99%	XM_019025894.1
☑ Homo sapiens SWI/SNF-related, matrix-associated actin-dependent regulator of chromatin, subfamily a	9064	9064	95%	0.0	100%	NM_001128430.1
☑ Homo sapiens KIAA1122 mRNA for KIAA1122 protein	9034	9034	95%	0.0	100%	AB032948.2
☑ PREDICTED: Macaca fascicularis SWI/SNF-related, matrix-associated actin-dependent regulator of chro	9023	9023	99%	0.0	98%	XM_005555447.2
☑ PREDICTED: Mandrillus leucophaeus SWI/SNF-related, matrix-associated actin-dependent regulator of	9022	9022	99%	0.0	98%	XM_011968227.1
☑ PREDICTED: Chlorocebus sabaeus SWI/SNF-related, matrix-associated actin-dependent regulator of cl	9009	9009	99%	0.0	98%	XM_007999288.1

Abb. 9.8 Die Suche nach ähnlichen Nukleotidsequenzen in der Nukleotiddatenbank des NCBI ergab diese Trefferübersicht (zehn ähnlichste Sequenzen). Da es sich bei der Eingabesequenz um eine Datenbanksequenz handelt, wird diese als bester Treffer angezeigt

9.2.2   Paarweiser Sequenzvergleich

Wir erstellen nun einen paarweisen Sequenzvergleich der beiden Mitglieder der DEAD/
H-Boxen tragenden Helikase-Superfamilie der Maus und des Menschen (Dotplot). Als
Eingabesequenzen dienen uns GI:62543565, die Isoform 1 der Maus des SMARCAD1
Analogon sowie GI:190358536, die Isoform a des SMARCAD1 des Menschen. Abb. 9.9
zeigt den visuellen Sequenzvergleich, der mithilfe des Tools Dotlet erstellt wurde. Auffällig ist die hohe Sequenzähnlichkeit, die durch eine kaum unterbrochene Hauptdiagonale abgeleitet werden kann.

Für eine genauere Untersuchung der Sequenzähnlichkeit führen wir ein globales und
lokales paarweises Sequenzalignment durch. Als Tool eignet sich dabei LALIGN, da es
beide Alignmentverfahren zulässt. In Tab. 9.5 sind die wichtigsten Ausgabeparameter
der Alignments aufgelistet. Das globale Alignment der beiden Proteinsequenzen zeigt
eine hohe Sequenzähnlichkeit in einem 1029 Aminosäuren langen Überlapp. Aufgrund
der großen Ähnlichkeit der Sequenzen ist der berechnete Score und der normierte Score
(Bit-Score) ebenfalls hoch. Das Alignment ist laut E-Wert entsprechend signifikant.

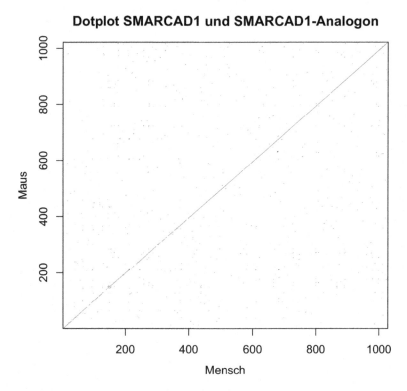

Abb. 9.9 Ergebnis des visuellen Vergleichs der beiden Vertreter des SMARCAD1 der Maus und
des Menschen. Erstellt wurde dieser Dotplot in R mit dem R-Paket seqinr

Tab. 9.5 Zusammenfassung der Ergebnisse der paarweisen Alignments des ETL1 der Maus und des SMARCAD1 des Menschen: Die Tabelle zeigt die wichtigsten Parameter der LALIGN-Ausgabe bei den beiden Alignmentvarianten

Alignment (Alignment)	Identity (Identität)	Similar (Ähnlichkeit)	Overlap (Überlapp)	Score (Score)	Bits (Bit-Score)	E(1) E-Wert
global	92,1 %	96,8 %	1029	6125	352,1	0
lokal 1	92,1 %	96,8 %	1028	6125	1256,1	< 0
lokal 2	22,8 %	55,1 %	127	85	24,4	< 0,048
lokal 3	21,1 %	50 %	350	82	23,7	< 0,072

Diese Ergebnisse wurden mit den Standardeinstellungen des Tools LALIGN erzielt

Es entspricht dem Alignment, welches Adra et al. (2000) veröffentlicht hat. Bei den lokalen Alignments (drei angegeben), lässt sich das globale Alignment wiederfinden. Die beiden weiteren lokalen Alignments stellen keine geeigneten Sequenzvergleiche dar. Dies entspricht dem Ergebnis der visuellen Analyse der beiden Sequenzen im Dotplot.

9.2.3 Globales multiples Sequenzalignment

Für die Analyse funktionaler bzw. strukturgebender Bereiche in einer Proteinsequenz, sollten multiple Sequenzalignments mit ähnlichen bzw. homologen Sequenzen von SMARCAD1 des Menschen durchgeführt werden. Dabei ist zu beachten, dass bei einer hohen Sequenzähnlichkeit der Eingabesequenzen nur schwer konservierte Regionen von denen die durchaus variabel sein können, unterscheidbar sind. Die sehr ähnlichen Sequenzen stammen aus einem BLAST-Lauf (siehe Abschnitt zuvor). Gegebenenfalls können diese zunächst mit einem MSA-Werkzeug (z. B. Omega) aligniert und anschließend Redundante (z. B. mit JalView) entfernt werden. Anschließend kann erneut ein MSA mit den präprozessierten Sequenzen durchgeführt werden. Abb. 9.10 zeigt das MSA der „hinreichend" divergenten Sequenzen (hier: bis zu 99 % Sequenzidentität).

Mithilfe eines MSA können neue Sequenzen einer bestehenden Proteinfamilie zugeordnet werden.

9.2.4 Untersuchung der Proteindomänen von SMARCAD1

In der Pfam-Datenbank sind alle bekannten Proteinfamilien hinterlegt. Es kann eine Suche mithilfe der Proteinsequenz durchgeführt werden oder über eine Schlüsselwortsuche nach einzelnen Domänen, wie des SMARCAD1, gesucht werden. In Abb. 9.11 ist die Pfam-Übersicht des Ergebnisses der Schlüsselwortsuche mit SMARCAD1 dargestellt.

Abb. 9.10 Ergebnis des multiplen Sequenzalignments: In diesem multiplen Alignment, berechnet mit Clustal Omega und visualisiert mit JalView, können deutlich die konservierten Bereiche anhand des Konservierungshistogramms unter dem Alignment identifiziert werden. Durch eine Färbung der Aminosäuren, die das Motiv der DEAD/H Box bilden, konnte die konservierte Region als die DEAD/H-Box identifiziert werden

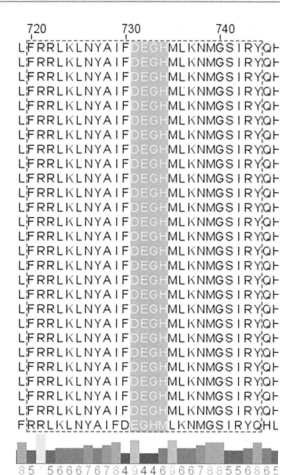

Die beiden Pfam-Familien SNF2_N und Helicase_C bieten jeweils umfassende Informationen zu diesen Domänen. Wir wollen im Folgenden lediglich den Pfam-Eintrag der SNF2_N Domäne (PF00176) erläutern.

Unter der Zusammenfassung werden allgemeine Informationen zur Domäne sowie einige Links zu weiteren Datenquellen angegeben. Die Anzahl der Domänenarchitekturen beläuft sich auf 876. Mit der Zugehörigkeit zu dem Clan P-loop_NTPase (Pfam-ID: CL0023) werden auch mögliche Proteinfunktionen angegeben:

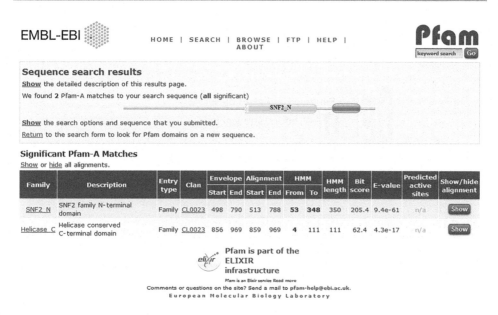

Abb. 9.11 Ergebnis der Schlüsselwortsuche in der Pfam-Datenbank: Angegeben sind sowohl Regionen niedriger Komplexität (blau) als auch Regionen, die nach einer Vorhersage als möglicherweise strukturell ungeordnet gelten (grau). Die beiden Pfam-Domänen sind grün (SNF2_N) und rot (Helikase C) dargestellt

- *often perform chaperone-like functions that assist in the assembly and operation,*
- *disassembly of protein complexes.*

Unter dem Reiter Alignments können vorgefertigte Alignments aller Familienmitglieder begutachtet werden. Es werden zwei mögliche Alignments angegeben: ein Alignment mit allen Sequenzen der Familie oder ein Alignment mit Vertretern (sog. Seed-Sequenzen) sehr ähnlicher Sequenzen. Ein Hidden-Markov-Model-Logo (kurz: HMM-Logo) zeigt den Informationsgehalt an jeder Alignmentposition (Höhe des Aminosäurestapels) und die Emissionswahrscheinlichkeit der verschiedenen Aminosäuren anhand der Höhe der Aminosäure (vgl. Abschn. 5.3.2). Einige Regionen im HMM-Logo zeigen funktionale Bereiche. So kann das bereits in Abschn. 9.1.2.2 beschriebene DEAD-Muster in der Region 184–187 im HMM-Logo gefunden werden (vgl. Abb. 9.12). Für die Auswertung des HMM-Logos, empfehlen wir „Skylign: a tool for creating informative, interactive logos representing sequence alignments and profile hidden Markov models" von T. Wheeler et al. (2014).

Auch die SMART-Datenbank kann Auskunft über die Anwesenheit bestimmter Domänen in Proteinsequenzen geben. Als Ergebnis, der Suche mit der Proteinsequenz von SMARCAD1 im SMART Mode: normal, wurden neben einigen niedrig komplexen

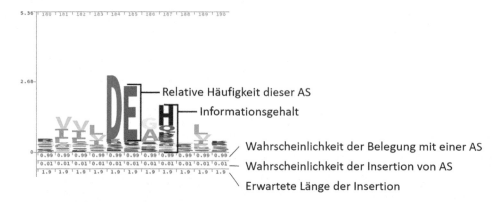

Abb. 9.12 Ausschnitt des HMM-Logos des beschriebenen Pfam-Eintrags

Regionen die beiden Domänen DEXDc und HELICc gefunden. DEXDc ist die Helikase-Superfamilie, die in die fünf Familien SF1-SF5 (Pfam SNF2_N dazugehörig) klassifiziert wird.

Beide Superfamilien sind mit verschiedensten Krankheiten assoziiert (Reiter *Disease*). Auflistungen von Strukturen sowie Links zu anderen Datenressourcen, wie Pfam, befinden sich am Ende der Einträge der Superfamilien.

PROSITE wird für das Auffinden von Muster und Signaturen verwendet. Eine Suche mit der Proteinsequenz SMARCAD1 zeigt die Anwesenheit der bereits mehrfach beschriebenen Domänen (vgl. Abb. 9.13a). Zudem wird die Signatur des DEAD-Musters (PS00039 und PS00690) angegeben (vgl. Abb. 9.13b).

9.2.5 Analyse der Proteinfunktion von SMARCAD1

Um den in Adra et al. (2000) beschriebenen InterPro-Scan (vgl. Abschn. „Charakterisierung des Proteins SMARCAD1") zu wiederholen, wollen wir mit InterPro nach Funktionen des Proteins sequenzbasiert suchen. Abb. 9.14 zeigt die Übersicht der Regionen, zu denen in InterPro Funktionsannotationen existieren.

Eine Alternative für den Einstieg in eine umfassende Proteinanalyse stellt UniProt dar, ausgehend von einem Proteinnamen, einer Proteinsequenz oder einer assoziierten Krankheit. Der geeignete Eintrag lautet Q9H4L7 (SMRCD_HUMAN) und ist, da er manuell annotiert und überprüft wurde (Mitglied der Swiss-Prot Sektion), qualitativ sehr hochwertig (vgl. Abb. 9.15). Die UniProt-Datenbank fast zahlreiche Informationen, die aus anderen Datenbanken gewonnen wurden, zusammen. Für den Nutzer stellt diese Datensammlung eine umfassende Informationsquelle dar. Es besteht zudem die Möglichkeit, mithilfe der umfassenden Linksammlung Zusatzinformationen zu erhalten.

Der erste Teil des Eintrags enthält alle Informationen zur Proteinfunktion. Nach einer textuellen Zusammenfassung werden die katalytische Aktivität (in unserem

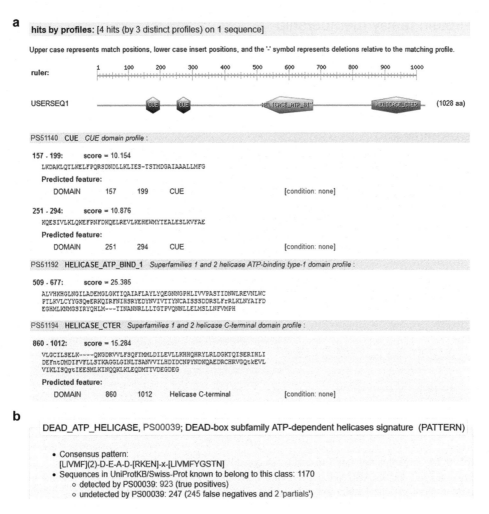

Abb. 9.13 Ergebnis PROSITE-Suche mit SMARCAD1. Abbildung (**a**) zeigt die gefundenen Domänen an. Bei der dritten Domäne, wird zudem die Signatur (**b**) gefunden

Fall die Dephosphorylierung von ATP) und funktionale Regionen in der Sequenz, wie die Bindung von Nukleotiden, angegeben. Abschließend werden die molekulare Funktion und der biologische Prozess, an denen das Protein beteiligt ist, angegeben (vgl. Abschn. 5.3.3). Der nächste Abschnitt des UniProt-Eintrags enthält die genaue Bezeichnung des Proteins und taxonomische Informationen. Da es sich bei dem Eintrag Q9H4L7 um ein Protein des Menschen handelt, wird als Organismus Homo sapiens und als Taxonomie-ID 9606 angegeben. Hinter dem NCBI-Link verbirgt sich der *Taxonomy-Browser*- Eintrag des Menschen. Dieser stellt vielfältige Informationen zu dem Taxon, wie Anzahl der assoziierten Sequenzen in den Datenbanken des NCBI,

Protein family membership

None predicted.

Homologous superfamilies

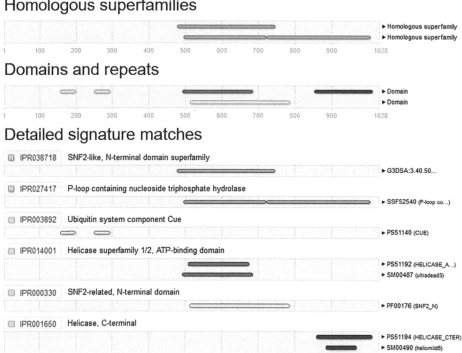

Abb. 9.14 Ergebnis des InterPro-Scans: Dargestellt ist ein Ausschnitt des Ergebnisses des Inter-Pro-Scans mit der SMARCAD1 Isoform a. Beziehungen zwischen den einzelnen Proteindomänen werden durch geliche Farben gekennzeichnet. Die beiden CUE-Domänen (rosa) sind möglicherweise Bindungsstellen für Ubiquitin-konjugierende Enzyme. Bei der *P-loop containing nucleoside triphosphate hydrolase* handelt es sich um eine Domäne, die häufig in Nukleotid-bindenden Proteinen vorkommt. Die ATP-bindende Helikase-Superfamilie kann in die SNF2-related, N-terminal domain und die C-terminale Helikase unterteilt werden

sowie die zu verwendende Translationstabelle bereit. Neben der hierarchischen Einteilung des Taxons wird in dem UniProt-Abschnitt *Names & Taxonomy* ein Link zum Proteom-Eintrag in der *UniProt-Proteoms*-Datenbank angegeben. Unter der Überschrift *Subcellular location* wird angegeben, in welchen Zellkompartimenten das Protein vorkommt. Dabei wird die Cellular Component der Gene Ontology angegeben. Diese Angaben decken sich mit den bereits beschriebenen Funktionen des Proteins (heterochromatin, site of double-strand break, nuclear replication fork, nuclear matrix and nucleoplasm). Unter *Pathology & Biotech* werden zu dem Protein assoziierte Krankheiten, wie in diesem Fall Adermatoglyphia, sowie Ergebnisse aus Mutageneseexperimenten

Abb. 9.15 UniProt-Eintrag von SMARCAD1: Die Abbildung zeigt den ersten Teil des UniProt-Eintrages mit der ID Q9H4L7. Unter Display ist eine leichte Navigation durch diese sehr umfangreichen Informationen möglich

und Links zu Datenbanken, die beispielsweise Phänotypen beschreiben (OMIM 136000), angegeben. Der darauffolgende Abschnitt PTM/Processing listet posttranslationale Modifikationen auf. Informationen zur Expression des *SMARCAD1* werden unter der Überschrift *Expression* festgehalten. Die Aussage über die Gewebespezifität wurde aus der Literatur gewonnen. Die Gewebespezifität besagt, dass die Isoform 1 ubiquitär und Isoform 3 hautspezifisch ist. Wird der Link zum Expressionatlas gewählt, zeigt die dort abgebildete Darstellung, dass die Isoform 1 des *SMARCAD1* allgegenwärtig im Organismus vorkommt. Die in der Literatur beschriebenen Interaktionen werden unter dem Punkt Interactions erläutert.

Eine der besten Datenbanken für die Interaktionsanalyse ist die STRING-Datenbank, in der ein Netzwerk aller interagierenden Partner eines Proteins mithilfe eines Graphen dargestellt wird. In Abb. 9.16 ist der Interaktionsgraph von SMARCAD1 dargestellt.

Der Abschnitt Structure listet Links zu Strukturdatenbanken, wie zum ProteinModel-Portal und zu Swiss-MODEL. Beide Links können Proteinmodelle liefern, die mit der Methode der Homologiemodellierung erstellt wurden.

▶ **Lesehinweis** Als weiterführende Literatur könnte Ihnen das Paper *Protein structure modeling for structural genomics* von R. Sánchez et al. (2000) dienen.

Informationen über enthaltene Domänen und die Zugehörigkeit zu Proteinfamilien wird unter der Überschrift *Family & Domains* geliefert. Mit einer Auflistung von Links zu Proteinfamilien- und Domänendatenbanken schließt dieser Abschnitt ab.

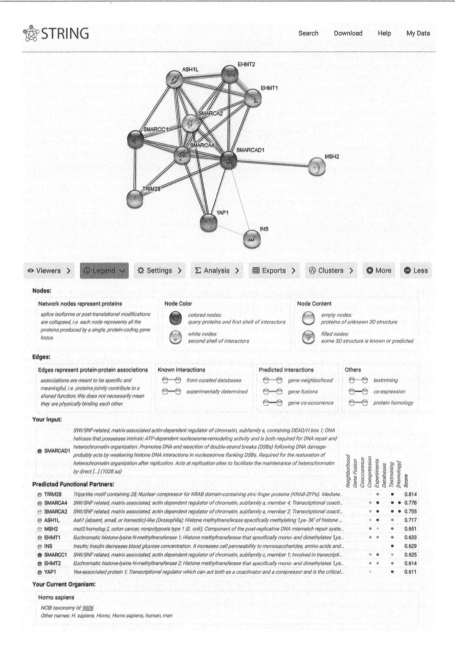

Abb. 9.16 Interaktionsnetzwerk von SMARCAD1 aus der STRING-Datenbank. In diesen Interaktionsgraphen stellen Knoten interagierende Proteine und Kanten deren nachgewiesene Interaktion dar. Der rote Knoten stellt das zu untersuchende Protein SMARCAD1 dar. Alle weiteren Knoten zeigen die mit SMARCAD1 interagierenden Proteine. Die Interaktionen werden mit verschiedenen Methoden detektiert. So wurde hier neben klassischen Interaktionsexperimenten (magenta) Textmining (grün), Homologieuntersuchungen (lila) und Coexpressionsanalysen (schwarz) durchgeführt. Proteine, deren Interaktionen mit einem hohen Score belegt wurden (mehrere Methoden zeigten die Interaktion), werden stärker voneinander angezogen

Unter Sequences werden sequenzspezifische Informationen abgelegt. In unserem Fall werden die drei Isoformen und ihre Besonderheiten, wie die Insertion von VT an die Position 765 bei der Isoform 2, aufgelistet. Außerdem werden Variationen, die in SMARCAD1 vorkommen, sowie Links zu Sequenzdatenbanken angegeben.

Den Abschluss des UniProt-Eintrages bilden Links zu weiteren Datenquellen, Literatur, Informationen zum Eintrag und ähnliche Proteine.

9.2.6 Analyse der Proteinstruktur von SMARCAD1

In vielen Fällen einer Analyse von biologischen Mechanismen ist das Wissen über die Struktur eines Biomoleküls ausschlaggebend. Die Struktur ist eng mit der Funktion verbunden. Für eine Struktursuche ist besonders eine *BLASTp*-Suche in der *Protein Data Bank (kurz: PDB)* geeignet.

▶   **Hinweis** Es kann auch direkt in der PDB mittels der Sequenz gesucht werden.

Da es sich bei SMARCAD1 um eine ausreichend annotierte und mit allen möglichen biologischen Datenquellen verknüpfte Sequenz handelt, werden bereits bei dem NCBI-Proteineintrag (16 Struktureinträge) und dem UniProt-Eintrag (zwei Modelle, s. Abschnitt zuvor) von SMARCAD1 Links zu Strukturen bzw. Modellen der Proteinstruktur angegeben.

Für die NCBI-Struktursuche (BLASTp, Datenquelle PDB) ergeben sich 22 Treffer. Für das zu untersuchende Protein existiert keine Struktur, die das gesamte Protein umfasst. Die Bereiche in SMARCAD1, zu denen sequenziell ähnliche Strukturen existieren, sind vorrangig die Abschnitte mit Domänen. Aufgrund der geringen Sequenzähnlichkeit (blau und schwarz) sind die Scores der Alignments niedrig (vgl. Abb. 9.17).

Aufgrund der hohen Sequenzähnlichkeit von 56 % (Anzeichen für Homologie) in der alignierten Region sollte der PDB-Eintrag mit der PDB-ID 5JXR_A, weiter analysiert werden. Der PDB-ID 3MWY.W ist die Kristallstruktur eines Fragments des *Chromatin-remodeling complex ATPase-like protein* zugeordnet. Dieses Protein wurde aus dem Pilz *(Myceliophthora thermophila)* gewonnen und eine Strukturbestimmung mittels Röntgenkristallografie durchgeführt. Die Auflösung beträgt 2,4 Å zusammen mit den guten Ergebnissen der Strukturvalidierung handelt es sich um eine qualitativ gute Struktur. Neben assoziierten weiteren PDB-Einträgen werden Liganden (hier: Chloridion) und Links zu weiteren Datenquellen, wie Datenbanken zur Proteinklassifikation (CATH), angegeben.

Unter dem Reiter *Sequence* auf der PDB kann die Sekundärstruktur des zu untersuchenden Proteins angezeigt werden. Mittels *Dictionary of protein secondary structure* (kurz DSSP) wurden 45 % der Positionen als Helices und 9 % als β-Stränge bestimmt. Zahlreiche Turns und Bends wurden ebenfalls identifiziert. Die 3D-Struktur der Kette A des PDB-Eintrages ist in Abb. 9.18 zu sehen.

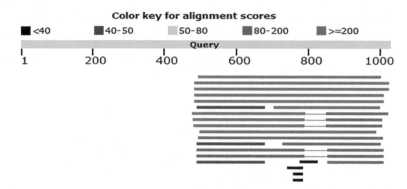

Abb. 9.17 Ergebnis einer BLASTp-Suche mit der Sequenz von SMARCAD1 in der PDB: Die Eingabesequenz wird als türkiser Balken dargestellt. Darunter (auch in Balkendarstellung) befinden sich die gefundenen Datenbanksequenzen, die nach ihrem erzielten Score des Alignments gefärbt und sortiert sind. Eine Datenbanksequenz (oberste (PDB-ID: 5JXR_A)) erzielte im paarweisen Sequenzvergleich mit der Eingabesequenz einen hohen Score in einem Abschnitt des Proteins. Es handelt sich um einen *ATP*-abhängigen *Chromatin-Remodelings*-Komplex des Pilzes *Myceliophthora thermophila*. Erstellt wurde die Abbildung mit dem Tool ChimeraX

Abb. 9.18 Die Abbildung zeigt die ermittelte 3D-Struktur der A-Kette des *Chromo domain-containing protein 1.* α-Helices sind blau, Faltblätter sind gelb sowie Bends, Turns und die Coilregionen orange dargestellt. Die gestrichelten Bereiche konnten bei der Strukturaufklärung nicht ermittelt werden

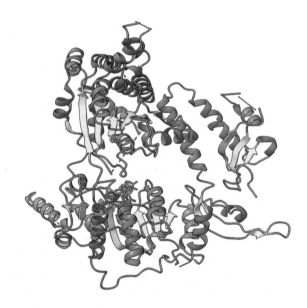

Eine Untersuchung der SMARCAD1-Sequenz mithilfe von ProtScale erzeugte den Hydrophobizitätsplot in Abb. 9.19. In diesem Diagramm überwiegen die hydrophilen Regionen deutlich. Dies kann als Hinweis für eine globuläre Struktur von SMARCAD1 angesehen werden. Dieses Ergebnis deckt sich mit denen, die Adra und Kollegen bereits im Jahr 2000 beschrieben haben.

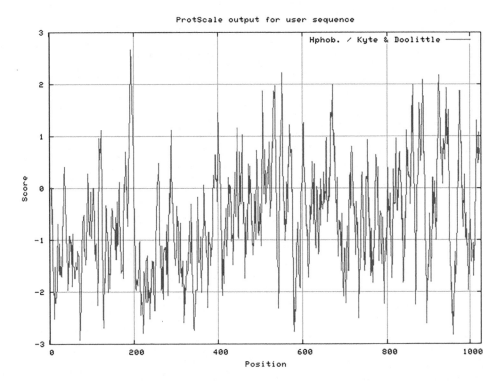

Abb. 9.19 Hydrophobizitätsplot von SMARCAD1 (UniProt-ID: Q9H4L7). Der Hydrophobizitätsplot des SMARCAD1 des Menschen weist vorrangig hydrophile und wenige hydrophobe Regionen auf

Aufgaben

Dermatopathia pigmentosa reticularis (kurz DPR) ist ein Krankheitsbild, welches sich durch eine netzförmige Hyperpigmentierung, eine palmoplantare Hyperkeratose und Hydrohidrose auszeichnet. Neben diesen Symptomen können Veränderungen der Nägel, der Haut, der Haare und der Zähne auftreten. Es wurden Fälle von DPR mit ADG als zusätzliches Symptom in einer amerikanischen und einer pakistanischen Familie beschrieben (Heimer et al. 1992; Ghias 2015). DPR wird autosomal dominant vererbt. Erstellen Sie einen Report dieses Krankheitsbildes, welches sich an der bioinformatischen Charakterisierung von ADG orientiert. Notieren Sie dabei Datenbanken und Werkzeuge der Bioinformatik, die Verwendung gefunden haben. Grenzen Sie mithilfe geeigneter Datenbanken DPR von NFJS ab.

Fazit

Der sehr seltene Phänotyp Adermatoglyphia zeichnet sich durch fehlende Papillarleisten an den Hand- und Fußflächen aus. Lediglich eine verminderte Anzahl an Schweißdrüsenöffnungen und damit eine verminderte Transpirationsfunktion konnte als Merkmal beobachtet werden. Einige andere Symptome zeigten sich bei Krankheiten, die den hier beschriebenen Phänotyp beinhalten.

Dieser ungewöhnliche Phänotyp stellte für viele Wissenschaftler eine Möglichkeit für das Verständnis der Entwicklung und Entstehung des individuellen Papillarleistenmusters dar. Die Mutationen, die zu einer „reinen" ADG führen, liegen in der Genregion des *SMARCAD1,* welches sich durch die Beteiligung an der Chromosomenmethylierung auszeichnet. Die in der Literatur beschriebenen Phänomene konnten mithilfe der vorgestellten bioinformatischen Strategie eindeutig nachvollzogen und systematisiert werden. Zahlreiche Untersuchungen, die in diesem Kapitel umfangreich erläutert wurden, zeigten, dass eine Mutation auf dem *SMARCAD1* für die Entwicklung dieses Krankheitsbildes zuständig ist. Das Genprodukt gehört zur Familie der DEAD/H box-containing helicase superfamily. Es wird angenommen, dass SMARCAD1 den Transport eines Transkriptionsrepressors und einer Histon-Deacetylase zu den Orten des Chromatinaufbaus vermittelt.

Eine ausführliche Literaturrecherche geht einer wissenschaftlichen Analyse immer voraus. An die Darstellung des aktuellen Wissensstandes schließt sich eine Untersuchung von ADG mit bioinformatischen Datenbanken und Werkzeugen an. Mit diesem Vorgehen konnte die Anwendung bioinformatischer Lösungsstrategien als wichtiges Werkzeug und Teildisziplin der modernen Lebenswissenschaften einschließlich der Forensik demonstriert werden.

Literatur

Aboud KA, Hawsawi KA, Aboud DA (2002) Kindler syndrome in a Saudi kindred. Clin Exp Dermatol 27(8):673–676

Adra CN, Donato JL, Badovinac R et al (2000) SMARCAD1, a novel human helicase family-defining member associated with genetic instability: cloning, expression, and mapping to 4q22-q23, a band rich in breakpoints and deletion mutants involved in several human diseases. Genomics 69(2):162–173

Baird HW (1964) Kindred showing congenital absence of the dermal ridges (fingerprints) and associated anomalies. J Pediatr 64(5):621–631

Bali RS, Chaube R (1994) Application and methodological perspectives in Dermatoglyphics. Northern Book Centre, New Dehli

Basan M (1965) Ektodermale Dysplasie – Fehlendes Papillarmuster, Nagelveränderungen und Vierfingerfurche. Arch Klin Exp Dermatol 222(6):546–557

Burger B, Fuchs D, Sprecher E et al (2011) The immigration delay disease: adermatogly-phiaeinherited absence of epidermal ridges. J Am Acad Dermatol 64(5):974–980

David TJ (1973) Congenital malformations of human dermatoglyphs. Arch Dis Child 48(3):191–198

Gangopadhyay DN, Deb S, Seth J et al (2014) Kindler syndrome: a case presenting with blistering poikiloderma and photosensitivity. Ind J Paed Dermatol 15(1):42–45

Ghias A (2015) Dermatopathia pigmentosa reticularis and atopic dermatitis: a case report of two siblings. J Pakis Assoc Dermatol 25(1):58–61

Heimer WL, Brauner G, James WD (1992) Dermatopathia pigmentosa reticularis: a report of a family demonstrating autosomal dominant inheritance. J Am Acad Dermatol 26(2):298–301

Jan AY, Amin S, Ratajczak P et al (2004) Genetic heterogeneity of KID syndrome: identification of a Cx30 gene (GJB6) mutation in a patient with KID syndrome and congenital atrichia. J Invest Dermatol 122(5):1108–1113

Jithendriya M, Britto GR (2015) Mottled pigmentation with neuropathy, an enigma solved! Pigment Int 2(1):44–47

Kumar S, Bhoyar P, Mahajan BB (2015) A case of dyschromatosis universalis hereditaria with adermatoglyphia: a rare association. Indian Dermatol Online J 6(2):105–109

Límova M, Blacker KL, LeBoit PE (1993) Congenital absence of dermatoglyphs. J Am Acad Dermatol 29:355–358

Lugassy J, Itin P, Ishida-Yamamoto A et al (2006) Naegeli-Franceschetti-Jadassohn syndrome and dermatopathia pigmentosa reticularis: two allelic ectodermal dysplasias caused by dominant mutations in KRT14. Am J Hum Genet 79:724–730

Naegeli O (1927) Familiärer Chromatophorennävus. Schweiz Med Wochenschr 8:48–51

Nordheim A, Knippers R, Dröge P et al (2015) Molekulare Genetik, 10. Aufl. Georg Thieme, Stuttgart

Nousbeck J, Burger B, Fuchs-Telem D et al (2011) A mutation in a skin – specific isoform of SMARCAD1 causes autosomal-dominant adermatoglyphia. Am J Hum Genet 89:302–307

Nousbeck J, Sarig O, Magal L et al (2014) Mutations in SMARCAD1 cause autosomal dominant adermatoglyphia and perturb the expression of epidermal differentiation-associated genes. Br J Dermatol 171(6):1521–1524

Owlia MB, Arjmandzadeh E, Setayesh S (2014) Dyskeratosis congenital: a case with a favorable outcome. J Cas Rep Pract 3(1):10–12

Parmar SA, Shah PD (2014) A very rare case of kindler syndrome. I J Biomed Adv Res 5(2):131–134

Rapp RS, Hodgkin WE (1968) Anhidrotic ectodermal dysplasia: autosomal dominant inheritance with palate and lip anomalies. J Med Genet 5(4):269–272

Reed T, Schreiner RL (1983) Absence of dermal ridge patterns: genetic heterogeneity. Am J Med Genet 16:81–88

Rodewald A, Zahn-Messow K (1982) Dermatoglyphics findings in families with X-linked hypohidrotic (or anhidrotic) ectodermal dysplasia (HED). Progr Clin Biol Res 84:451–458

Rowbotham SP, Barki L, Neves-Costa A et al (2011) Maintenance of silent chromatin through replication requires SWI/SNF-like chromatin remodeler SMAR-CAD1. Mol Cell 42:285–296

Sánchez R, Pieper U, Melo F et al (2000) Protein structure modeling for structural genomics. Nat Struct Biol 7:986–990

Schaumann B, Alter M (1976) Dermatoglyphics in medical disorders. Springer, New York

Sirinavin C, Trowbridge AA (1975) Dyskeratosis congenita: clinical features and genetic aspects. J Med Genet 12:339–354

Soininen R, Schoor M, Henseling U et al (1992) The mouse enhancer trap locus 1 (Etl-1): a novel mammalian gene related to Drosophila and yeast transcriptional regulator genes. Mechanis Devel 39(1–2):111–123

Stasiowska B, Sartoris S, Goitre M et al (1981) Rapp-Hodgkin ectodermal dysplasia syndrome. A Dis Child 56:793–795

Tubaigy SM, Hassan HM (2014) Naegeli-Franceschetti-Jadassohn syndrome in a Saudi Arabian family. J Forens Scie 59(2):555–558

Vora R, Anjaneyan G, Chaudhari A et al (2014) Christ-Siemens-Touraine Syndrome: case report of 2 brothers. J Clin Diagn Res 8(10):1–2

Wheeler TJ, Clements J, Finn RD (2014) Skylign: a tool for creating informative, interactive logos representing sequence alignments and profile hidden Markov models. BMC Bioinform 15(7):1–9

Diebstahl der Amtskette der Hochschule Mittweida – ein fiktiver Fall – Ende

Ein Jahr später.

Kommissar Schnieder arbeitet nun in einer neuen Abteilung: Cold Cases Mitttweida. Hier werden Ermittlungen besonders schwerwiegender, nicht aufgeklärte Fälle aus der Region Mittelsachsen wiederaufgenommen. Einige dieser Fälle konnten durch die Anwendung neuer Hochdurchsatzmethoden und innovativer Techniken aufgeklärt werden. Schnieder sitzt in seinem Büro und kramt seine vergilbte Liste von Fällen hervor. Eingekreist und mit einem dicken Fragezeichen ist der Fall: „Mittweida 22.07.18 – gestohlene Amtskette des Rektors der Hochschule – Verdächtiger ohne Fingerabdrücke." Er fragt sich ob bei der Spurensicherung wirklich alles richtiggemacht worden war. Am Abend schaut er eine Dokumentation über seltene Krankheiten an. Dabei werden auch Menschen ohne einen Fingerabdruck gezeigt. Schnieder beschließt, Frau Schurich und Herr Pawlowzky nach Zürich zu schicken.

Am nächsten Tag bestellt er beide zu sich, um sie über die Dienstreise zu informieren. Wie aus einem Munde fragen die Beamten: „Was hat die Schweiz mit diesem Fall zu tun?" Schnieder antwortet: „In Zürich sitzt Prof. Karsten. Er beschäftigt sich mit der DNA von Menschen ohne Fingerabdrücke. Ich habe einen Beitrag von ihm gestern im Fernsehen gesehen. Dabei ging es um eine Frau und deren Familie, die keine Papillarleisten besitzen und damit keinen Fingerabdruck hinterlassen. Im Anschluss habe ich mit ihm telefoniert. Er behauptet, alle Familien, die diese genetische Krankheit besitzen, analysiert zu haben. Wenn dem so ist, muss unser Täter in seiner Datenbank sein."

Und so war es auch.

Kommissar Schnieder sitzt in seinem Bürostuhl und kramt in seiner Schublade. Er zieht den Block mit der Liste seiner ungelösten Fälle hervor. Genüsslich streicht er de Fall: „Mittweida 22.07.18 – gestohlene Amtskette des Rektors der Hochschule – Verdächtiger ohne Fingerabdrücke." durch. Er lehnt sich zurück und betrachtet seine Finger: „Menschen ohne Fingerabdrücke, das gibt es wohl."

Sachverzeichnis

A

Abstammungsbegutachtung, 24, 150, 160, 173
Abwehrverletzung, 84
Adenin, 12, 90
Adermatoglyphia, 185, 188
    Mutationen, 193
    Stammbaum, 187
aDNA, 14
AFIS, 134
AIMSNPs, 163
ALFRED, 131
Alignment, 93, 97, 206
    globales paarweises, 97, 99, 105, 206
    progressives, 104, 109
Allel, 20, 160
    anzestrales, 162
Alleldiversität, 161
Allelfrequenz, 131, 132, 173
Allelhäufigkeit s. Allelfrequenz
Allelic drop-out, 171, 172
Allelkombination, 160
Allelleiter, 166, 169
ALLST*R, 132
α-Helix, 15, 216
AMEL, 156, 171, 180
Aminosäure, 14, 23, 95
    relative Mutierbarkeit, 95
Analyse
    bioinformatische, 199
    histologische, 79, 83
    populationsgenetische, 165
Ancestry Informative SNPs s. AISNPs
Anticodon, 22
Anzestrale DNA s. aDNA
Artefakte, 168

Aufschlagspuren, anämische, 79
Austausch s. Substitution
    isofunktioneller s. Selektion, positive
Austauschprinzip, 2, 4
Authentifikation von Personen, 141, 142
Automatisches Fingerabdruck-
        Identifizierungssystem s. AFIS

B

Basalmembran s. Membrana basalis
Base, 12
Basic Local Alignment Search Tool s. BLAST
Baum, phylogenetischer, 109
β-Faltblatt, 15, 216
β-Strang, 15
Big Data, 89
Bilirubin, 82
Biliverdin, 82
Bioinformatik, 89, 125, 173
Biomarker, 80, 120, 132
Biometrie, 5
    Merkmale, 5
    Verfahren, 7
Biomoleküe, 12
Bit-Score, 115
BLAST, 112, 114, 131, 204, 215
Blocks Substitution matrix s. BLOSUM
BLOSUM, 95
Blut, 37
    Physiologie, 38
Blutalterung, 47
Blutfarbstoff, roter s. Hämoglobin
Blutgefäße, 63, 74
Blutgerinnung, 41, 44, 71

© Springer-Verlag GmbH Deutschland, ein Teil von Springer Nature 2018
D. Labudde und M. Mohaupt, *Bioinformatik im Handlungsfeld der Forensik*,
https://doi.org/10.1007/978-3-662-57872-8

Blutgruppensystem, 158
Blutkörperchen
    rote s. Erythrozyten
    weiße, 41
Blutprobe, 91
Blutspektrum, 52
Blutspritzmuster, 79
Blutspur, 37, 47
Blutspurenmusteranalyse, 38
Blutunterlaufung s. Hauteinblutung
        oder -unterblutung
BPA s. Blutspurenmusteranalyse

C
CATH, 215
CCDS, 201
cdd, 118, 204
cDNA, 11, 151
Chromatin, 18
Chromoprotein, 42
Chromosom, 18, 151, 160
    autosomales, 18
Chromosomenmutation, 31
Chromosomensatz, 18
ChrX-STR, 160
    database, 132
ChrY-SNP, 165
ChrY-STR, 160
ClinVar, 201
Clustal Omega, 104, 110
Clustal W, 104
CODIS, 167, 168, 174
Codon, 19
Codontabelle, 23
Coil, 216
Computertomografie, 83
Conserved Domain Database s. cdd
cSNPs, 163
CT s. Computertomografie
Cytoplasma, 10
Cytosin, 12, 90

D
DAD, 134
Daktyloskopie, 140
Datenbank, 125, 199
Datenbanksystem, 125

dbSNP, 129, 162, 201
Deletion, 171, 172
DELTA-BLAST, 118, 205
Deoxyhämoglobin, 43
Dermis, 59
Desoxyribonukleinsäure s. DNA
Desoxyribonukleotide, 175
Dictionary of protein secondary structure s.
        DSSP
Didesoxyribonukleotide, 175
Distanzmatrix, 104
DNA, 9, 12, 149, 172
    Analyse, 89
    Analysedatei s. DAD
    Bibliothek, 176
    Degradation, 152, 162, 169
    Extraktion, 152
    Library s. DNA-Bibliothek
    Marker, 151
    Phänotypisierung, 89
    Polymerase, 166, 175
    Probe, 81
    Profil, 149, 151, 156, 157, 159, 166,
        169–171, 174
    Quantifizierung, 152–154
    Replikation, 24
    Spur, 37, 167
Domain enhanced lookup time accelerated s.
        DELTA-BLAST
Doppelstriemenmuster, 81
Dotplot, 91, 93, 98, 206
Drift, genetischer, 26, 161
Drüsen der Haut, 62
DSSP, 215

E
Editieroperation, 94, 97, 100, 102
Eigenschaft, physikochemische, 96, 109
Elektropherogramm, 157, 169   .
ELISA, 51
EMBL-EBI, 104, 199
EMBL-Flatfile, 129
emPCR, 178
EmPOP, 133
Emulsions-PCR s. emPCR
Ensemble, 201
Entzündung, 72
Epidermis, 60

Epigenetik, 32
Erythrozyten, 41, 42, 46, 82, 130
Eurodac-System, 135
Evolution, 26, 91, 165
E-Wert, 115, 116
Exon, 20
Expressionsarray, 80
Exsudationsphase, 71

F
Farbmetrik, 83
FASTA, 112, 129
Fechterstellung, 85
Felderhaut, 138
Fenstermethode s. Filtermethoden (Dotplot)
Fibrin, 46
Fibrinogen, 45
Fibrinolyse, 46
Fibroblasten, 59, 74, 76
Filtermethoden (Dotplot), 92, 112
Fingerabdruck, XVIII, 134, 135, 137, 185
    chemischer, 145
    Eigenschaften, 143
    genetischer, 9, 24, 149
        biostatistische Beurteilung, 157
    Klassifizierungssystem, 141, 143
    Unveränderlichkeit, 142
Fluoreszenzspektroskopie, 51
Forensik, 1, 89, 91, 120, 125, 133, 150, 158, 162
Formspur, 3
Förster-Resonanz-Elektronen-Transfer s. FRET
Fotodokumentation, 78
Free edge effect, 76
Fremdbeibringung, 77, 81
FRET, 154

G
Gegenstandsspur, 3
Gen, 19, 31
GenBank-Format, 129
Genfrequenz, 173
Genlocus, 20
Genmarker, 167
    Nomenklatur, 168
Genom, 90, 173
    des Menschen, 18, 24
Genommutation, 31

Genotyp, 32, 90, 150, 174
Geschlecht einer Person, 171
Gewalt, 63
    physische, 64
    scharfe bzw. halbscharfe, 65, 68
    stumpfe, 47, 65, 66, 80, 83
    thermische, 69
Gewaltarten, 63
Gewaltbegriff, 63
Gewebsmakrophagen, 73
Global Cross-database NCBI search s. GQuery
Gonosom, 160
GQuery, 129, 199
Granulationsgewebe, 73
Granulozyten, neutrophile, 72
Griffmarke, 81
Grundmuster, 141, 144
gSNPs, 163
Guanin, 12, 90
Guide tree s. Initialbaum
Gutachten, 157

H
Haarfollikel, 62
Hämatom, 67, 79, 80
Häm-Gruppe, 43, 47, 82
Hämichrom, 47
Hamming-Abstand, 94
Hämoglobin, 34, 42, 47, 50, 82, 91, 93, 104,
        110, 111, 130
    3D-Struktur, 43
Hämoglobinabbau, 82
Hämosiderin, 80
Haplogruppen, mitochondriale, 164
Haplotyp, 132, 160, 161, 164
Haplotyphäufigkeit, 132
Hardy-Weinberg-Gesetz, 34, 173
Haut, 138
    Aufbau, 57
    Charakteristik, 55
Hauteinblutung bzw. -unterblutung, 66, 67, 80,
        85
Hautschürfung, 66, 84
Heuristik, 105
Hiebwunde, 69
High-Scoring-Pair, 113
Hochgeschwindigkeitsflüssigkeitschromatografie
        s. HPLC

Homologie, 92, 116, 118, 130, 204
HPLC, 51
Humanes Genom Projekt, 19
Hutkrempenlinie, 83
Hydrophobizitätsplot, 216

I
Identifikation von Personen, 5, 142, 162, 173,
    185
IISNPs, 162
Immunabwehr, 72
InDel, 156, 172
Individual Identification SNPs s. IISNPs
Informationsgehalt, 110
Informationssystem der Polizei s. INPOL
Initialbaum, 104, 109
Initialisierung, 100
INPOL, 133
Insertion/Deletion, 95, 97
InterPro-Scan, 210
Intron, 20
Iteration, 109

J
JalView, 110

K
Kapillarelektrophorese, 156, 157, 162, 175, 179
Keratinozyten, 61, 76
Kern-DNA s. cDNA
Kettenabbruchmethode s. Sanger-
    Sequenzierung
Kladogramm, 111
Kollagen, 58, 60
    I, 74, 75
    III, 74
Konsensussequenz, 109, 110
Konservierung, 93, 104, 112, 116, 118, 163,
    208
Kontaktinhibition, 76
Körperverletzung, gefährliche, 84
Kostenfunktion, 100
Kriminalbiologie, 1
Kriminaltechnik, 1
Kryo-Elektronenmikroskopie, 18

L
Lederhaut s. Dermis
Leistenhaut, 139
Leserahmen, offener s. ORF
Leseraster, offenes s. ORF
Leukozyten, 46, 59, 72, 83
Levenshtein-Abstand, 94
Likelihood ratio s. Log odds
Lineage Informative SNPs s. LISNPs
LINEs, 25
LISNPs, 162
Locard`sches Prinzip s. Austauschprinzip
Locus drop-out, 171
Log odds, 118
Loss-of-function mutation, 193
Lückenkosten, 96, 100, 115
Lymphgefäße, 63

M
Magnetresonanzspektroskopie s. NMR
Magnetresonanztomografie, 83
Makrophagen, 59, 72, 74, 76
Marker, genetischer, 175
Match, 94, 97
Materialspur, 3
Matrixmetalloproteinasen, 74
Melanozyten, 61
Membrana basalis, 60
Mendel'sche Gesetze, 28
Merkmal, biometrisches, 5, 185
Messenger RNA s. mRNA
Methämoglobin, 47, 52
Methode, heuristische, 112
Micro RNA s. miRNA
Mikrosatelliten
    autosomale, 156
    gonosomale, 156
Mikrosatelliten-DNA s. STRs
Minisatelliten-DNA, 25
Minuzien, 144
miRNA, 14
Mischspur, 150, 151, 161, 168
Mismatch, 94, 97
Mitochondriale DNA s. mtDNA
Mitochondrien, 10
MITOMAP, 132
mitoWheel, 133

Monozyten, 73
Most Recent Common Ancestor s. MRCA
MRCA, 164, 165
MRI s. Magnetresonanztomografie
mRNA, 14, 21
MSA s. Sequenzalignment, globales multiples
mtDNA, 11, 131–133, 151, 156, 163
Multiplex, 162, 164
Multiplex-Kit, 159, 166–170
Mutation, 31, 91, 97
   krankheitsverursachende, 33
Mutationsrate, 33, 95, 107, 132, 151, 161, 162
Myofibroblasten, 75

N

NAR, 126, 127
NCBI, 131, 199, 211
   Gene, 129
   Nukleotide, 201, 204
   Protein, 129, 204
Needleman und Wunsch s. Sequenzalignment,
   globales paarweises
Neighbor-Joining-Method s. NJ-Methode
Neuner-Regel, 85
Next Generation Sequencing s. NGS
NGS, 157, 159, 162, 175
NJ-Methode, 107
NMR, 16
Nucleic Acids Research-Journal s. NAR
Nukleotid, 13
Nukleus s. Zellkern
Nullmutation, 31

O

Oberhaut s. Epidermis
OMIM, 129, 201
Opfer, 4
ORF, 19
Oxyhämin, 44
Oxyhämoglobin, 44, 47, 52

P

PAM-Matrix, 95
Panmixie, 173
Papillarleisten, 196
   Abwesenheit, 187

Papillarleistensystem, 139
Pattern-Hit Initiated BLAST s. PHI-BLAST
PCR, 120, 132, 149, 154, 159, 164, 169, 177
   Inhibition, 154, 168
PDB, 43, 215
Petechien, 81
Pfam, 207
Phänotyp, 7, 32, 90, 130, 150, 160, 163, 165,
   186, 213
Phänotypisierung, 163
Phenotype Informative SNPs s. PISNPs
PHI-BLAST, 118
Phylogenie, 109, 111
PISNPs, 163
PMC, 201
Point Accepted Mutation Matrix s. PAM-
   Matrix
Polymerase-Kettenreaktion s. PCR
Polymorphismen, 151, 156–158
Population, 164, 172
   ideale, 173
Populationsdaten, 132
Populationsgenetik, 26
Populationshäufigkeit, 173
Position-Specific-Iterated-BLAST s. PSI-
   BLAST
prä-mRNA, 21
Primer, 120, 132, 154, 166, 169, 171, 172, 175
   BLAST, 120
   Design, 121
Programmierung, dynamische, 97
Proliferationsphase, 73
PROSITE, 210
Protein, 14, 90
Protein Data Bank s. PDB
Proteinbiosynthese, 20, 91
Proteindomäne, 15, 110, 118
Proteinfunktion, 90, 104
Proteinkette s. Proteinuntereinheit
Proteinkomplex, 15
Proteinstruktur, 15, 90
Proteinuntereinheit, 15, 43
Proteom, 90
Pseudocounts, 117
PSI-BLAST, 116, 118, 205
PSSM s. Substitutionsmatrix, positionsspezi-
   fische
PubMed, 129, 201
Punktmutation s. SNPs

Purinbase, 12
Purpura s. Petechien
P-Wert, 115
Pyrimidinbase, 12

Q
qrtPCR, 154, 169
Quantitative real-time PCR s. qrtPCR
Query Cover, 115
Quetsch-Risswunde, 66, 67, 83

R
Rastermutation, 31
Raw Score, 115
Reaktion, vitale, 78, 85
Rechtsmedizin, 77, 172
Reepithelialisierung, 76
Rekursion, 101
Remodellierungsphase, 75
Resorptionsphase, 72
Restriktionsfragmentlängen-Polymorphismen
        s. RFLPs
Reteleisten, epidermale, 60
Reversed Position Specific BLAST s. RPS-
        BLAST
RFLPs, 158
Ribonukleinsäuren s. RNA
Ribosom, 10, 22
Ribosomale RNA s. rRNA
RNA, 10, 14
        Polymerase, 21
Röntgenkristallografie s. X-Ray
Routinefärbung, 79
RPS-BLAST, 118, 205
rRNA, 14
rSNPs, 163

S
Sanger-Sequenzierung, 13, 175
Satelliten-DNA, 25
SBS, 176, 178
Schnittwunde, 68, 84
Schürfrichtung s. Wunde, Richtung
Score, 94, 101, 115
        negativer, 116
        positiver, 116

Selbstbeibringung, 77, 84
Selektion
        negative, 95
        positive, 95, 101
        zufällige, 95
Sequencing-by-synthesis s. SBS
Sequenz, 90
Sequenzähnlichkeit, 92, 130
Sequenzähnlichkeitssuchen in Datenbanken,
        112
Sequenzalignment
        globales multiples, 104, 109, 116, 191, 207
        lokales multiples, 110
        lokales paarweises, 101, 102, 120, 206
Sequenzalphabet, 91
Sequenzdatenbank, 112
Sequenzdistanz, 100, 105
Sequenzformat, 129
Sequenzhomologie s. Homologie
Sequenzidentität, 92
Sequenzierung, 13, 157, 175
Sequenzmotiv, 159, 191
Sequenzmuster, 118
Sequenzprofil, 116
Sequenzvariation s. Polymorphismus
Sequenzvergleich, 91, 94
Serum, 46
Shannon-Entropie s. Informationsgehalt
Sichelzellanämie, 33
Signal, triallelisches, 169
Signifikanz, 103, 115
SINEs, 25
siRNA, 14
Small interfering RNA s. siRNA
SMARCAD1, 186
        Isoform, 195
        Locus, 190
Smith und Waterman s. Sequenzalignment,
        lokales paarweises
SNPs, 25, 31, 94, 120, 131, 156, 158, 161, 162,
        175
SOLID-Technologie, 178
Spektrometrie, 50
Spur, 3
        biologische, 152, 158, 172
Spurenkategorie, 3
Spurensicherung, 78
Spurenträger, 4
Spurenverursacher, 4

Stammbaum s. Baum, phylogenetischer
Start-Codon, 19
Stichwunde, 68, 84
Stopp-Codon, 19
STR, 25, 120, 132, 156, 158, 167, 169, 175
    Kit s. Multiplex-Kit
    Locus, 167
    Profil s. DNA, Profil
    System, 131, 170
        gonosomales, 132
Stratum
    papillare, 59
    reticulare, 59
STRBase, 132
STRING, 213
STR-System, 159
Stutterpeaks, 169
Subcutis, 58
Substitution, 95, 97
Substitutionsmatrix, 95, 100, 115
    positionsspezifische, 116, 119
Substitutionswahrscheinlichkeit, 96
Suffusion s. Hauteinblutung bzw. -unterblutung
Sugillation s. Hauteinblutung bzw. -unterblutung
Suizid, 84

T
Tandemwiederholung, 25
TaqMan-Sonde, 154
Täter, 4
Tathergang, 2, 3, 38, 47, 50, 66, 77
Tatort, 2, 47, 152, 168
Tatverdächtiger, 173
Taxa, 4, 107
Taxonomie, 4
Taxonomie-ID, 92
Taxonomy Browser, 211
Template-DNA, 152, 156, 166
Thrombin, 45
Thrombozyten, 41, 44, 72
Thrombozytenpfropf, 45
Thrombus, 46
Thymin, 12, 90
Tools, bioinformatische, 91
Traceback, 100, 101
Transfer RNA s. tRNA
Transition, 31
Transkription, 20

Translation, 20
Transversion, 31, 193
tRNA, 14, 22

U
Überlebenszeit, 79
Unähnlichkeitsscore, 105
UniProt, 210
Unterhaut s. Subcutis
Unweighted Pair Group Method with
        Arithmetic mean s. UPGMA
UPGMA, 107
Uracil, 14
UV-Absorptions-Photometrie, 51

V
Variabilität, 93
Variable Number Tandem Repeats s. VN-TRs
Variation s. Mutation
Venn-Diagramm, 14
Verbrennung, 69, 85
Verbrühung, 69, 85
Vererbung, 26
    dominante, 33
    rezessive, 33
Verfahren, biometrisches, 7
Verifikation s. Authentifikation von Personen
Verletzung, 65
Vertrocknung, 84
Verwandtschaftsanalyse s. Abstammungsbegut-
        achtung
Verwandtschaftsgrad, 174
Verwandtschaftsverhältnisse s. Abstammungs-
        begutachtung
ViCLAS, 134
Violent Crime Linkage Analysis System s.
        ViCLAS
VN-TRs, 158
von-Wille-Brand-Faktor, 45
vWF s. von-Wille-Brand-Faktor

W
Wachstumsfaktoren, 70, 72, 74, 76
Westernblot, 80
Wortmethode s. Filtermethoden (Dotplot)
Wundaltersbestimmung, 77

Wunde, 65
    akzidentielle, 77, 81, 85
    Formung, 81, 84
    Lokalisation/Verteilung, 84, 85
    postmortale, 78, 85
    prämortale, 78
    Richtung, 84
Wundheilung, 70, 79
Wundkontraktion, 75
Wunduntersuchung, 77

X

X-Chromosom, 160
X-Ray, 16

Y

Ychr-Marker, 172
Y-Chromosom, 161, 165
YHRD, 132

Z

Zelle, 9
Zellkern, 10, 18
Zentrales Dogma der Molekularbiologie, 23,
    90
Zentrum, aktives, 104
Z-Score, 103
Zytokine, 72, 74

Printed by Printforce, the Netherlands